卓越工程师计划：软件工程专业系列丛书

数据库实用教程

杨之江　左泽均　龚国清　编著

科学出版社
北　京

内容简介

本书主要介绍Microsoft SQL Server 2008的数据库管理和编程技术。全书分为13章，1～5章为Server 2008系统基础，主要介绍SQL Server 2008数据库及其安装方法、数据库管理、用户和安全管理、常用数据库对象操作和数据库维护等内容；6～9章为数据库服务器端编程，阐述了Transact-SQL语法基础，数据操作，存储过程与触发器，事务、锁、游标等；10～13章为数据库客户端编程，主要介绍ADO、ADO.NET、JDBC常用编程技术，并在此基础上详细阐述图书管理系统的开发实例。对于各知识点的讲解，都配有可运行的实例，大部分章后配有习题，便于读者理解掌握所学内容。

本书可作为高等学校相关专业本科生数据库课程实践教学和实习指导用书，也可作为其他专业学生数据库基础课程的后续教材使用。

图书在版编目(CIP)数据

数据库实用教程/杨之江，左泽均，龚国清编著.—北京：科学出版社，2015.1

(卓越工程师计划 ：软件工程专业系列丛书)

ISBN 978-7-03-042586-7

Ⅰ.①数… Ⅱ.①杨… ②左… ③龚… Ⅲ.①数据库系统—教材

Ⅳ.①TP311.13

中国版本图书馆CIP数据核字(2014)第272410号

责任编辑：张颖兵 闫 陶/责任校对：肖 婷

责任印制：高 嵘/封面设计：陈明亮

科学出版社 出版

北京东黄城根北街16号

邮政编码：100717

http://www.sciencep.com

武汉市首壹印务有限公司印刷

科学出版社发行 各地新华书店经销

*

开本：787×1092 1/16

2015年1月第 一 版 印张：20

2015年1月第一次印刷 字数：400 000

定价：48.00元

(如有印装质量问题，我社负责调换)

前 言

数据库技术是计算机及相关学科中的一个非常重要的内容。目前不少高校开设的数据库课程基本以讲授数据库基本原理为主，编者在多年的数据库教学实践过程中，基本没有找到特别适合于学生数据库实践教学的教材。因此，编写合适的数据库管理及开发实践教材是数据库教学的自然要求，鉴于此，编者结合多年数据库基础理论及数据库应用技术的教学实践经验编写了本书，希望对学生学习数据库管理以及编程技术有所帮助。

本书的特点是对常用的数据管理和编程技术涵盖比较全面，通俗易懂，实例丰富，紧密结合实际应用，适合作为数据库课程实践教学和实习指导用书，也可作为其他专业学生数据库基础课程的后续教材。

本书以当前企业中应用广泛的 SQL Server 2008 数据库平台为实例，不但汲取现有教学资源中合理的内容，同时在对传统教学内容介绍的基础上有所创新，详略结合，突显基础，旨在重点培养学生使用大型数据库管理系统解决实际问题的能力，增强学生的专业实战能力，为学生开发数据库系统应用软件打下良好的基础。

全书共分为三篇，具体细分为 13 章，力争涵盖 SQL Server 2008 系统的主要方面。第一篇是 SQL Server 2008 基础，主要介绍 SQL Server 2008 数据库及其安装方法、数据库管理、数据库用户和安全管理、常用数据库对象操作和数据库维护等内容。第二篇是服务器端编程，阐述 Transact-SQL 语法基础、数据操作、存储过程与触发器、以及事务、锁、游标等内容。第三篇是客户端编程，主要介绍和实践 ADO、ADO.NET、JDBC 常用编程技术，并在此基础上详细阐述图书管理系统的开发实例。对于各知识点的讲解都配有可运行的实例，供读者边学习边实践，以方便读者快速体验、较系统全面地掌握 SQL Server 2008 的使用方法和技巧。

本书在编写过程中参考了大量相关的图书和资料，在此对这些资料的作者深表敬意。

由于编者水平有限，加之时间仓促，书中难免有不妥之处，敬请读者批评指正，以便在后续版本中修订完善。

编者

2014 年 3 月 24 日

目　录

第一篇　SQL Server 2008 基础

第三篇 客户端编程

第一篇

SQL Server 2008 基础

本篇主要介绍 SQL Server 2008 的常用基础知识和数据库相关的常用操作，包括 SQL Server 2008 简介、数据库管理、用户和安全管理、常用数据库对象操作和数据库维护操作等。

第 1 章 SQL Server 2008 简介

Microsoft SQL Server 是典型的关系型数据库管理系统，它起步于 20 世纪 80 年代后期，是 Microsoft 公司致力于发展品牌中的一个重要产品。Microsoft 公司在 Microsoft SQL Server 产品方面投入了巨大的研发力量，持续不断地研发新技术以满足用户不断增长和变化的需求，从而使该产品功能越来越强大，系统的可靠性也越来越高，用户使用越来越方便，应用越来越广泛。

SQL Server 2008 是 Microsoft 公司于 2008 年适时推出的 SQL Server 新版本，它提供了一个较全面的平台，凭借很高的安全性、可靠性和可扩展性来支持开发者运行数据存储管理相关的关键应用程序，能够有效降低数据基础设施管理的时间和成本，广泛应用于数据库系统后台管理任务中。下面首先介绍 SQL Server 系列产品的发展历史及 SQL Server 2008 的新特性，便于彰显 SQL Server 数据库技术的发展趋势，然后介绍 SQL Server 2008 系统的安装和常用管理工具。

1.1 认识 SQL Server

1.1.1 SQL Server 的发展历史

SQL Server 最初由 Microsoft、Sybase 和 Ashton-Tate 三家公司共同开发，1988 年在 Sybase 数据库的基础上推出了第一个 OS/2 版本 SQL Server 1.0。在继 Windows NT 推出后，Microsoft 与 Sybase 在 SQL Server 的开发之路上就分道扬镳了，Sybase 专注于 SQL Server 在 UNIX 操作系统上的应用，而 Microsoft 将 SQL Server 移植到 Windows NT 系统上，专注于开发推广 SQL Server 的 Windows NT 版本。

1993 年 Microsoft 推出的 SQL Server for Windows NT 3.1 成为畅销产品。1995 年 SQL Server 6.0 发布，随后推出的 SQL Server 6.5 取得了巨大成功。1998 年 SQL Server 7.0 发布，并开始进军企业级数据库市场。

2000 年 SQL Server 2000 发布，SQL Server 2000 一经推出，很快得到了广大用户的积极响应并迅速占领了 Windows NT 环境下的数据库市场，成为数据库市场上的又一个重要产品。SQL Server 2000 的出现极大地推动了数据库的应用普及，SQL Server 2000

无论在功能上，还是在安全性、可维护性和易操作性上都较以前版本有了很大的提高。

2005 年 SQL Server 2005 发布。SQL Server 2005 是一个全面的数据库平台，使用集成的商业智能(BI)工具提供了企业级的数据管理，SQL Server 2005 数据库引擎为关系型数据和结构化数据提供了更安全可靠的存储功能，使用户可以构建和管理高可用性和高性能的数据业务应用程序。

2008 年 SQL Server 2008 发布。Microsoft 声称能够帮助用户随时随地管理任何数据，可以将结构化、半结构化和非结构化文档的数据(如图像和音乐)直接存储到数据库中，并提供了一系列丰富的集成服务，可以对数据进行查询、搜索、同步、报告和分析之类的操作。它同时允许用户在使用 Microsoft.NET 和 Visual Studio 开发的自定义应用程序中便捷地使用数据，在面向服务的架构(SOA)和通过 Microsoft BizTalk Server 进行的业务流程中使用数据，信息工作人员可以通过日常使用的工具直接访问数据，该版本提供了一个可信的、高效率的、智能的数据管理平台。SQL Server 2008 是一个重要的产品版本，它推出了许多新的特性和关键的改进，使得它成为迄今为止功能最强大和最全面的 SQL Server 版本。2010 年 SQL Server 2008 R2 版本发布。

目前应用广泛的 Microsoft SQL Server 版本有 SQL Server 2000、SQL Server 2005、SQL Server 2008 SQL Sever 2012。

1.1.2 SQL Server 2008 新特性

SQL Server 2008 与以前的版本相比新增了如下特性。

1) 可信任

SQL Server 为用户业务关键型应用程序提供最高级别的安全性、可靠性和伸缩性。

(1) 保护有价值的信息。允许加密整个数据库、数据文件或日志文件，不需要更改应用程序；通过支持第三方密钥管理和硬件安全模块(HSM)产品提供一个优秀的解决方案，以满足不断增长的需求；通过 DDL 创建和管理审计，同时通过提供更全面的数据审计来简化遵从性。

(2) 确保业务连续性。增强的数据库镜像包括自动页修复、提高性能和提高支持能力；允许主机和镜像机器从 823/824 类型的数据页错误中透明地恢复，它可以从透明于终端用户和应用程序的镜像伙伴处请求新副本；为数据库镜像在镜像实现的参与方之间的输出日志流压缩提供最佳性能，并最小化数据库镜像使用的网络带宽。

(3) 启用可预测的响应。通过引入资源管理者来提供一致且可预测的响应，允许组织为不同的工作负荷定义资源限制和优先级，允许并发工作负荷为它们的终端用户提供一致的性能。通过提供功能锁定查询计划支持更高的查询性能稳定性和可预测性，允许组织在硬件服务器替换、服务器升级和生产部署之间推进稳定的查询计划；更有效地存储数据，并减少数据的物理存储需求，为大 I/O 边界工作量(如数据仓库)提供极大的性能提高；允许 CPU 资源在支持的硬件平台上添加到 SQL Server 2008，以动态调节数据库大小而不强制应用程序死机。

2) 高效率

SQL Server 2008 减少了管理和开发应用程序的时间和成本。

(1) 根据策略进行管理。提供基于策略的系统来管理一个或多个实例;通过重新设计安装、设置和配置体系结构,对 SQL Server 服务生命周期进行了巨大的改进,允许组织和软件合作伙伴提供推荐的安装配置;给管理员提供可操作的性能检查,包括更多详尽性能数据的集合,是一个用于存储性能数据的集中化的新数据仓库,以及用于报告和监视的新工具。

(2) 简化应用程序开发。开发人员可以使用诸如 C# 或 VB.NET 等托管的编程语言进行数据查询;使用 ADO.NET 框架的开发人员可以使用 ADO.NET 管理的 CLR 对象进行数据库编程。

(3) 存储任何信息。引入新的日期和时间数据类型;允许数据库应用程序使用比当前更有效的方法来制定树状结构的模型;允许大型二进制数据直接存储在 NTFS 文件系统中,同时保留数据库的主要部分并维持事务的一致性;集成的全文本搜索功能使文本搜索和关系型数据之间能够无缝转换,同时允许用户使用文本索引在大型文本列上执行高速文本搜索;NULL 数据不占据物理空间,提供高效的方法来管理数据库中的空数据;消除用户定义类型(UDT)的 8 KB 限制,允许用户极大地扩展其 UDT 的大小;通过使用对空间数据的支持,将空间能力构建到用户的应用程序中。

3) 智能

SQL Server 2008 提供全面的平台,在用户需要的时候提供智能服务。

(1) 集成任何数据。在线保存备份所需的存储空间更少,备份运行速度更快;分区允许组织更有效地管理增长迅速的表,可以将这些表透明地分成易于管理的数据块;为常见的数据仓库场景提供改进的查询性能;提供 GROUP BY 子句的扩展 Grouping Sets,允许用户在同一个查询中定义多个分组。

(2) 发布相关的信息。使用增强的分析能力和更复杂的计算及聚集交付更广泛的分析,同时允许用户增加其层次结构的深度和计算的复杂性,使块计算在处理性能方面有了极大的改进;新的 MOLAP 在 SQL Server 2008 Analysis Services 中启用写回(writeback)功能,不再需要查询 ROLAP 分区。

(3) 推动可操作的商务洞察力。企业报表引擎可使报表用简化的部署和配置在组织中方便地分发;通过在 Internet 上部署报表,可以很容易地找到客户和供应商;同时,它与 Microsoft Office 集成,提供新的 Word 渲染,允许用户通过 Microsoft Office Word 直接使用报表;SQL Server 2008 Analysis Services 继续交付高级的数据挖掘技术,更好的时间序列增强了预测能力,增强的挖掘结构提供更大的灵活性。

1.2　SQL Server 2008 的安装

SQL Server 2008 R2 基于 SQL Server 2008 提供了可靠高效的智能数据平台构建而成,在 2008 版本的基础上添加了新功能并增强了原先的功能,这里以 SQL Server 2008 R2 版本为例进行安装步骤演示。

(1) 将安装盘放入光驱,会弹出安装中心窗口,如图 1-1 所示。

(2) 单击安装中心窗体左侧的【安装】选项,如图 1-2 所示。

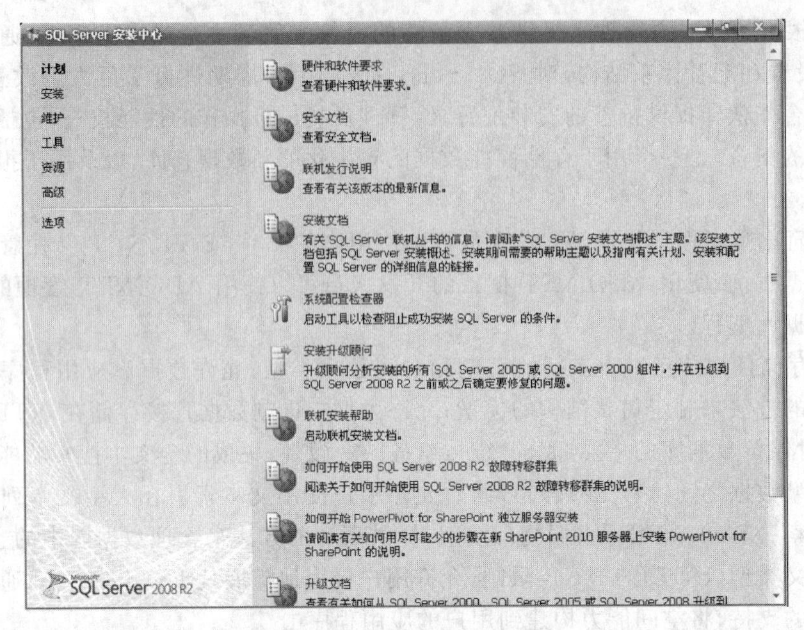

图 1-1　SQL Server 安装中心

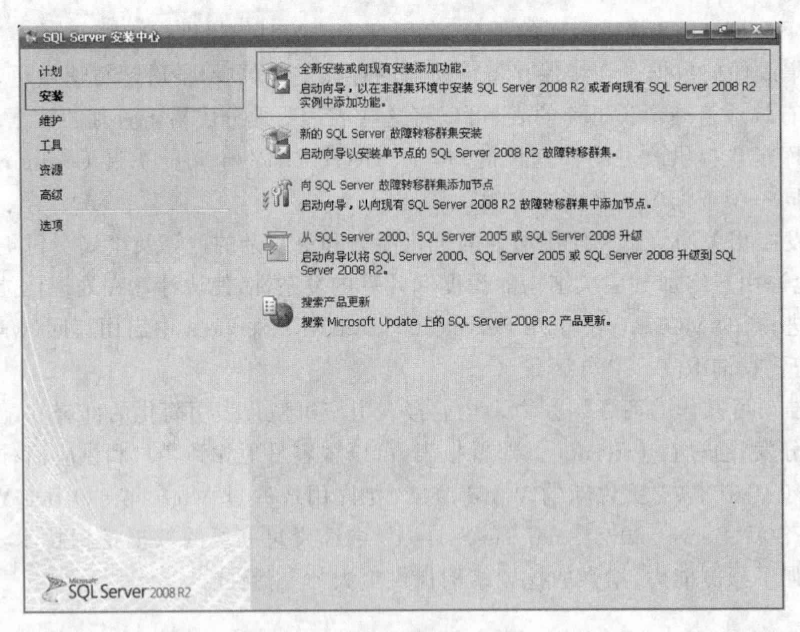

图 1-2　安装选项

(3) 假定用户之前未曾安装 SQL Server 2008 R2，选择【全新安装或向现有安装添加功能】选项，弹出【安装程序支持规则】窗口，如图 1-3 所示。

(4) 单击【查看详细报表】链接可以查看规则检查的详细情况，如果一切正常，则单击【确定】按钮打开【产品密钥】窗口，如图 1-4 所示。这里有两个选项，【指定可用版本】是指进行为期 180 天的版本试用，选择【Evaluation】进行使用体验。如果已购买正版产品，则可以选中【输入产品密钥】单选按钮，然后输入产品包装上的序列号即可。

SQL Server 2008 R2 安装程序

安装程序支持规则

安装程序支持规则可确定在您安装 SQL Server 安装程序支持文件时可能发生的问题。必须更正所有失败，安装程序才能继续。

安装程序支持规则

操作完成。已通过: 7。失败 0。警告 0。已跳过 0。

显示详细信息(S) >>

重新运行(R)

查看详细报表(V)

确定

取消

图 1-3 【安装程序支持规则】窗口

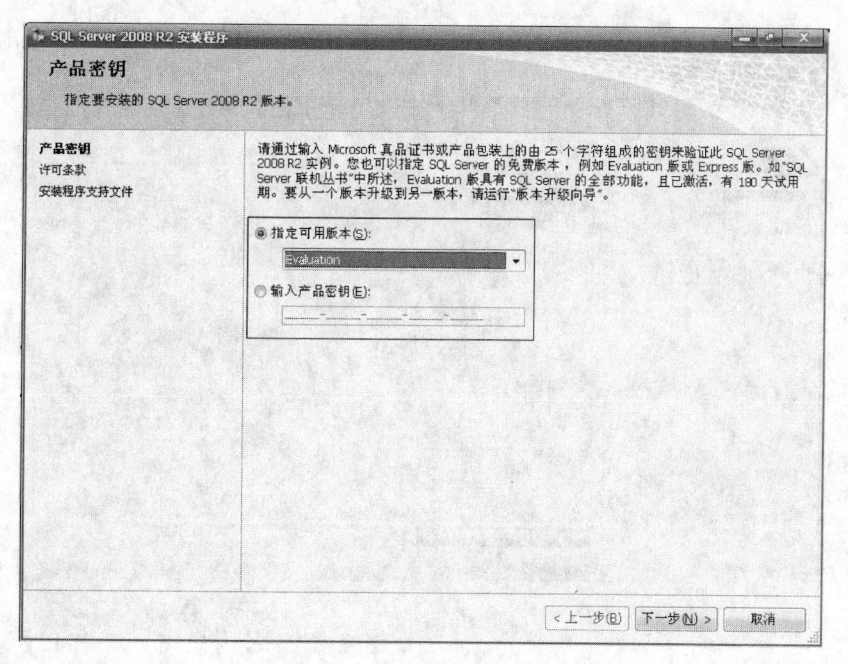

图 1-4 【产品密钥】窗口

(5) 若使用指定可用版本，则单击【下一步】按钮进入【许可条款】窗口，如图 1-5 所示，选中【我接受许可条款】复选框。

(6) 连续单击【下一步】按钮，直到出现【安装程序支持文件】窗口，如图 1-6 所示。单击【安装】按钮进行支持文件的检查，确认没有缺少组件后即可单击【下一步】按钮。

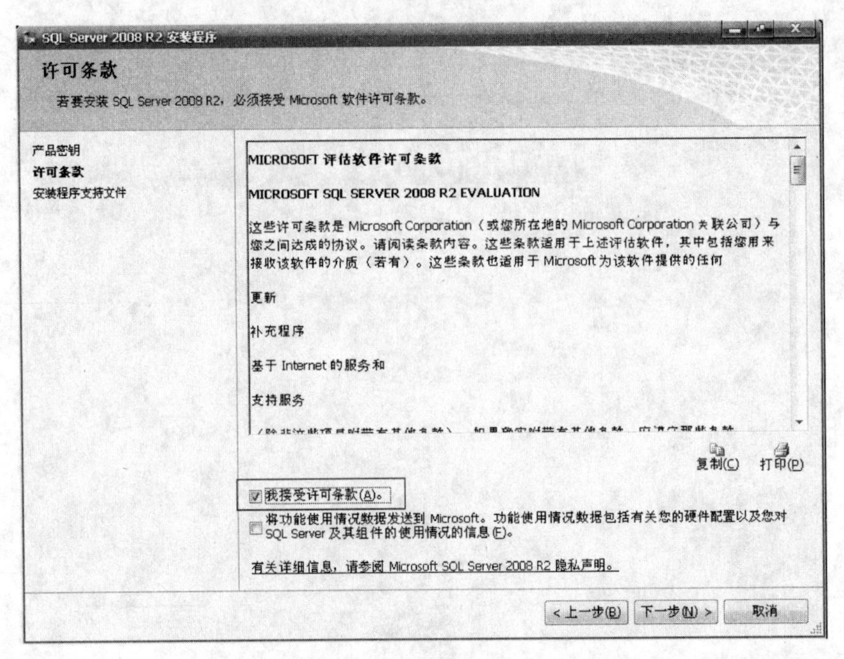

图 1-5　【许可条款】窗口

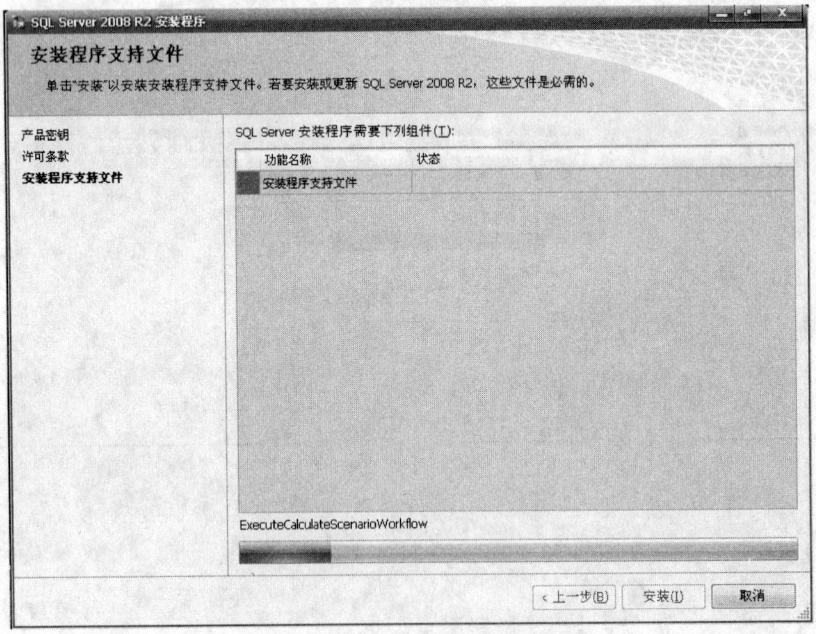

图 1-6　【安装程序支持文件】窗口

(7) 进入【安装程序支持规则】窗口，如图 1-7 所示。安装程序会扫描本机的一些信息，用以确定在安装过程中不会出现异常。如果在扫描中发现了一些问题，则必须在修复这些问题之后才可再重新运行安装程序进行安装。在确认状态通过检查之后即可单击【下一步】按钮。

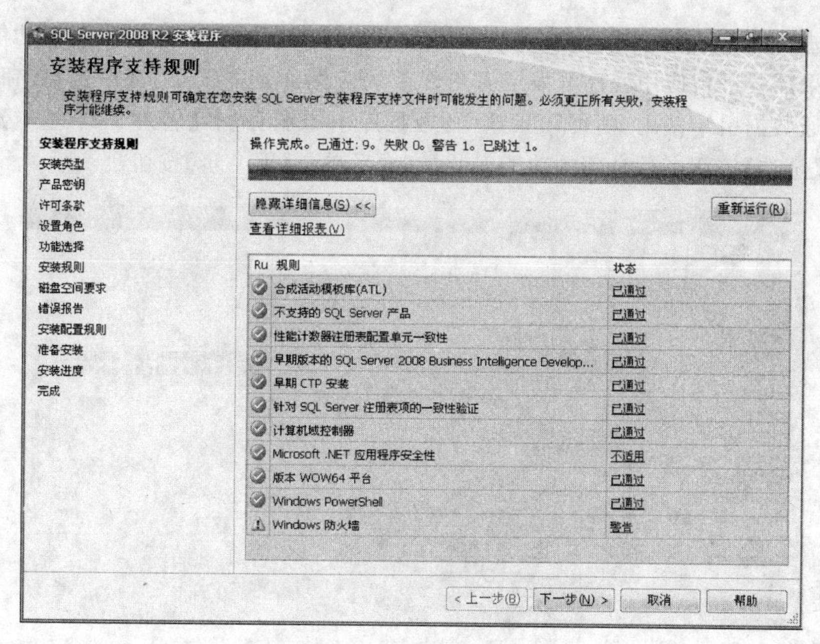

图 1-7 【安装程序支持规则】窗口

其中,【Microsoft .NET 应用程序安全性】项显示状态为"不适用"是安全验证性问题,不影响数据库的安装。【Windows 防火墙】项显示状态为"警告",也不影响安装操作。如果将来需要从外部访问 SQL Server 2008 R2,则需要打开防火墙的相应端口。

(8) 单击【下一步】按钮进入【设置角色】窗口,选中【SQL Server 功能安装】单选按钮,如图 1-8 所示,表示能够人工选择需要安装的组件,然后单击【下一步】按钮。

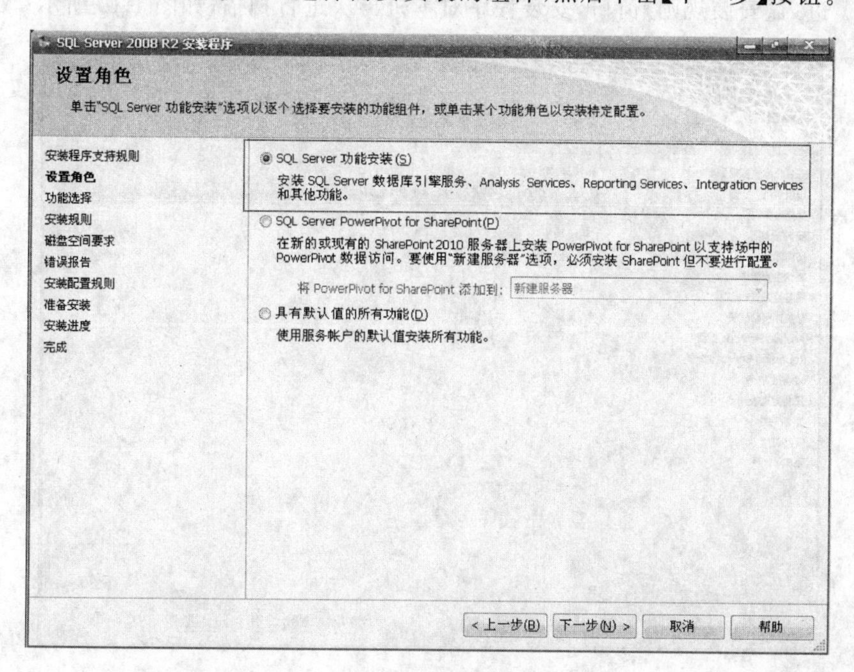

图 1-8 【设置角色】窗口

(9) 进入【功能选择】窗口，如图 1-9 所示。通过勾选功能，右边会出现该功能的介绍说明。如果需要进行应用程序开发或者更复杂的应用通常需要单击【全选】按钮，如果只是作为普通数据引擎使用，则可以只选中【数据库引擎服务】和【管理工具-基本】复选框。这里单击【全选】按钮进行全部的功能安装，完成后单击【下一步】按钮。

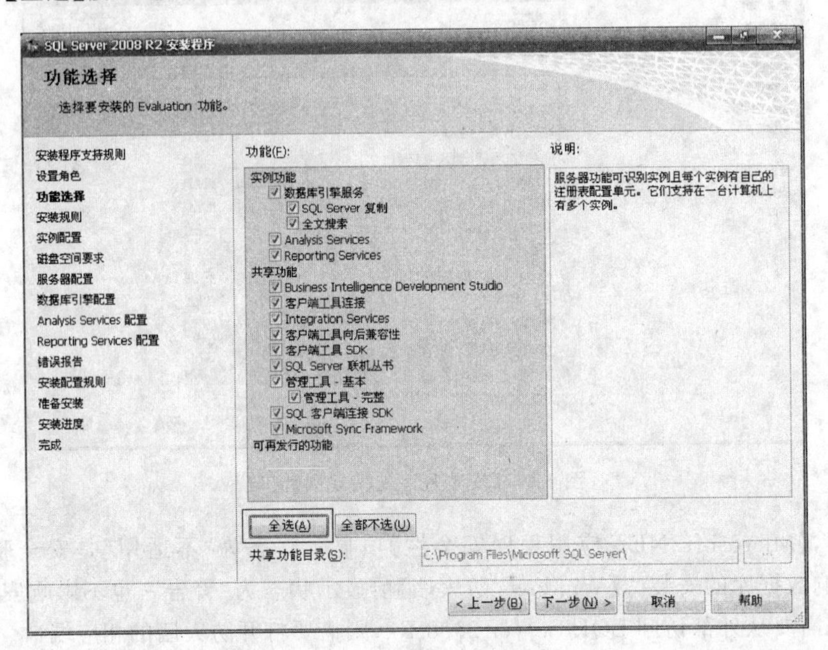

图 1-9 【功能选择】窗口

(10) 进入【安装规则】窗口，安装程序对本机再次进行扫描，如图 1-10 所示。

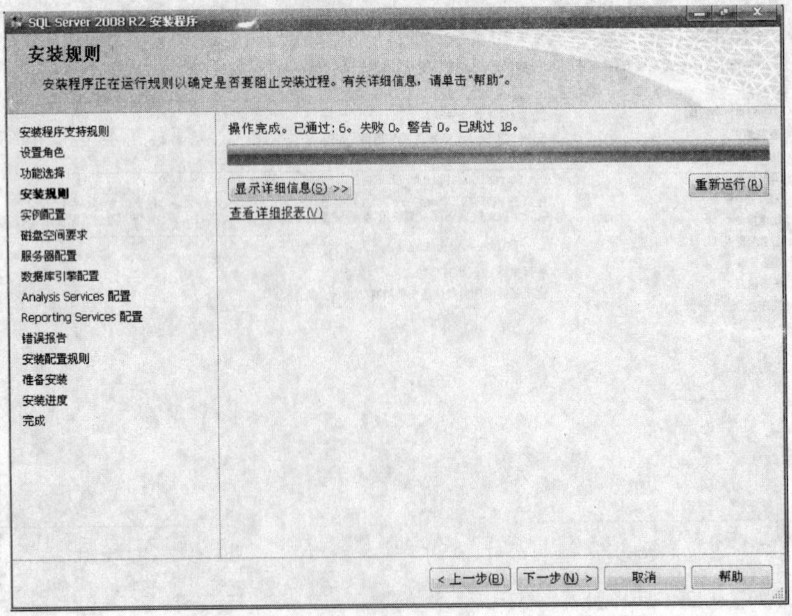

图 1-10 【安装规则】窗口

(11) 单击【下一步】按钮进入【实例配置】窗口，这里包含两种实例选项，即【默认实例】和【命名实例】，可以根据需要进行选择。【默认实例】可以更改实例根目录，这里选择默认位置，见图 1-11。【命名实例】可以更改实例名(实例 ID)和实例根目录，这里将实例名设为 MYSQLSERVER，实例根目录默认在 C 盘(图 1-12)，也可以放在其他盘路径下，这里安装在 C:\Program Files\Microsoft SQL Server 目录下。

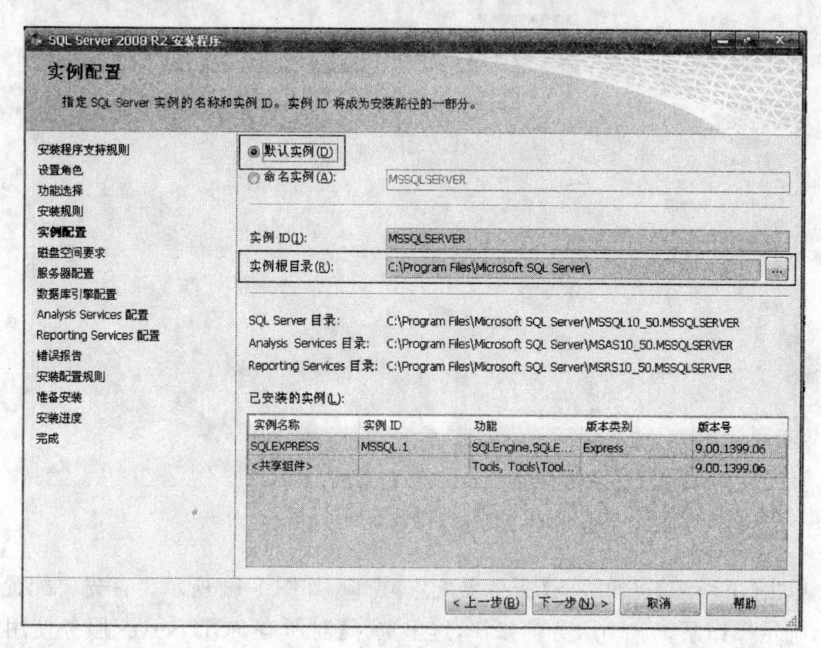

图 1-11　【默认实例】窗口

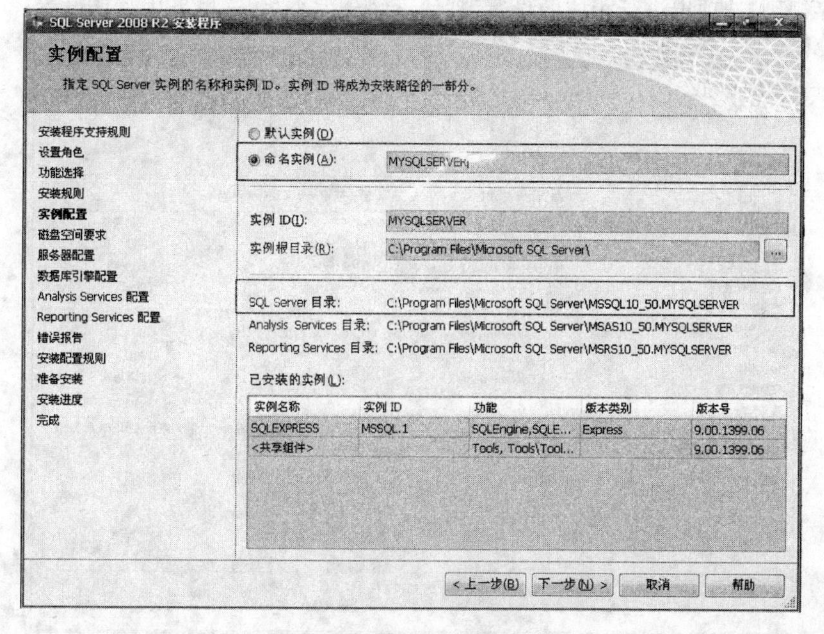

图 1-12　【命名实例】窗口

(12) 单击【下一步】按钮进入【磁盘空间要求】窗口，进行磁盘空间需求计算，如图1-13所示，安装向导根据之前选择的安装路径来计算安装组件所需的磁盘空间。

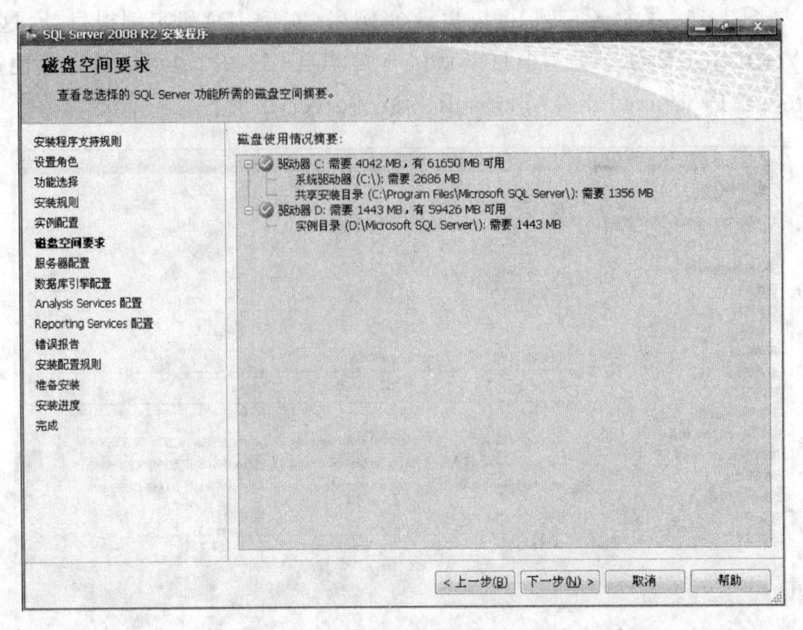

图 1-13 【磁盘空间要求】窗口

(13) 单击【下一步】按钮进入【服务器配置】窗口，如图1-14所示。首先要配置服务器的服务帐户，确定操作系统启动服务的帐户，这里选择【对所有 SQL Server 服务使用相同的帐户】项，帐户名中的 NT AUTHORITY\SYSTEM 表示用最高权限来运行服务。然后可以切换至【排序规则】选项卡进行相应的设置，默认不区分大小写，这里采用默认设置。

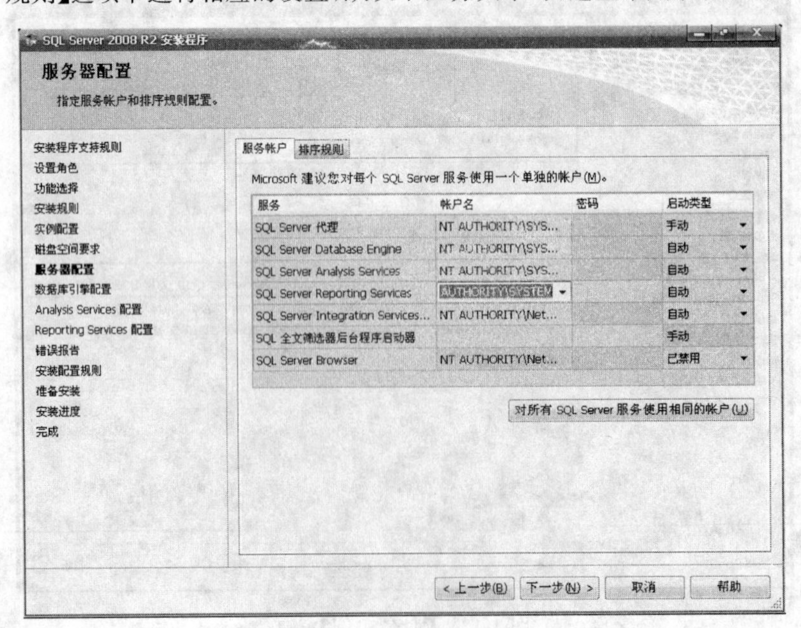

图 1-14 【服务器配置】窗口

(14) 单击【下一步】按钮进入【数据库引擎配置】窗口以选择 SQL Server 的身份验证模式,如图 1-15 所示。其中,【Windows 身份验证模式】表示用户通过 Windows 用户帐户连接时,使用 Windows 操作系统中的信息验证帐户名和密码。【混合模式】允许用户通过 Windows 身份验证或者 SQL Server 身份验证来连接服务器。为了方便对数据库的访问,这里选择使用混合模式,然后在文本编辑框中输入两次密码进行确认。可以切换至【数据目录】选项卡查看和设置 SQL Server 数据库的各种安装目录,这里使用默认的路径。

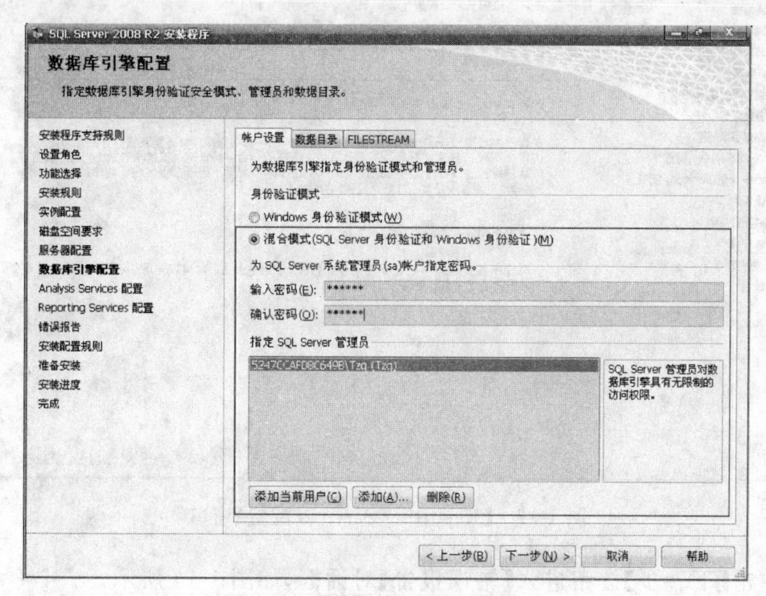

图 1-15　【数据库引擎配置】窗口

(15) 单击【下一步】按钮进入【Analysis Services 配置】窗口指定 Analysis Services 管理员和数据文件夹,如图 1-16 所示。

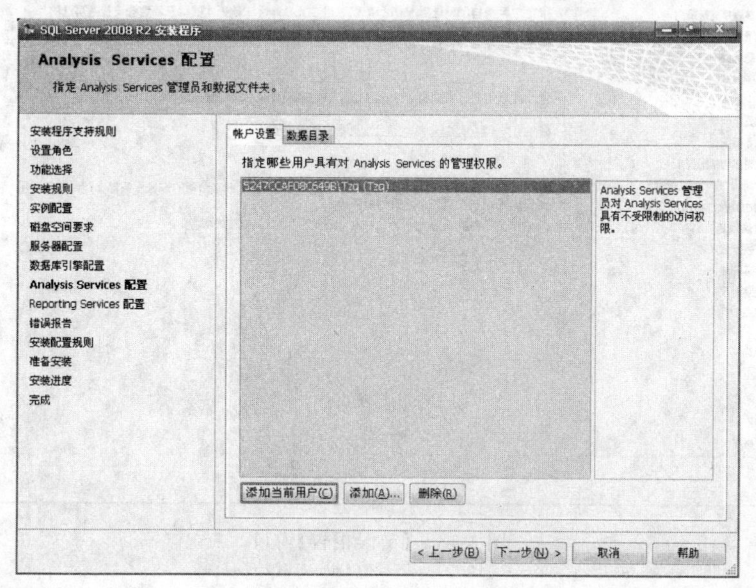

图 1-16　【Analysis Services 配置】窗口

(16) 单击【下一步】按钮进入【Reporting Services 配置】窗口指定 Reporting Services 配置模式，选中【安装本机模式默认配置】单选按钮，如图 1-17 所示。

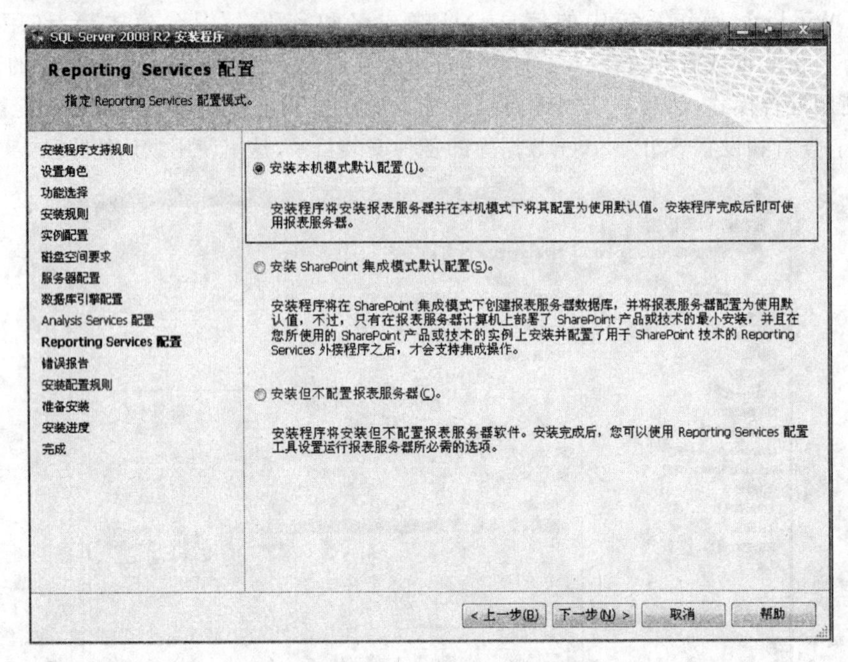

图 1-17　【Reporting Services 配置】窗口

(17) 单击【下一步】按钮进入【错误报告】对话框，如图 1-18 所示。

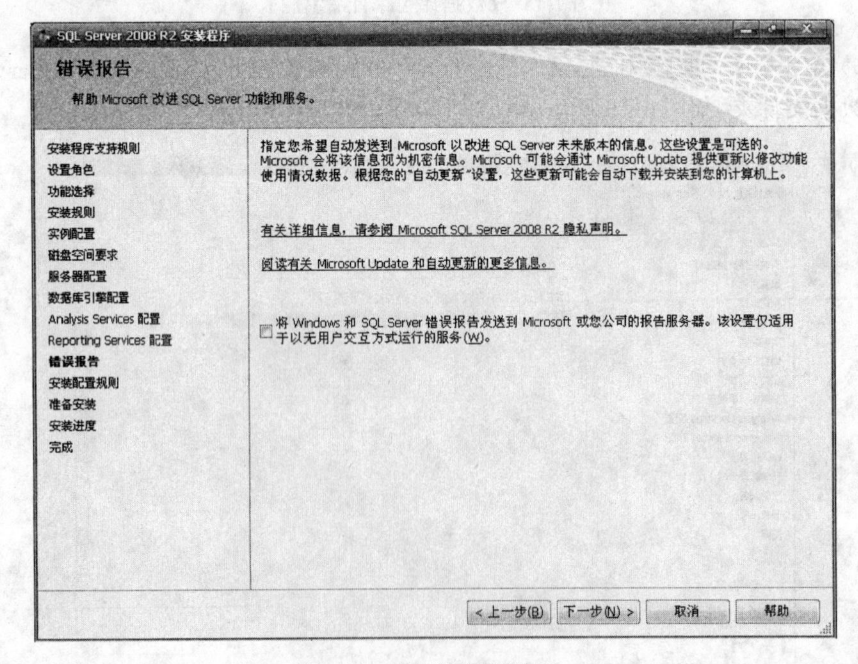

图 1-18　【错误报告】窗口

(18) 单击【下一步】按钮进入【安装配置规则】窗口,如图 1-19 所示。

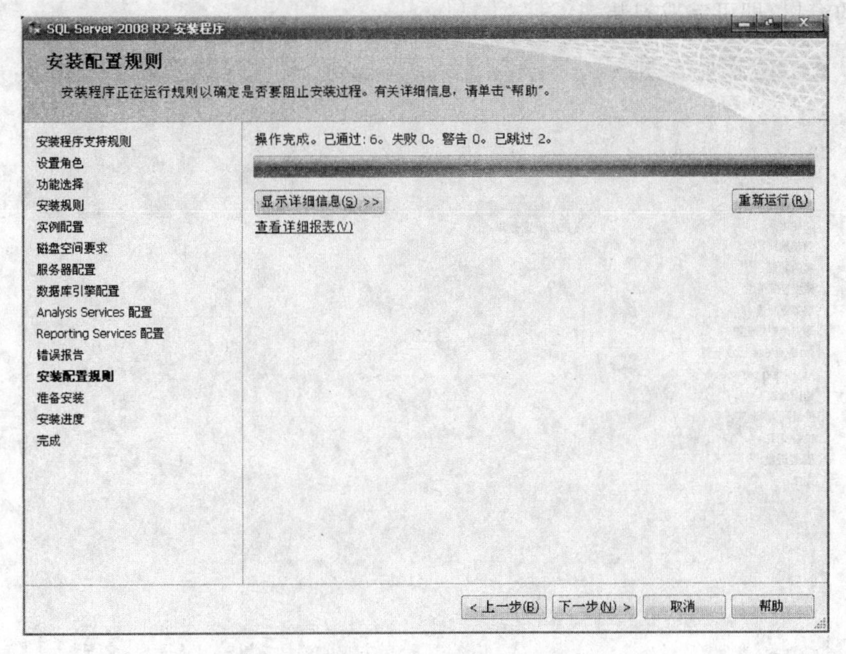

图 1-19　【安装配置规则】窗口

(19) 单击【下一步】按钮进入【准备安装】窗口,窗口中显示了 SQL Server 2008 R2 准备安装的摘要信息,核对这些配置信息是否正确,确认无误后单击【安装】按钮开始 SQL Server 2008 R2 的安装,如图 1-20 所示。

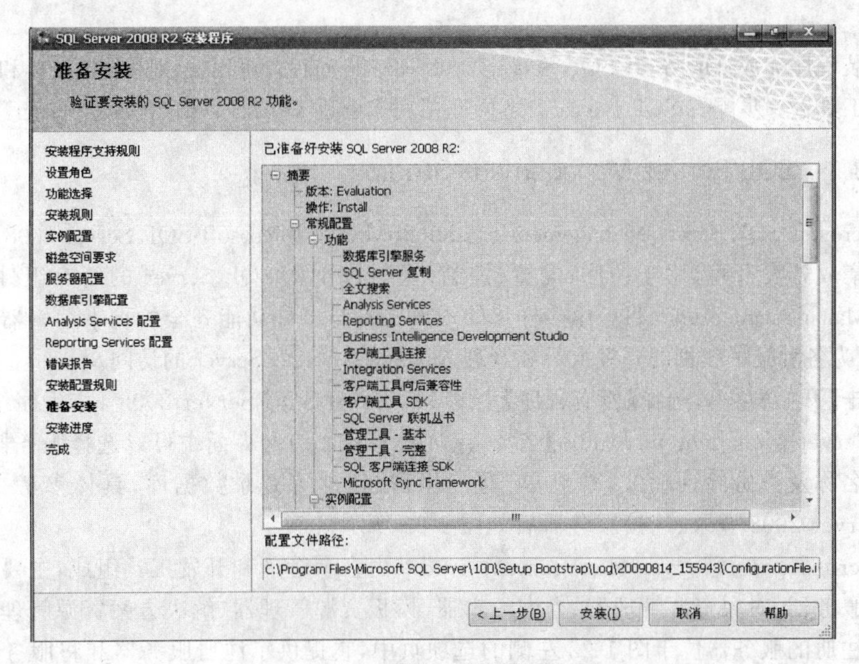

图 1-20　【准备安装】窗口

(20) 图 1-21 显示了安装程序正在进行的安装进度，单击【下一步】按钮，然后关闭完成安装的窗口，即可完成安装。

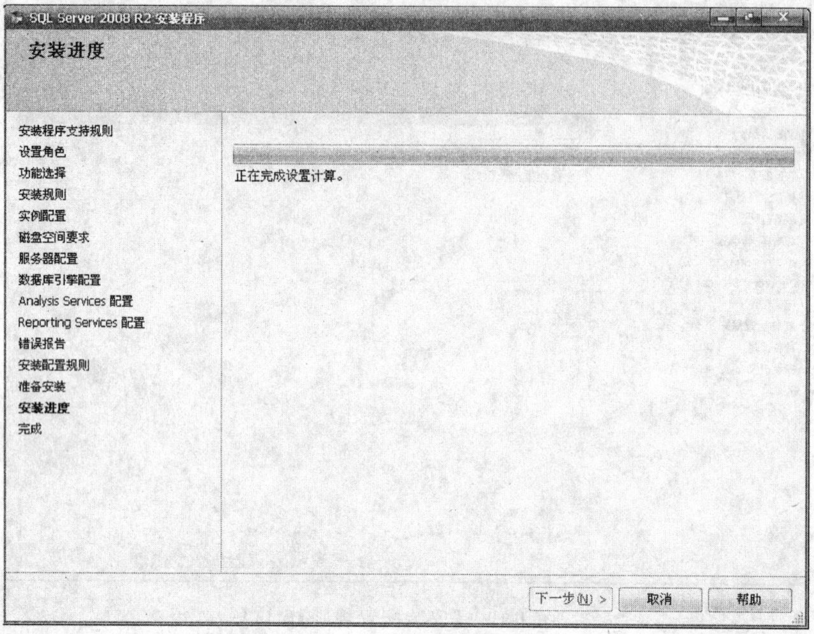

SQL Server 2008 R2 安装程序

安装进度

安装程序支持规则
设置角色
功能选择
安装规则
实例配置
磁盘空间要求
服务器配置
数据库引擎配置
Analysis Services 配置
Reporting Services 配置
错误报告
安装配置规则
准备安装
安装进度
完成

正在完成设置计算。

下一步(N) > 取消 帮助

图 1-21 【安装进度】窗口

1.3 SQL Server 2008 管理工具

安装程序完成 Microsoft SQL Server 2008 R2 的安装后，可以使用图形化工具和命令提示实用工具进一步配置 SQL Server。下面介绍用来管理 SQL Server 2008 实例的工具。

1.3.1 SQL Server Management Studio

Microsoft SQL Server Management Studio(SSMS)是 Microsoft SQL Server 2008 提供的一种新集成开发环境，用于访问、配置、控制、管理和开发 SQL Server 的所有组件。SQL Server Management Studio 将一组多样化的图形工具与多种功能齐全的脚本编辑器组合在一起，可为各种技术级别的开发人员和管理人员提供对 SQL Server 的访问。

单击【开始】菜单，选择【所有程序】中的 Microsoft SQL Server 2008 R2 程序组，选择【SQL Server Management Studio】选项，出现登录界面。在界面中可以选择服务器类型、服务器名称及身份验证模式，然后单击【连接】按钮即可登录数据库，具体参考 3.1 节，SQL Server 2008 登录、连接服务器后如图 1-22 所示。

Microsoft SQL Server Management Studio 由多个管理和开发工具组成，主要包括已注册的服务器、对象资源管理器、查询编辑器、模板资源管理器、解决方案资源管理器等。

已注册的服务器位于图 1-22 左侧的选项页中，它提供了注册服务器和将服务器组合成逻辑组的功能。通过它可以选择数据库引擎服务器、分析服务器、报表服务器、集成服

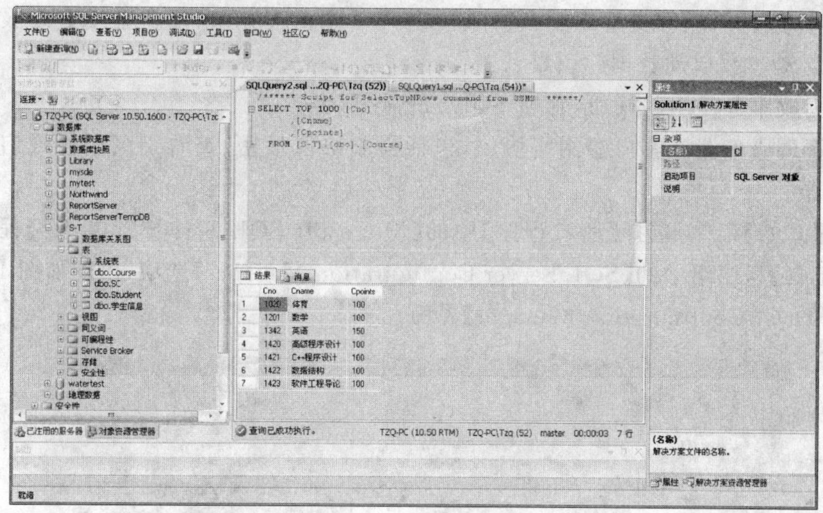

图 1-22 SQL Server Management Studio 界面

务器等。当选中某个服务器时，可以从右键的快捷菜单中选择执行查看服务器属性、启动/停止服务器、新建服务器组、导入/导出服务器信息等操作。

对象资源管理器位于图 1-22 左侧的选项页中，可以完成如下一些操作：注册服务器，启动/停止服务器，配置服务器属性，创建数据库以及创建表、视图、存储过程等数据库对象，生成 Transact-SQL 对象创建脚本，创建登录帐户，管理数据库对象权限，配置和管理复制，监视服务器活动、查看系统日志等。

查询编辑器是以前版本中的 Query Analyzer 工具的替代物，它位于图 1-22 界面的中部。用于编写和运行 Transact-SQL 脚本。与 Query Analyzer 工具总是工作在连接模式下有所不同，查询编辑器既可以工作在连接模式下，也可以工作在断开模式下。另外，如同 Visual Studio 工具一样，查询编辑器支持彩色代码关键字、可视化地显示语法错误、允许开发人员运行和诊断代码等功能。因此，查询编辑器的集成性和灵活性大大提高了。

解决方案资源管理器位于图 1-22 界面右侧的选项页中，提供指定解决方案的树状结构图。解决方案可以包含多个项目，允许同时打开、保存、关闭这些项目。解决方案中的每一个项目还可以包含多个不同的文件或其他项(项的类型取决于创建这些项所用到的脚本语言)。

1.3.2 SQL Server 配置管理器

SQL Server 配置管理器用于管理与 SQL Server 相关联的服务、配置 SQL Server 使用的网络协议以及从 SQL Server 客户端计算机管理网络连接配置。

SQL Server 配置管理器和 SQL Server Management Studio 使用 Windows Management Instrumentation(WMI)来查看和更改某些服务器设置。WMI 提供了一种统一的方式，用于与管理 SQL Server 工具所请求注册表操作的 API 调用进行连接，并可对 SQL Server 配置管理器管理单元组件选定的 SQL 服务提供增强的控制和操作。

SQL Server 配置管理器提供的功能如下。

（1）管理服务，能够支持启动、暂停、恢复或者停止服务，以及查看或更改服务属性，能够通过启动参数启动数据库引擎。

（2）更改服务使用的帐户，管理 SQL Server 服务。

（3）管理服务器和客户端网络协议，包括强制协议加密、查看别名属性或启用/禁用协议等功能。

单击【开始】菜单，选择【所有程序】中的【Microsoft SQL Server 2008 R2】程序组，选择【配置工具】程序组中的【SQL Server Configuration Manager】选项，出现如图 1-23 所示的【SQL Server Configuration Manager】界面。

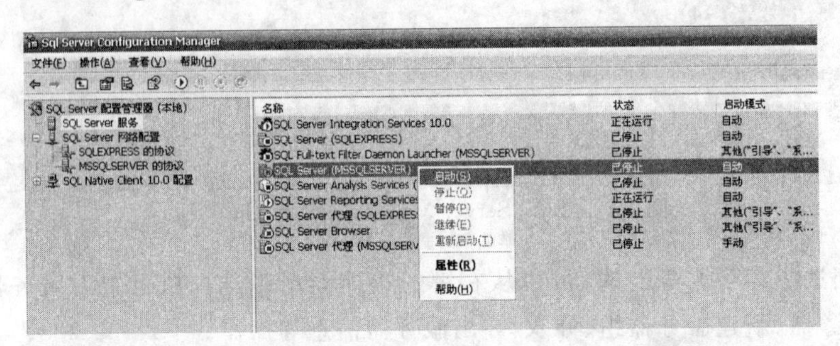

图 1-23　【SQL Server Configuration Manager】界面

1.3.3　SQL Server Profiler

Microsoft SQL Server Profiler 是 SQL 跟踪的图形用户界面，用于监视 SQL Server Database Engine 或 SQL Server Analysis Services 的实例，还可以用来捕获有关每个事件的数据，并将其保存到文件或表中供以后分析。例如，可以对生产环境进行监视，了解哪些存储过程由于执行速度太慢影响了性能。

单击【开始】菜单，选择【所有程序】中的【Microsoft SQL Server 2008 R2】程序组，选择【性能工具】程序组中的【SQL Server Profiler】选项，出现如图 1-24 所示的【SQL Server Profiler】界面。

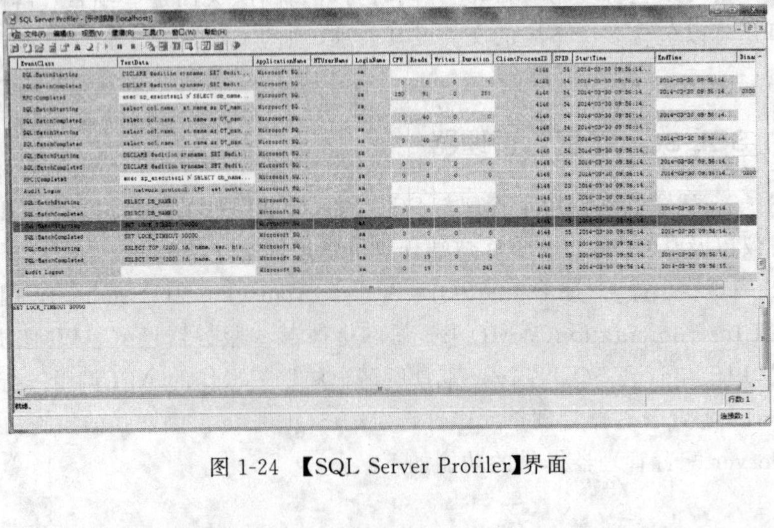

图 1-24　【SQL Server Profiler】界面

1.3.4　数据库引擎优化顾问

数据库引擎优化顾问(Database Engine Tuning Advisor)可以帮助用户分析工作负荷,提出创建高效率索引的建议等功能。借助数据库引擎优化顾问,用户不必详细了解数据库的结构就可以选择和创建最佳的索引、索引视图、分区等。工作负荷是对要优化的一个或多个数据库执行的一组 Transact-SQL 语句,可以通过 Microsoft SQL Server Management Studio 中的查询编辑器创建 Transact-SQL 脚本工作负荷,也可以使用 SQL Server Profiler 中的优化模板来创建跟踪文件和跟踪表工作负荷。数据库引擎优化顾问窗口如图 1-25 所示。

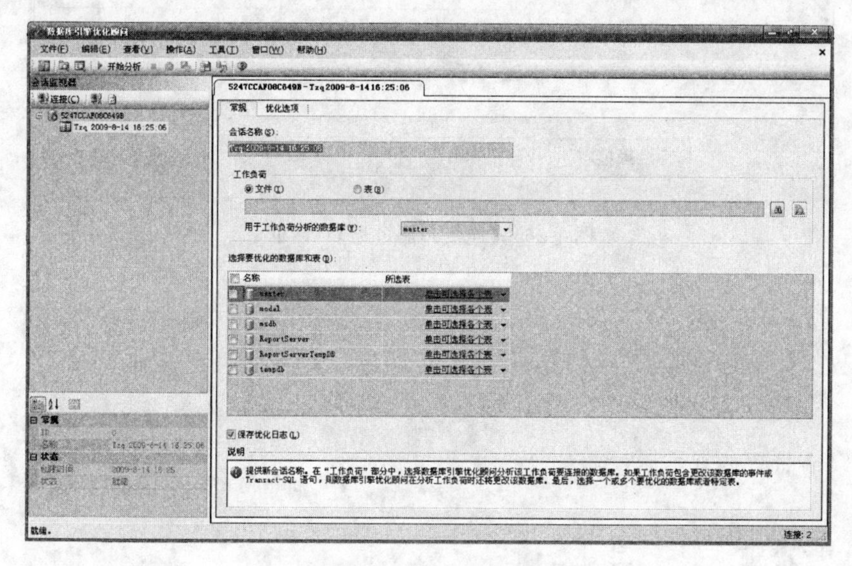

图 1-25　【数据库引擎优化顾问】界面

使用数据库引擎优化顾问工具可以执行下列操作。

(1) 通过使用查询优化器分析工作负荷中的查询,推荐数据库的最佳索引组合。

(2) 为工作负荷中引用的数据库推荐对齐分区和非对齐分区。

(3) 推荐工作负荷中引用的数据库的索引视图。

(4) 分析所建议的更改将会产生的影响,包括索引的使用、查询在工作负荷中的性能。

(5) 推荐为执行一个小型问题查询集而对数据库进行优化的方法。

(6) 允许通过指定磁盘空间约束等选项对推荐进行自定义。

(7) 提供对所给工作负荷的建议执行效果的汇总报告。

单击【开始】菜单,选择【所有程序】中的【Microsoft SQL Server 2008 R2】程序组,选择【性能工具】程序组中的【数据库引擎优化顾问】选项,出现如图 1-26 所示的【连接到服务器】对话框,从中可以选择服务器类型、设置服务器名称及身份验证模式,然后单击【连接】按钮,打开如图 1-25 所示的【数据库引擎优化顾问】界面。

图 1-26 【连接到服务器】对话框

第 2 章　数据库管理

数据库是数据存储的载体，其处在存储结构的最高层，是其他一切数据操作的基础。用户可以创建数据库，对数据库进行修改或删除，在需要移动数据库时可以采用数据库的分离和附加，当数据库经过一段时间的使用之后存储空间占用较大，可以使用数据库的收缩来减小存储空间的占用。本章主要介绍如何进行数据库的创建、修改、删除、分离与附加，以及收缩。

2.1　数据库的存储结构

SQL Server 将数据库映射为一组操作系统文件，数据信息和日志信息存储在不同的文件中，并且每个文件只由一个数据库使用。文件组是命名的文件集合，用于辅助数据布局和管理任务。

2.1.1　数据库文件

根据存储内容侧重的不同可以将数据库文件分为四类：主数据文件、次要数据文件、日志文件和其他文件。

1. 主数据文件

主数据文件是数据库的起点，包含数据库的启动信息，指向数据库中的其他文件。用户数据和对象可存储在此文件中，也可以存储在次要数据文件中。每个数据库都只有一个主数据文件，主数据文件的推荐文件扩展名是.mdf。

2. 次要数据文件

次要数据文件是可选的，数据库可以有 0 个、1 个或多个次要数据文件，除主数据文件以外的所有其他数据文件都是次要数据文件，次要数据文件可以用于不同目的的数据存放。另外，如果数据库超过了单个 Windows 文件的最大大小，那么可以使用次要数据文件，这样数据库就能继续增长。次要数据文件的推荐文件扩展名是.ndf。

3. 日志文件

日志文件包含用于恢复数据库的所有日志信息，如数据页的分配、释放，以及对数据库数据的增、删、改操作等。每个数据库必须有一个或多个日志文件，日志文件的推荐文件扩展名是.ldf。

4. 其他文件

在 SQL Server 2008 之后，新增了文件流数据文件和全文索引文件。

SQL Server 的数据库文件扩展名虽然没有硬性限制，可以随意修改，但是一般推荐使用默认的扩展名。SQL Server 中所有的数据库文件都有两个名称：逻辑文件名和物理文件名。逻辑文件名是在所有 Transact-SQL 语句中引用物理文件时所使用的名称，它必须符合 SQL

Server 标识符规则,并且在整个数据库中的逻辑文件名中必须是唯一的。物理文件名是包含全路径的操作系统文件名,它必须符合操作系统文件命名规则。默认的文件存放位置为 C:\Program Files\Microsoft SQL Server\MSSQL.1\MSSQL\Data 目录下。

SQL Server 文件可以从最初设定的大小开始自动增长。在定义文件时可以设定一个特定的增量,当每次扩充式地填充文件时,其大小会按此增量来增长。每个文件还可以设定一个最大容量,如果没有限定最大容量值,则文件可以一直增长到用完所在磁盘上的所有可用空间。

2.1.2 数据文件页

SQL Server 数据库中数据的存储基本单位是数据页,数据文件中的页按顺序编号,文件的首页以 0 开始。数据库中的每个文件都有一个唯一的文件 ID。若要唯一标识数据库中的页,则需要同时使用文件 ID 和页码,如图 2-1 所示。

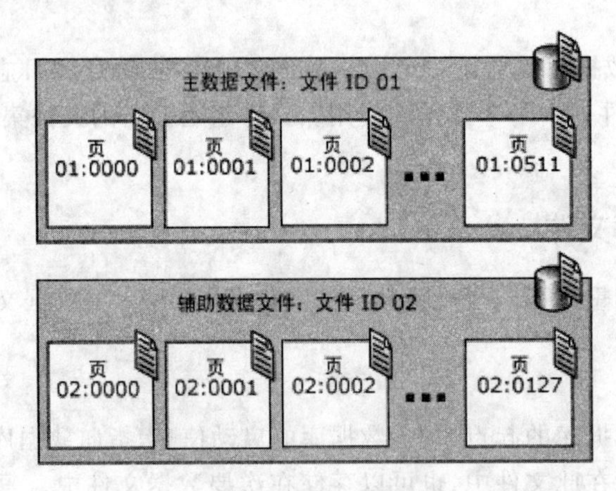

图 2-1 数据文件页

每个文件的第一页是一个包含有关文件属性信息的文件的页首页。在文件开始处的其他几页也包含系统信息(如分配映射)。有一个存储在主数据文件和第一个日志文件中的系统页是包含数据库属性信息的数据库引导页。

2.1.3 数据库文件组

文件组不能独立于数据库文件创建,是数据库中组织文件的一种管理机制。为了便于分配和管理,将数据库对象和文件一起分成文件组。SQL Server 中有两种基本类型的数据文件组。

1. 主文件组

主文件组包含主数据文件和任何没有明确分配给其他文件组的其他文件组,系统表的所有页均分配在主文件组中。

2. 用户定义文件组

用户定义文件组是通过在 CREATE DATABASE 或 ALTER DATABASE 语句中使用 FILEGROUP 关键字指定的任何文件组。

一个文件只能归属于一个文件组,不可以是多个文件组的成员。表、索引和大型对象数据可以与指定的文件组相关联,它们的所有页将被分配到该文件组,或者对表和索引进行分区,已分区表和索引的数据被分割为单元,每个单元可以放置在数据库中的单独文件组中。

每个数据库中均有一个文件组被指定为默认文件组。如果创建表或索引时未指定文件组,则将假定所有页都从默认文件组分配。一次只能有一个文件组作为默认文件组,db_owner 固定数据库角色成员可以将默认文件组从一个文件组切换到另一个。如果没有指定默认文件组,则将主文件组作为默认文件组。

2.2 数据库创建

数据库是存储数据的容器,用户可以通过创建数据库来存储不同类别或者形式的数据。创建数据库就是确定数据库存储的名称、大小、存放位置、文件名和所在文件组的过程。

SQL Server 提供了两种创建数据库的途径:使用 SQL Server Management Studio 图形界面工具来创建和通过编写 Transact-SQL(T-SQL)语句来创建。

2.2.1 使用图形界面工具创建数据库

在 SQL Server Management Studio 下创建 S-T(学生-课程)数据库的步骤如下。

(1) 在 SQL Server Management Studio 的【对象资源管理器】树状结构中右击【数据库】项,在弹出的快捷菜单中选择【新建数据库】菜单项,出现【新建数据库】窗口,如图 2-2 所示。

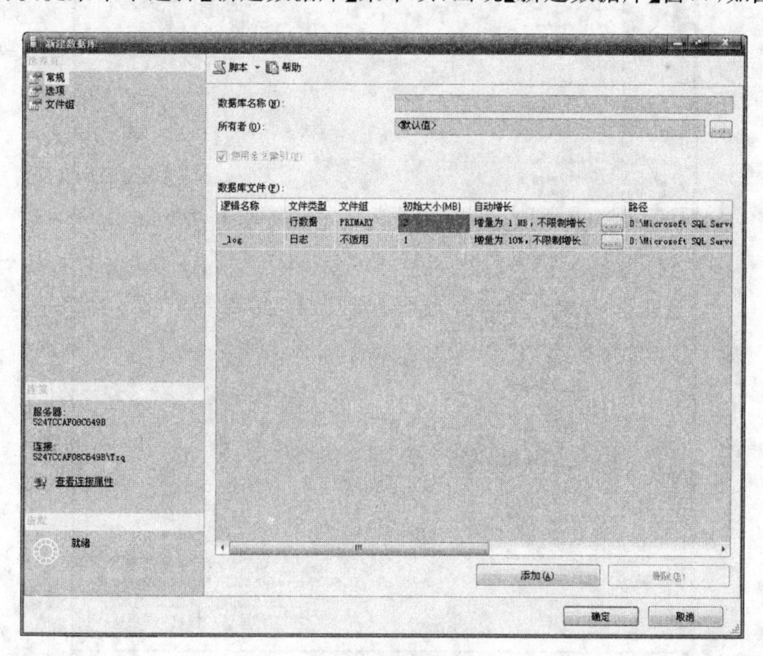

图 2-2 【新建数据库】窗口

(2) 在图 2-2 的【常规】选项页的【数据库名称】处输入 S-T,在【逻辑名称】下输入主数据库文件的逻辑名称 S-T_data,在【初始大小】文本框中可以设置主数据库文件的大小,单击【自动增长】下的浏览按钮,出现如图 2-3 所示的更改自动增长设置对话框。

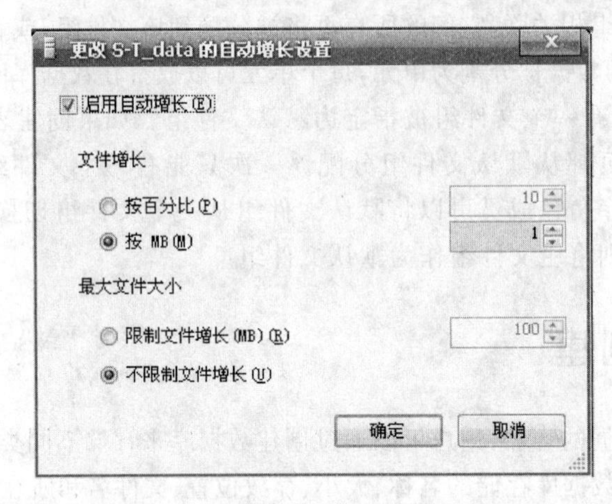

图 2-3　更改自动增长设置对话框

(3) 在图 2-2 中的【路径】下单击浏览按钮,出现如图 2-4 所示的【定位文件夹】窗口。

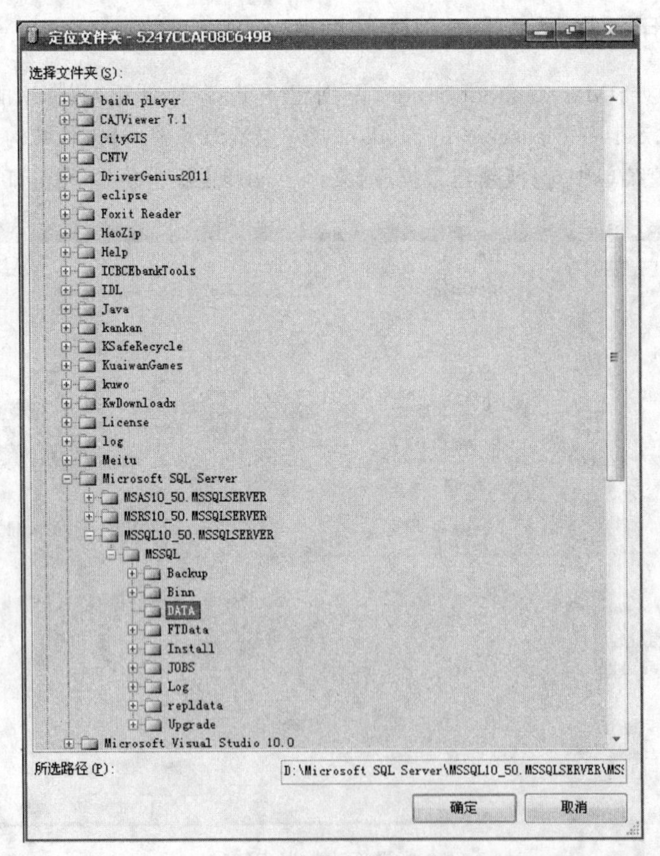

图 2-4　【定位文件夹】窗口

(4) 在该窗口中可以改变文件存放路径,本例选择默认路径,设置好后单击【确定】按钮返回图 2-2 的界面。在数据库文件框中的第二行可以同样的方法设置日志文件。可以单击【添加】按钮增加数据库的数据文件及日志文件，图 2-5 建立了一个主数据库文件 S-T_data、一个辅助数据库文件 S-T_data1、两个日志文件 S-T_log 和 S-T_log1。

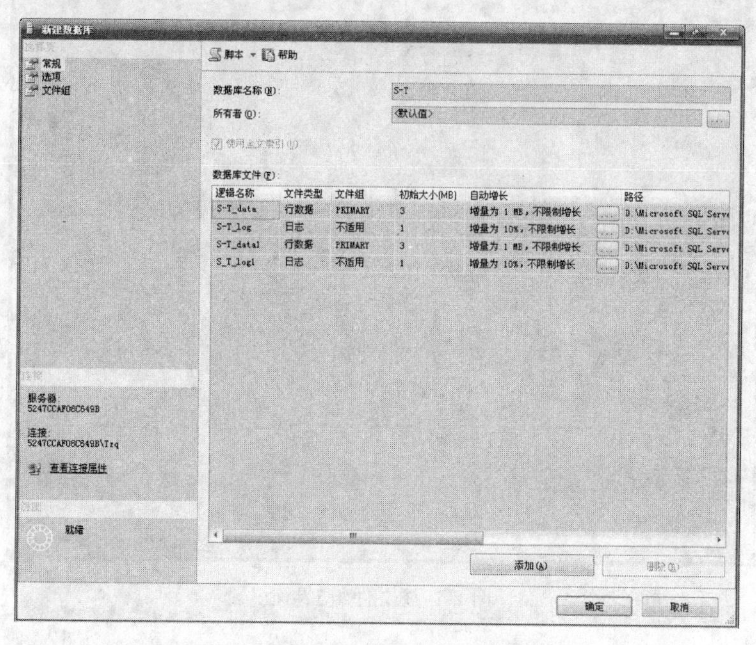

图 2-5　添加数据库文件界面

（5）在图 2-5 的界面中也可以单击【删除】按钮删除设置错误的数据库文件。

（6）在图 2-5 界面左侧切换至【选项】选项页，出现如图 2-6 所示的【选项】界面。在图 2-6 的界面中显示了数据库的各选项及其值。图 2-7 显示了【文件组】界面。

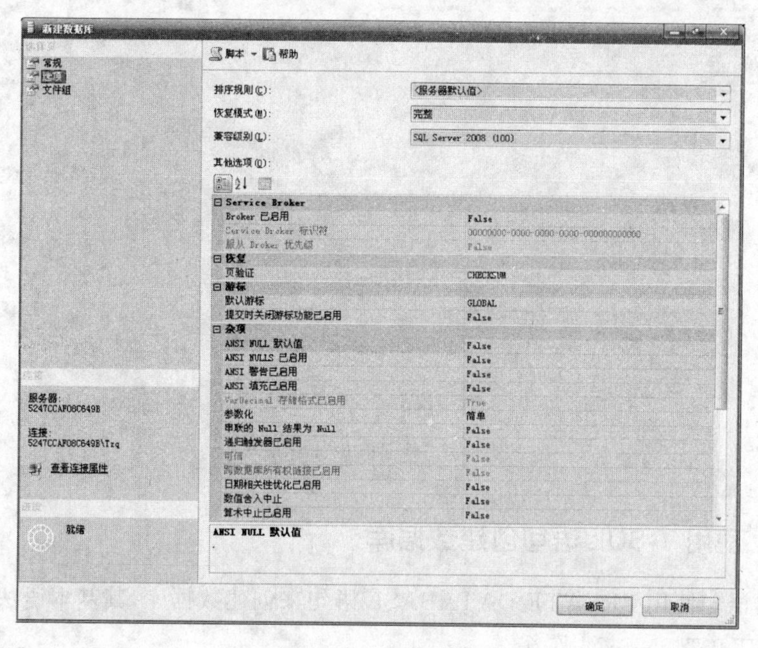

图 2-6　【选项】界面

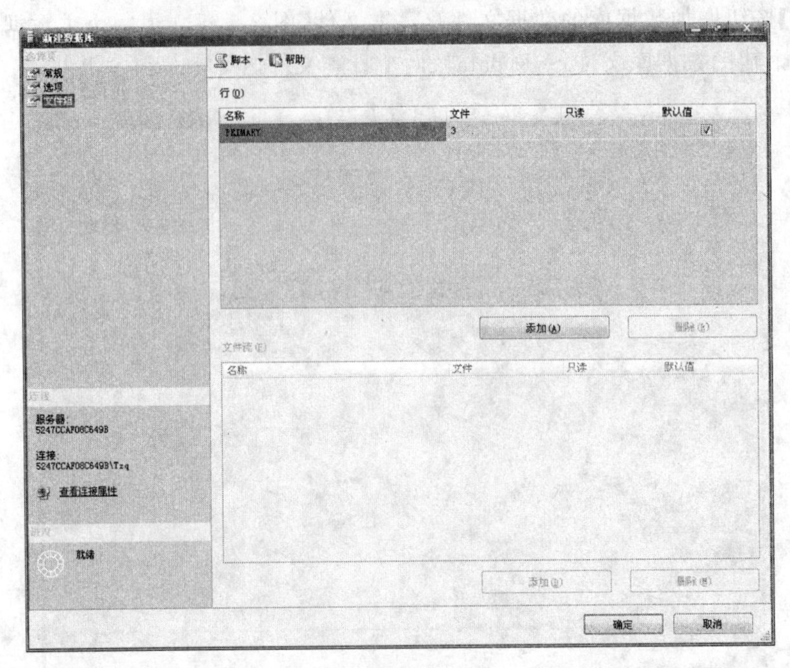

图 2-7 【文件组】界面

(7) 设置好各项后单击【确定】按钮返回 SQL Server Management Studio 界面，数据库创建完成，如图 2-8 所示。

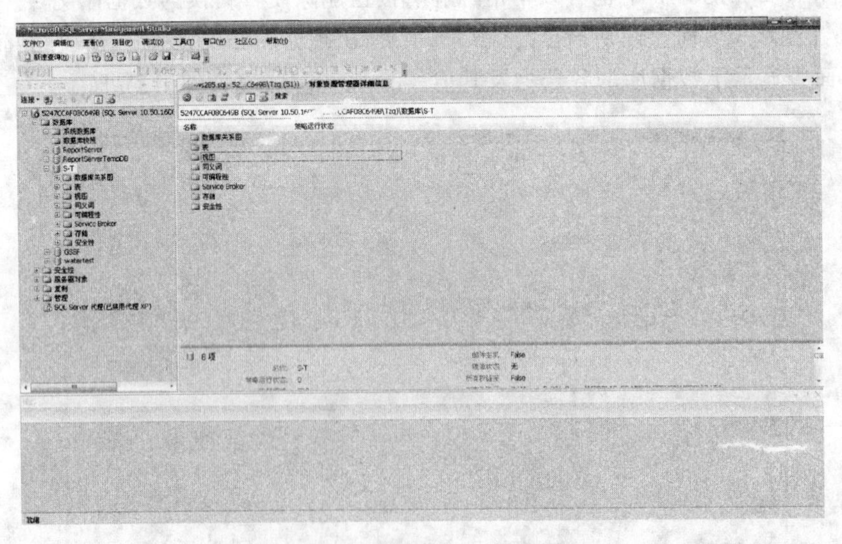

图 2-8 S-T 数据库创建完成界面

2.2.2 使用 T-SQL 语句创建数据库

T-SQL 语句使用 CREATE DATABASE 语句来创建数据库，其基本语法格式如下：

```
CREATE DATABASE 数据库名
```

```
[ON [PRIMARY]]
{(NAME=数据文件的逻辑名称,
FILENAME='数据文件的路径和文件名',
[SIZE=数据文件的初始容量,
[MAXSIZE=数据文件的最大容量,
[FILEGROWTH=growth_increment[KB|MB|GB|TB|%]]数据文件的增长量]
)} [,…n]
LOG ON
{(NAME=事务日志文件的逻辑名称,
FIFLENAME='事务日志文件的物理名称',
SIZE=事务日志文件的初始容量,
MAXSIZE=事务日志文件的最大容量,
FILEGROUWTH=事务日志文件的增长量)}[,…n]
```

语法说明如下。

SIZE:表示数据文件初始容量的属性,可选容量类型有 KB/MB/GB/TB。

MAXSIZE:表示数据文件最大容量的属性,可选容量类型有 KB/MB/GB/TB 或者 UNLIMITED(无限制)。

FILEGROWTH:指明数据文件的增长量的属性,可选容量类型有 KB/MB/GB/TB/%(百分比)。

【例 2-1】 在 E 盘的 sql_data 文件夹下创建数据库 S-T,包含两个数据文件和两个事务日志文件。在 Microsoft SQL Server Management Studio 工具栏中单击新建查询工具(注意:本章后续内容如无特别说明,都以此查询页面为工作区),在新建查询中输入以下内容。

```
--创建 S-T 数据库
create database "S-T"
on primary
(
name="S-T_data",                              --数据文件逻辑名
filename='E:\sql_data\S-T_data1.mdf',         --数据文件物理名
size=3MB,                                     --数据文件初始大小
filegrowth=2MB                                --数据文件增长幅度
),
(
name="S-T_data1",                             --数据文件逻辑名
filename='E:\sql_data\S-T_data2.ndf',         --数据文件物理名
size=2MB,                                     --数据文件初始大小
filegrowth=1MB                                --数据文件增长幅度
)
log on
(
name="S-T_log",                               --日志文件逻辑名
```

```
filename='E:\sql_data\S-T_log1.ldf',         --日志文件物理名
size=1MB,                                     --日志文件初始大小
filegrowth=10%                                --日志文件增长比例
),
(
name="S-T_log1",                              --日志文件逻辑名
filename='E:\sql_data\S-T_log2.ldf',         --日志文件物理名
size=2MB,                                     --日志文件初始大小
filegrowth=1MB                                --日志文件增长幅度
)
```

然后就可以执行所输入的 T-SQL 命令来创建数据库。在 E 盘下会创建文件夹 sql_data 来存放数据库文件，见图 2-9。

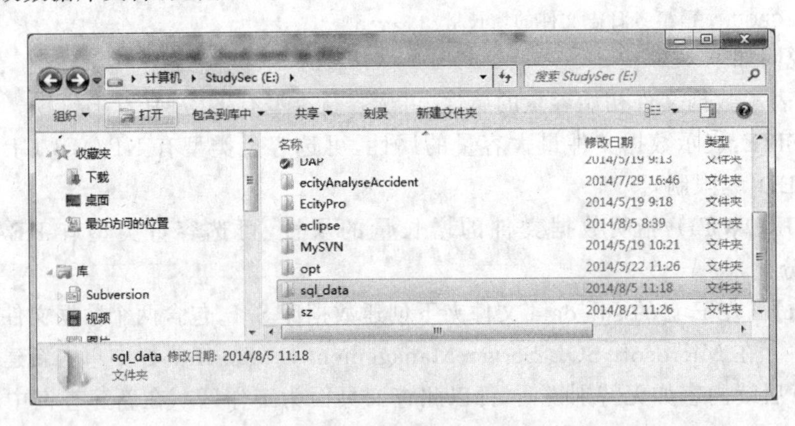

图 2-9　在 E 盘下创建 sql_data 文件夹

2.3　数据库修改

创建了数据库之后就可以对其属性进行查看和修改，也可以使用 T-SQL 语言的 ALTER DATABASE 语句来修改数据库。

2.3.1　使用图形界面工具修改数据库

打开 SQL Server Management Studio 并登录数据库，展开数据库文件夹，右击要修改的数据库，在弹出的快捷菜单中选择【属性】命令。以 2.1 中创建的数据库 S-T 为例，打开其数据库属性窗口，如图 2-10 所示。在属性窗口中切换至不同的选项页可以查看或修改数据库文件及其他属性。

2.3.2　使用 T-SQL 语句修改数据库

使用 ALTER DATABASE 语句可以添加和删除数据库中的文件或文件组，也可以修改现有数据库文件或文件组的属性，其基本语法如下：

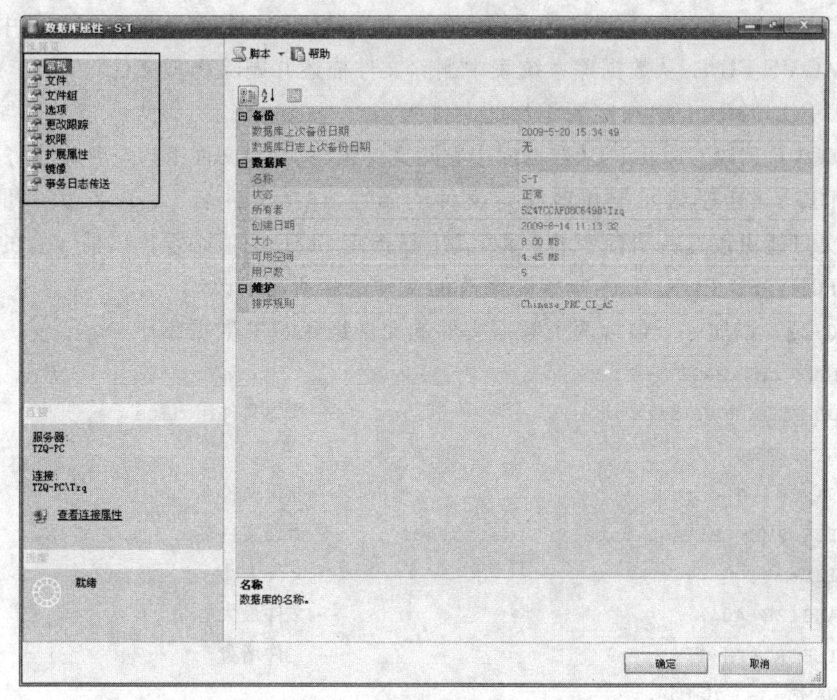

图 2-10　数据库属性窗口

```
ALTER DATABASE 数据库名
{ ADD FILE<文件定义>[TO FILEGROUP 文件组名称]
|ADD LOG FILE<文件定义>
|REMOVE FILE 逻辑文件名
|ADD FILEGROUP 文件组名
|REMOVE FILEGROUP 文件组名
|MODIFY FILE<文件说明>
|MODIFY NAME=新数据库名
|MODIFY FILEGROUP 文件组名
{filegroup_property|name=new_filegroup_name}
}
```

语法说明如下。

ADD FILE：指定要增加的辅助数据文件，该文件属性由后面的〈文件定义〉指定。〈文件定义〉描述如下：

```
<文件定义>::=
(NAME=数据文件的逻辑名
[,NEWNAME='数据文件的物理文件名']
[,SIZE=数据文件的初始大小]
[,MAXSIZE={数据文件的最大容量|UNLIMITED}]
[,FILEGROWTH=数据文件的增长量])
```

TO FILEGROUP：将指定的文件添加到其后说明的文件组中。

ADD LOG FILE：表示要将其后指定的日志文件添加到指定的数据库文件中。

REMOVE FILE：从数据库系统表中删除文件描述并删除物理文件。

ADD FILEGROUP：指定要添加的文件组。

REMOVE FILEGROUP：从数据库中删除文件组，只有当文件组为空时才能将其删除。

MODIFY FILE：表示要更改指定文件的属性，包括文件名、大小、最大容量和增长量，但一次只能更改这些属性中的一种，其中新指定 SIZE 的值必须比以前设置的要大。

MODIFY FILEGROUP：指定要修改的文件组和所需的改动。

【例 2-2】 添加一个包含两个数据文件的文件组到 S-T 数据库中。

```
ALTER DATABASE S-T
ADD FILEGROUP data                          --添加文件组 data
ALTER FILE
(NAME=S-T_data3,                            --逻辑文件名
FILENAME='E:\sql_data\S-T_data3.ndf',       --物理文件名
SIZE=1,                                     --文件大小
MAXSIZE=40,                                 --文件最大容量
FILEGROWTH=1),                              --文件增量
(NAME=S-T_data4,
FILENAME='E:\sql_data\S-T_data4.ndf',
SIZE=2,
MAXSIZE=40,
FILEGROWTH=10%)
TO FILEGROUP data                           --将上述两个文件添加到 data 文件组中
```

2.4 数据库删除

对于不再需要使用的数据库可以通过删除来释放它所占用的磁盘空间，可以使用图形界面和 T-SQL 语句来删除数据库。

2.4.1 使用图形界面删除数据库

在 SQL Server Management Studio 的对象资源管理器中，右击要查看的数据库名称，在级联菜单中选择【删除】命令会出现如图 2-11 所示的【删除对象】窗口，在图 2-11 中单击【确定】按钮即可删除数据库。

2.4.2 使用 T-SQL 语句删除数据库

T-SQL 中使用 DROP DATABASE 语句来删除数据库，其语法格式如下：

```
DROP DATABASE database_name[,…,n]
```

【例 2-3】 删除已创建的数据库 S-T。

```
DROP DATABASE "S-T"
```

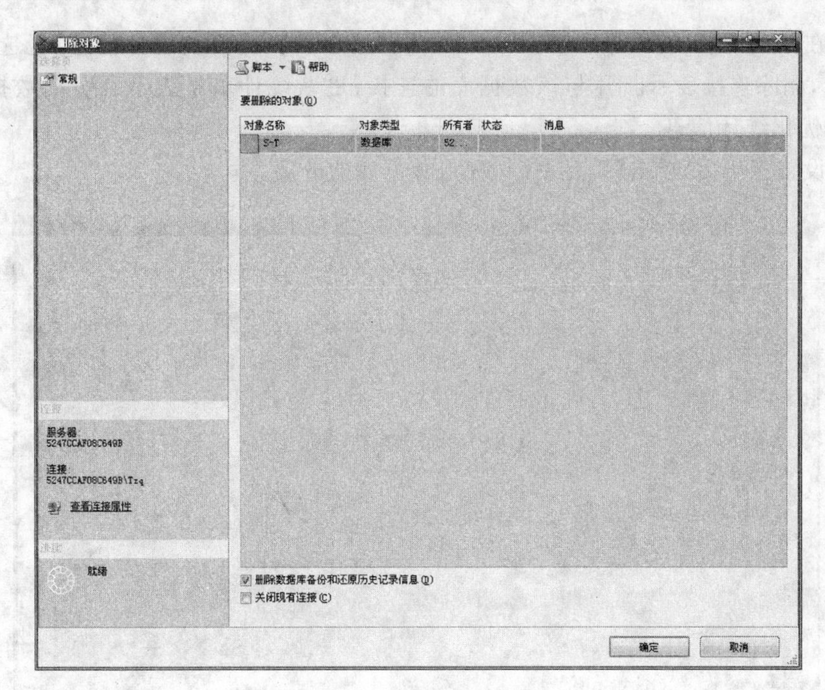

图 2-11　删除数据库窗口

2.5　数据库分离与附加

在 SQL Server 中使用数据库的分离和附加可以快速将数据库从一台服务器转移到另一台服务器。分离数据库是将数据库数据与数据库运行实例完全分离，从而可以将数据库数据文件附加到任何 SQL Server 实例，而不需要重新创建数据库，分离后的数据库将从原实例中删除，但是有五种特殊情况不能分离数据库：①已复制并发布数据库；②数据库中存在数据库快照；③该数据库正在某个数据库镜像会话中进行镜像；④数据库处于置疑状态；⑤数据库为系统数据库。

2.5.1　分离数据库

1. 使用图形界面工具分离数据库

(1) 在 SQL Server Management Studio 的对象资源管理器中展开【数据库】节点，选择要分离的数据库名并右击，在弹出的快捷菜单中选择【任务】→【分离】选项，如图 2-12 所示。

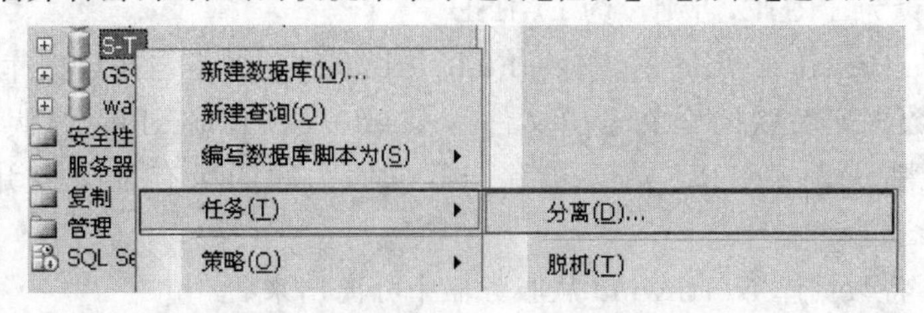

图 2-12　数据库分离操作

(2) 在弹出的【分离数据库】窗口中选中【删除连接】和【更新统计信息】复选框，如图2-13所示，删除连接表示断开与该数据库的连接；更新统计信息表示在分离数据库前更新现有的优化统计信息。

(3) 设置完毕后，单击【确定】按钮完成数据库的分离。

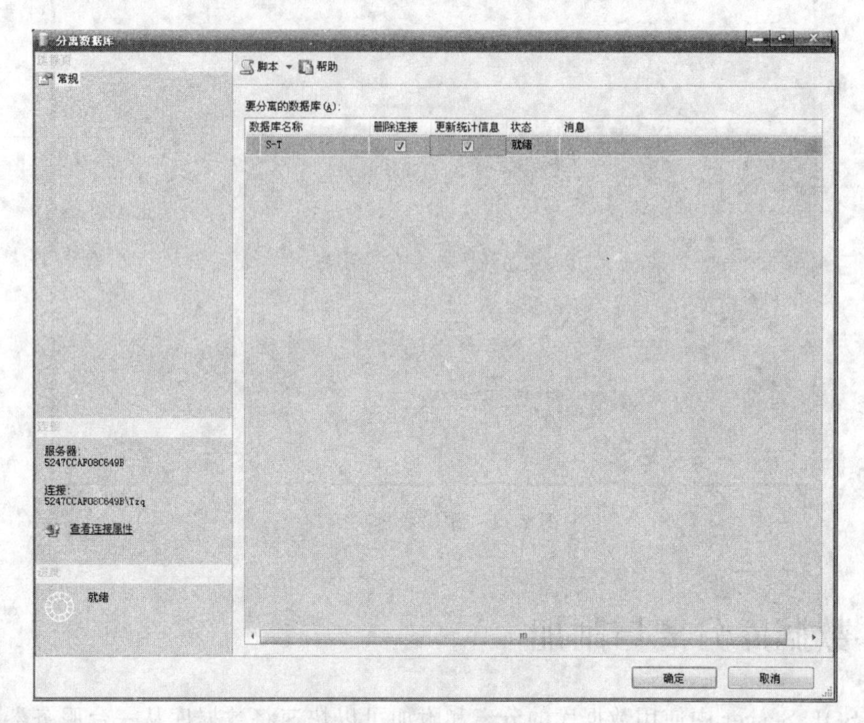

图 2-13　【分离数据库】窗口

2. 使用系统存储过程 sp_detach_db 分离数据库

存储过程 sp_detach_db 的使用方法如下：

```
sp_detach_db [@ dbname= ]'dbname'
[,[@ skipchecks= ]'skipchecks']
[,[@ KeepFulltextIndexFile= ]'KeepFulltextIndexFile']
```

语法说明如下。

[@dbname=]'dbname'：指定要分离的数据库名称。

[@skipchecks=]'skipchecks'：指定跳过或者运行 UPDATE STATISTICS 。skipchecks 的数据类型为 nvarchar(10)，默认值为 NULL。跳过 UPDATE STATISTICS STATISTICS 设为 TRUE，否则设为 FALSE。

[@KeepFulltextIndexFile=]'KeepFulltextIndexFile'：指定在数据库分离中是否删除与该被分离数据库关联的全文索引文件。KeepFulltextIndexFile 的默认数据类型为 nvarchar(10)，默认为 TRUE。若要删除与数据库关联的所有全文索引，则可以设为 NULL 或 FALSE。

【例 2-4】 将数据库 Northwind 从服务器中分离出来。

```
EXEC sp_detach_db 'Northwind'
```

在分离数据库时，必须保证拥有对数据库的独占访问权限。如果要分离的数据库正在被使用，则必须将其设为 SINGLE_USER 模式。

2.5.2 附加数据库

1. 使用图形界面工具附加数据库

(1) 在 SQL Server Management Studio 的对象资源管理器中，选中【数据库】项并右击在弹出的快捷菜单中选择【附加】命令，弹出【附加数据库】窗口，如图 2-14 所示。

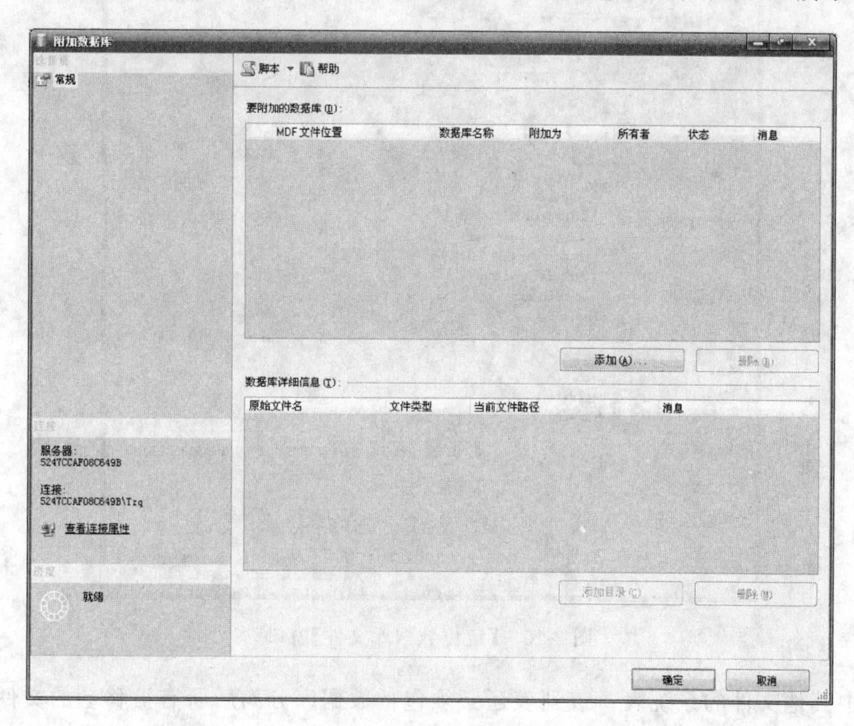

图 2-14 数据库附加操作

(2) 单击【添加】按钮，弹出【定位数据库文件】窗口，如图 2-15 所示。在弹出的对话框中选中要附加的.mdf 数据库文件，单击【确定】按钮，选中的数据库文件及数据库日志文件将自动添加到【要附加的数据库】列表框中。最后单击【确定】按钮完成数据库附加操作。

2. 使用系统存储过程 sp_ attach _db 附加数据库

存储过程 sp_ attach _db 的方法如下：

```
sp_attach_db[@ dbname=]'dbname',[@ filename1=]'filename_1'[,…n]
```

语法说明如下。

[@dbname=]'dbname'：说明需要附加的数据库名称，该名称必须是当前数据库中唯一的。dbname 的数据类型为 sysname，默认为 NULL。

[@filename1=]'filename_n'：指定数据库文件的物理名称。filename_1 的数据类型为 nvarchar(260)，默认值为 NULL，最多可以指定 16 个文件名。参数名称以@filename 开始递增到@filename16，文件名列表中至少必须包含主文件，主文件包含指向

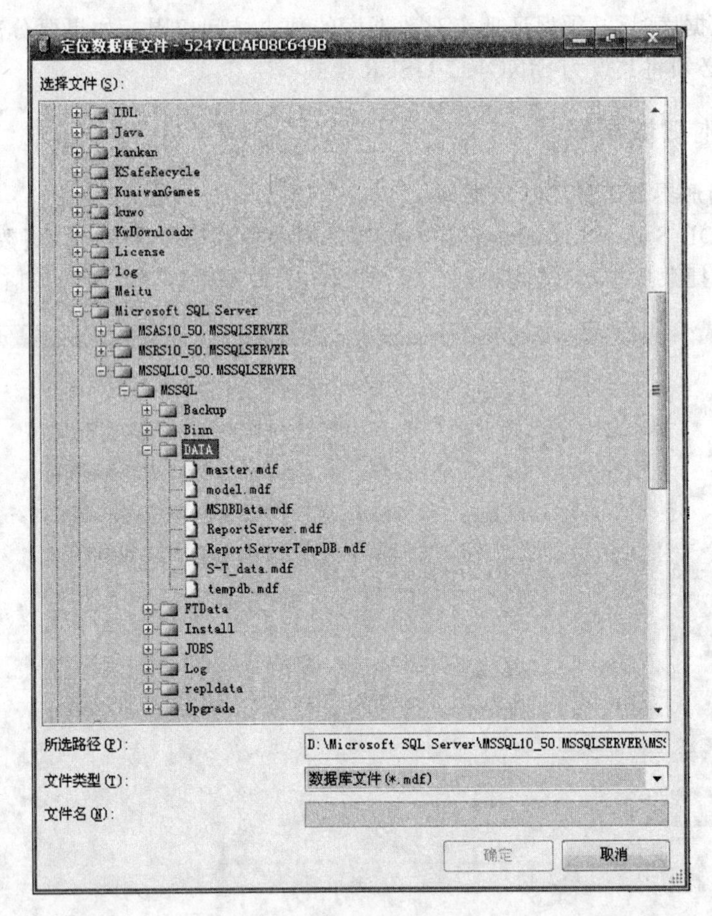

图 2-15 【定位数据库文件】窗口

数据库中其他文件的系统表。该列表还必须包括数据库分离后所有被移动的文件。

【例 2-5】 将数据库 Northwind 的数据库文件附加到当前服务器。

```
EXEC sp_attach_db @ dbname=N'Northwind',
@filename1=N'D:\Microsoft SQL Server\MSSQL10_50.MSSQLSERVER\MSSQL\DATA\
northwnd.mdf',
@filename2=N'D:\Microsoft SQL Server\MSSQL10_50.MSSQLSERVER\ MSSQL\DATA\
northwnd.ldf'
```

2.6 数据库收缩

数据库经过一段时间的使用之后，数据库文件随着数据的增多不断变大，此时可以通过收缩数据库中的文件以删除未使用的空间，减少分配给数据库文件和事务日志文件的磁盘空间，以避免磁盘空间的浪费。

2.6.1 使用图形界面收缩数据库

(1) 在 SQL Server Management Studio 的对象资源管理器中选择要收缩的数据库

并右击，在弹出的快捷菜单中选择【任务】→【收缩】→【数据库】命令，如图 2-16 所示。

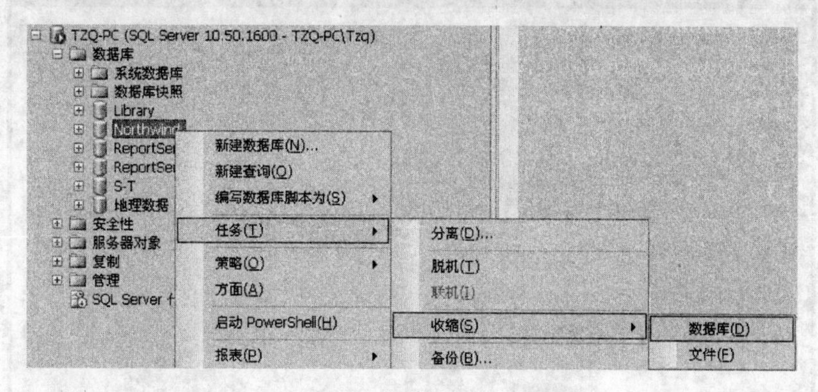

图 2-16 收缩数据库步骤

(2) 弹出【收缩数据库】窗口，如图 2-17 所示，单击【确定】按钮完成数据库的收缩。

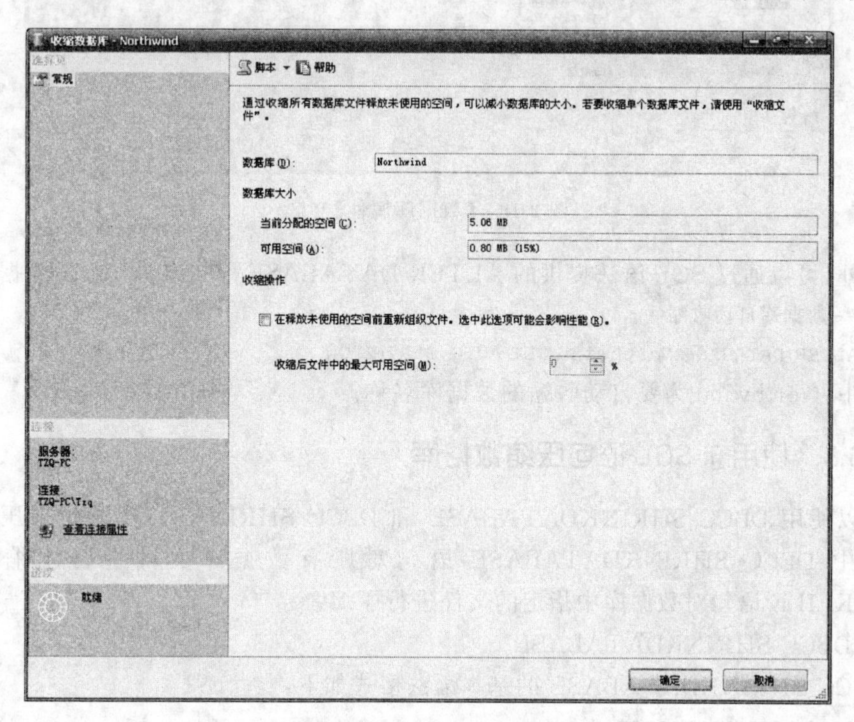

图 2-17 【收缩数据库】窗口

2.6.2 设置自动收缩数据库选项

(1) 在 SQL Server Management Studio 的对象资源管理器中选择数据库并右击，在弹出的快捷菜单中选择【属性】命令，弹出【数据库属性】窗口，单击列表中的【选项】一栏，在右侧的【其他选项】中找到【自动收缩】项，如图 2-18 所示。

(2) 将【自动收缩】设置为 True，这样 SQL Server 就会在数据库空闲时自动收缩数据库。

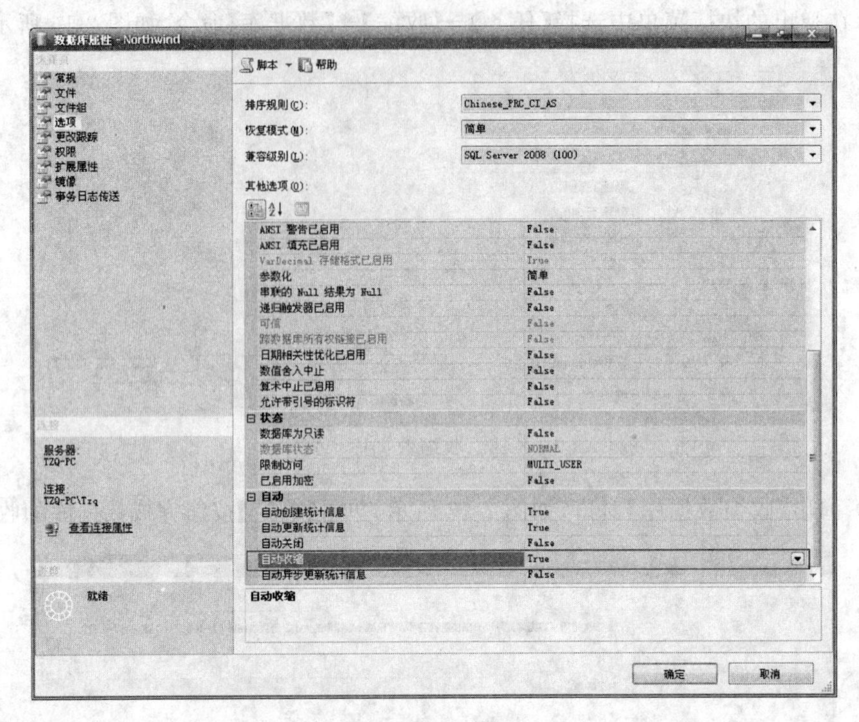

图 2-18 【数据库属性】窗口

此外,可以通过 SQL 语法提供的 ALTER DATABASE 语句来自动收缩数据库:

```
--数据库自动收缩
ALTER DATABASE Northwind SET AUTO_SHRINK ON
```

其中,Northwind 为要自动收缩的数据库名称。

2.6.3 使用 T-SQL 语句压缩数据库

可以使用 DBCC SHRINKDATABASE 和 DBCC SHRINKFILE 语句来压缩数据库。其中 DBCC SHRINKDATABASE 语句对所有数据库文件进行压缩,DBCC SHRINKFILE 语句对数据库中指定的文件进行压缩。

1) DBCC SHRINKDATABASE

DBCC SHRINKDATABASE 的基本语法格式如下:

```
DBCC SHRINKDATABASE(database_name [,target_percent]
[,{NOTRUNCATE|TRUNCATEONLY}])
```

语法说明如下。

target_percent:指定将数据库压缩后,未使用的空间占数据库大小的百分比。如果指定的百分比过大,超过了压缩前未使用空间所占的比例,则数据库不会被压缩,并且压缩后的数据库不能比数据库初始设定的容量小。

NOTRUNCATE:将数据库缩减后剩余的空间保留在数据库中不返还给操作系统。如果不选择此选项,则剩余的空间返还给操作系统。

TRUNCATEONLY:将数据库缩减后剩余的空间返还给操作系统。使用此命令时

SQL Server 将文件缩减到最后一个文件分配区域，但不移动任何数据文件。选择此项后，target_percent 选项就无效了。

【例 2-6】 压缩数据库 northwind 的未使用空间为数据库大小的 10%。

```
DBCC SHRINKDATABASE(northwind,10)
```

运行结果如图 2-19 所示。

	DbId	FileId	CurrentSize	MinimumSize	UsedPages	EstimatedPages
1	9	1	472	288	424	424

图 2-19　压缩数据库结果

在返回的结果集中，其各字段的含义如下。

Dbld：数据库 ID。

Field：文件 ID。

CurrentSize：文件占用的页数。

MinimumSize：文件最少占用的页数。

UsedPages：文件当前使用的页数。

EstimatedPages：预计可以收缩到的页数。

如果数据库文件不需要收缩，则在结果集中不显示内容。数据库空间也不是收缩得越小越好，通常数据库都需要预留部分空间以供日常操作使用。

2）DBCC SHRINKFILE

DBCC SHRINKFILE 压缩当前数据库中的文件，其语法格式如下：

```
DBCC SHRINKFILE({file_name|file_id}
{[,target_size]|
[,{EMPTYFILE|NOTRUNCATE|TRUNCATEONLY}]})
```

语法说明如下。

file_id：指定要压缩的文件 ID。文件的 ID 可以通过 FILE_ID()函数或用系统存储过程 sp_helpdb 来得到。

target_size：指定文件压缩后的大小，以 MB 为单位。如果不指定此选项，SQL Server 就会尽最大可能地缩减文件。

EMPTYFILE：指明此文件不再使用，将移动所有此文件中的数据到同一文件组中的其他文件中。执行带此参数的命令后，此文件就可以用 ALTER DATABASE 命令来删除了。其余参数 NOTRUNCATE 和 TRUNCATEONLY 与 DBCC SHRINKDATABASE 命令中的含义相同。

【例 2-7】 压缩数据库 Northwind 中的数据库文件 Northwind 的大小到 2MB。

```
USE Northwind
DBCC shrinkfile(Northwind, 2)
```

返回结果集与使用 SHRINKDATABASE 语句压缩数据库类似，这里不再阐述。

2.7 本章习题

1. 在E盘的sql_data文件夹下创建数据库mydata,包含一个数据文件和一个事务日志文件。

2. 添加一个包含两个数据文件的文件组到数据库mydata中,并指定其文件大小为2 MB,最大容量为40 MB,数据文件的增长量为2 MB。

3. 删除创建的数据库mydata。

4. 分离任意一个数据库,尝试着将其附加到另一个服务器中。

5. 对服务器中数据量较大的数据库进行收缩,并观察其收缩情况。

第3章 数据库用户和安全管理

对任何数据库而言，数据库的安全性都是不容忽视的重要问题之一。数据库的安全控制是指在数据库应用系统的不同层次提供对有意和无意损害行为的安全防范。对有意的非法活动可采用加密存取数据的方法控制；对有意的非法操作可使用用户身份验证、限制操作权限来控制；对无意的损坏可采用提高系统的可靠性和数据备份等方法来控制。本章主要介绍如何使用SQL Server用户身份验证、角色权限管理来保障数据库的安全性，以防止不合法的使用造成的数据的泄露、更改和破坏。

3.1 数据库登录

为了实现安全性，每个用户在访问SQL Server数据库之前，都必须经过身份验证和权限验证两个阶段的检验。

(1) 身份验证。用户在获得对任何数据库的访问权限之前必须登录到SQL Server实例上，身份验证阶段SQL Server或者Windows对用户进行身份验证，如果身份验证通过，用户就可以连接到SQL Server实例，否则服务器将拒绝用户登录。SQL Server 2008在身份验证阶段采用了两种安全模式：Windows身份验证模式和混合身份验证模式。

(2) 权限验证。在用户以某个登录名通过身份验证连接上数据库实例后，如果需要访问某个数据库中的数据对象，则还需要进行权限验证。首先在要访问的数据库中需要有与登录名相对应的用户帐号，其次该用户帐号还需要拥有对要访问的数据对象的访问权限。

3.1.1 身份验证模式

SQL Server 2008提供了两种用户身份验证模式。

(1) Windows身份验证模式。在该模式下用户不必提交登录名和密码进行验证，SQL Server检测当前使用Windows的用户帐号，并在系统注册表中查找该用户，以确定该用户帐号是否有权限登录。这种方式使数据管理员的工作重点集中在数据库数据的管理上而不需要管理用户帐号。同时，Windows有更强的用户帐号管理工具，可以支持多个授权用户同时访问。

(2) 混合身份验证模式：在该模式下允许用户使用Windows身份验证或SQL Server身份验证模式进行连接。SQL Server验证模式需要用户在登录界面输入登录名和密码来验证是否可以登录到SQL Server上，这种方式创建了Windows之外的另一个安全层次，支持更大范围的用户访问控制。

1. Windows身份验证模式连接

执行【开始】→【SQL Server 2008 R2】→【SQL Server 2008 R2】→【SQL Server Management Studio】命令进入登录界面，这里选择Windows身份验证，通过检查即可成功连接数据库进行登录。

2. 配置 SQL Server 身份验证模式

(1) 以 Windows 身份验证方式登录 SQL Server 2008 R2。

(2) 选择服务器名并右击,在弹出的快捷菜单中选择【属性】命令,在弹出的【服务器属性】窗口中选择【安全性】项,并在右侧服务器身份验证栏下选中【SQL Server 和 Windows 身份验证模式】单选按钮,如图 3-1 所示。

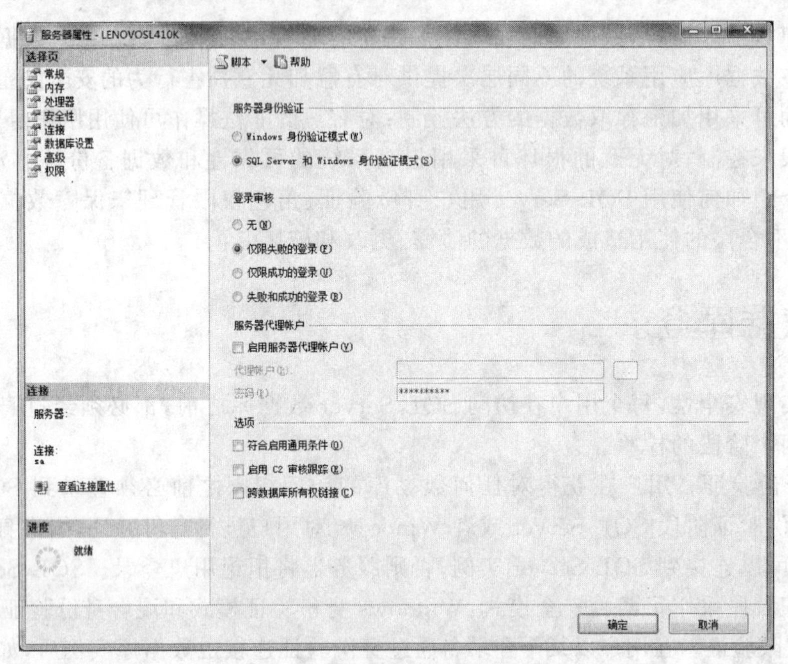

图 3-1　【服务器属性】窗口

(3) 单击【确定】按钮返回主界面,找到【安全性】下的【登录名】节点,选择要用来作为 SQL Server 身份登录的用户名,这里选择 sa 并右击,在弹出的快捷菜单中选择【属性】命令,如图 3-2 所示。

图 3-2　登录名项快捷菜单

（4）在【登录属性】窗口的【常规】选项卡里设置 sa 帐号的登录密码，如图 3-3 所示。

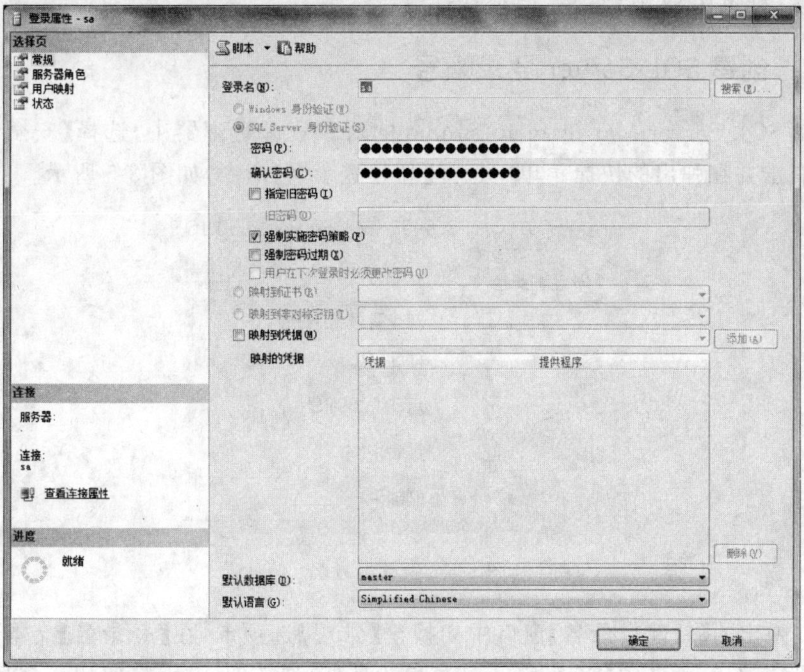

图 3-3　设置密码项

（5）在【状态】选项卡的【登录】项中选中【启用】单选按钮，按图 3-4 所示进行设置（该设置可能为默认）。

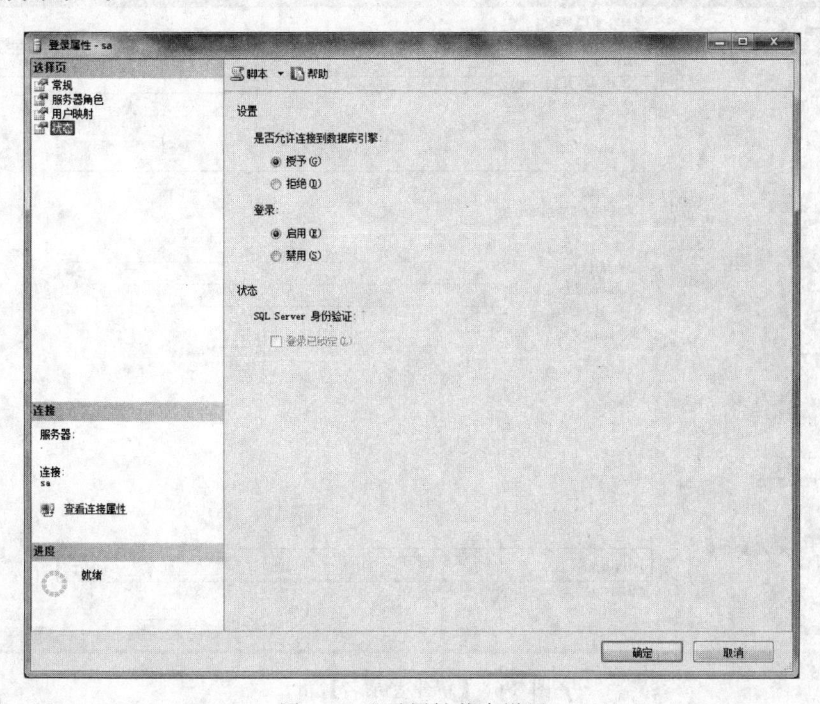

图 3-4　登录属性状态设置

（6）选中服务器名并右击，在弹出的快捷菜单中选择【重新启动】命令，重启 SQL Server 服务，即可按 SQL Server 身份认证方式登录。

3.1.2　创建 SQL Server 登录帐号

（1）在 SQL Server Management Studio 的对象资源管理器中，选择【安全性】→【登录名】项，右击并在弹出的快捷菜单中选择【新建登录名】命令，如图 3-5 所示。

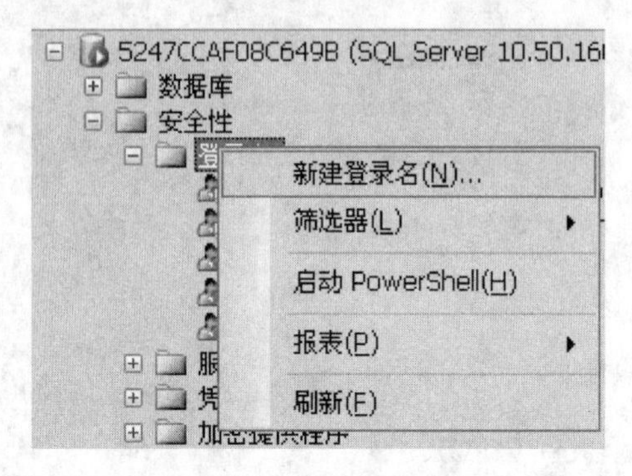

图 3-5　新建登录名

（2）在弹出的【新建登录名】窗口中切换至【常规】选项卡，在【登录名】文本框中输入要创建的登录名 test，选中【SQL Server 身份验证】单选按钮，并设置密码。然后选中【映射到凭据】复选框，最后在【默认数据库】选项中选择数据库列表中的 S-T 数据库，如图 3-6 所示。

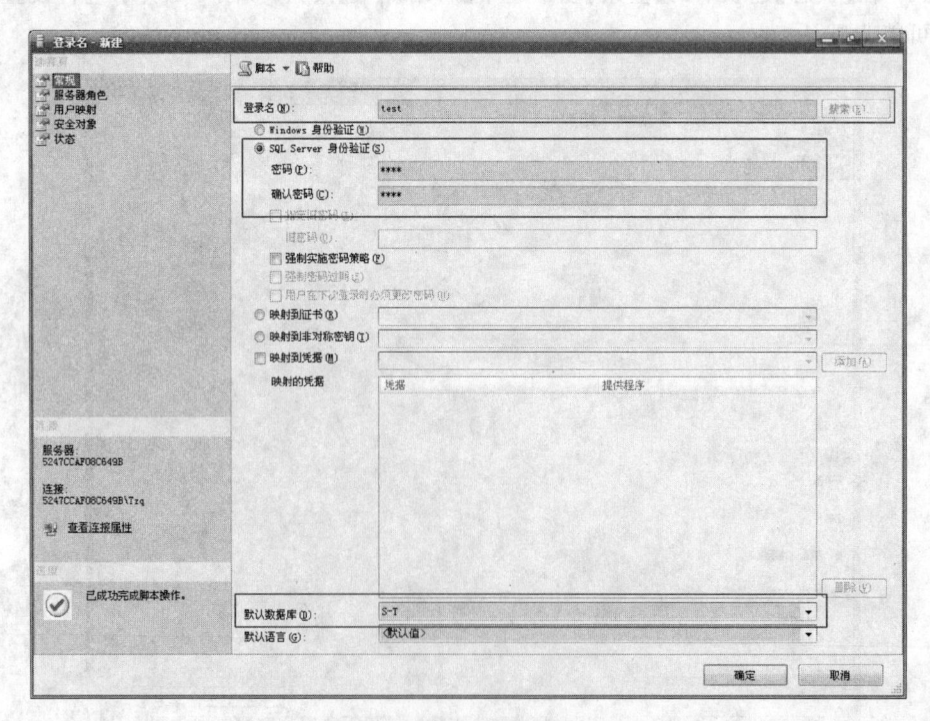

图 3-6　【新建登录名】窗口

(3) 在图 3-6 的界面中切换至【服务器角色】选项卡,在此可以设置登录帐号的服务器角色。

(4) 切换至【用户映射】选项卡,在此选中登录帐户访问的数据库,如图 3-7 所示。

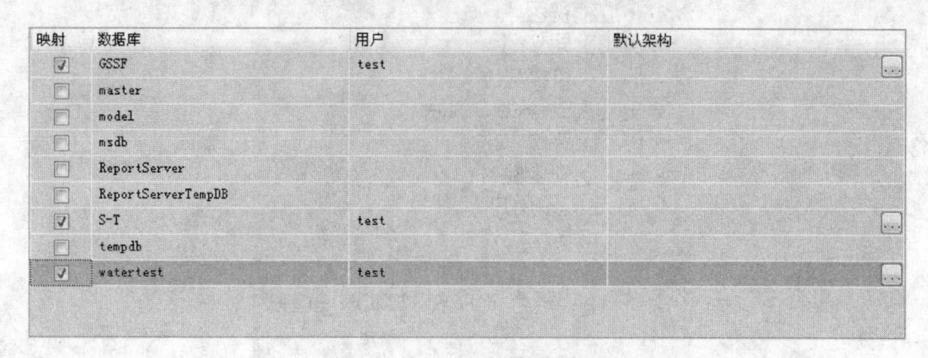

图 3-7　设置访问的数据库

(5) 设置完毕,单击【确定】按钮即完成登录帐号的创建。

3.1.3　管理登录帐号

1. 查看服务器的登录帐号

在 SQL Server Management Studio 的对象资源管理器中,展开【安全性】→【登录名】菜单项,即可看到系统创建的默认登录帐号以及建立的其他登录帐号,如图 3-8 所示。

图 3-8　登录名列表

2. 修改登录帐号属性

在前面操作的基础上,选择需要更改的登录帐号并右击,在弹出的快捷菜单中选择【属性】命令就可以和新建登录帐号时一样,修改登录帐号各项属性,如密码、默认数据库、默认语言等,具体步骤不再详述,读者可参看 3.1.2 节。

3. 查看数据库用户

在 SQL Server Management Studio 的对象资源管理器中,展开【数据库】→【S-T】→【安全性】→【用户】菜单项,显示目前数据库中的所有用户,如图 3-9 所示。

4. 删除登录和用户帐号

(1) 删除登录帐户。在 SQL Server Management Studio 的对象资源管理器中,依次展开【安全性】→【登录名】菜单项,选中要删除的登录名并右击,在弹出的快捷菜单中选择

图 3-9　数据库用户列表

【删除】命令即可。

(2) 删除用户帐户。在 SQL Server Management Studio 的对象资源管理器中，依次展开【数据库】→【S-T】→【安全性】→【用户】菜单项，选中要删除的用户并右击，在弹出的快捷菜单中选择【删除】命令，在弹出的对话框中单击【确定】按钮即可。

3.2　数据库用户

在 SQL Server 数据库中有两个特殊的数据库用户：dbo 和 guest。dbo 是具有在数据库中执行所有活动权限的用户，SQL Server 为每个数据库自动创建 dbo 帐号，该帐号和所有属于 sysadmin 服务器角色的登录名(如 sa)相关联，并且 dbo 对所属的数据库拥有完全的权限。guest 帐户允许在没有用户帐户的情况下登录数据库，但是其不具有访问数据库对象的权限。此外，当数据库中含有 guest 用户帐户时也可以用 guest 登录。

3.2.1　创建数据库用户

有两种方式来创建数据库用户，使用图形界面工具创建用户和使用 T-SQL 语句来创建用户。

1. 使用图形界面工具创建用户

(1) 在 SQL Server Management Studio 的对象资源管理器中，展开【数据库】→【S-T】→【安全性】→【用户】菜单项并右击，在弹出的快捷菜单中选择【新建用户】命令，弹出图 3-10 所示的新建数据库用户对话框。

(2) 选中【登录名】单选按钮，然后在弹出的【选择登录名】对话框中单击【浏览】按钮，在弹出的【查找对象】对话框中选择 3.1 节创建的登录帐号 test，如图 3-10 所示。也可以在“数据库角色成员身份”列表中选择新建用户(user)应该属于的数据库角色。

(3) 设置完毕后，单击【确定】按钮即可在 S-T 数据库中创建一个新的用户帐号。

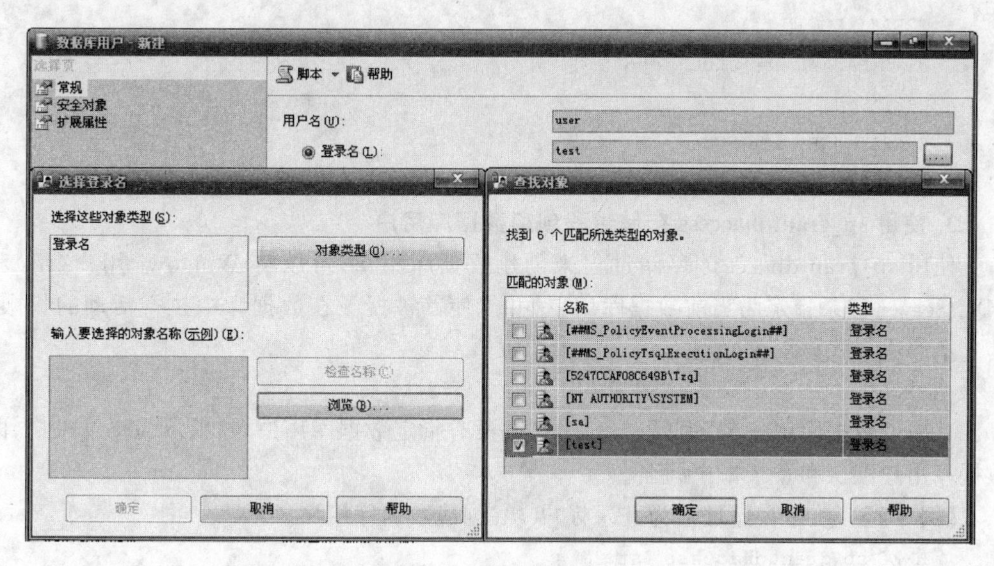

图 3-10 新建数据库用户

2. 使用 T-SQL 语句创建用户

可以使用 CREATE USER 语句创建用户,其基本语法格式如下:

```
CREATE USER user_name[{{FOR|FROM}
{
LOGIN login_name|CERTIFICATE cert_name|ASYMMETRIC KEY asym_key_name
}
|WITHOUT LOGIN
]
[WITH DEFAULT_SCHEMA=schema_name]
```

语法说明如下。

user_name:指定此数据库中唯一用户名称,它的类型为 sysname,长度最多为 28 个字符。

LOGIN login_name:指定要创建数据库用户的 SQL Server 登录名。login_name 必须是服务器中有效的登录名。此时以 SQL Server 登录名进入数据库时,它将获取正在创建的数据库用户的名称和 ID。

CERTIFICATE cert_name:指定要创建数据库用户的证书。

ASYMMETRIC KEY asym_key_name:指定要创建数据库用户的非对称密钥。

WITHOUT LOGIN:表明不应将用户映射到现有登录名。

WITH DEFAULT_SCHEMA=schema_name:指定服务器为此数据库用户解析对象名时将搜索的第一个架构。

【例 3-1】 建立一个 SQL Server 登录帐户 stu,然后将该帐户添加为数据库 S-T 的用户。

```
USE master
GO
```

```
CREATE LOGIN stu
WITH PASSWORD='stu123456';
USE "S-T"
CREATE USER stu FOR LOGIN stu;
GO
```

3. 使用 sp_grantdbaccess 存储过程创建数据库用户

使用 sp_grantdbaccess 存储过程来创建数据库用户，可以将 Windows 用户（组）和 SQL Server 登录指定为当前数据库用户，并能使其被授予在数据库中执行活动的权限。其基本语法格式如下：

```
EXEC sp_grantdbaccess'登录帐户','数据库用户名'
```

其中，“数据库用户名”为可选参数，如果没有指定数据库用户名，默认为登录帐户，即数据库用户默认和登录帐户同名。

【例 3-2】 使用存储过程为登录帐户 stu 创建数据库用户。

```
EXEC sp_grantdbaccess 'stu'
```

3.2.2 修改和删除数据库用户

1. 使用图形界面工具修改和删除数据库

在 SQL Server Management Studio 的对象资源管理器中，选中该数据库下的用户名并右击，在弹出的快捷菜单中选择【属性】命令打开【数据库用户】窗口，如图 3-11 所示。可以通过此窗口来修改用户信息，包括用户所属的架构和角色，但是不能修改数据库用户名。

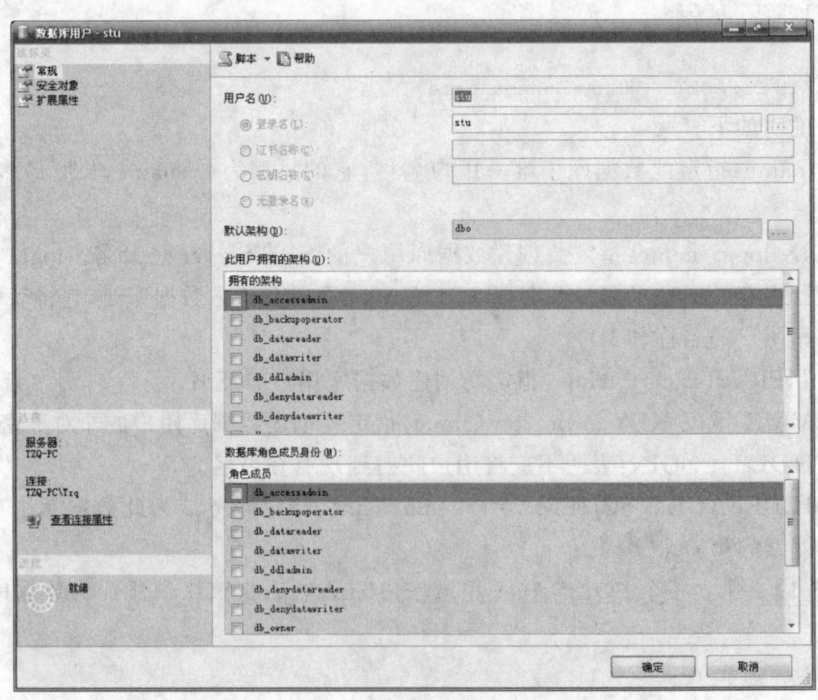

图 3-11 【数据库用户】窗口

对于数据库用户的删除，直接选中用户名并右击，在弹出的快捷菜单中选择【删除】命令，即可从数据库中删除该用户。

2. 使用 T-SQL 语句修改用户信息

使用 ALTER USER 语句能够修改用户名和架构信息，其基本语法格式如下：

```
ALTER USER user_name
  WITH <set_item>[,…n]
<set_item>::=
  NAME=new_user_name
  |DEFAULT_SCHEMA=schema_name
```

语法说明如下。

user_name：需要修改的用户名。

NAME＝new_user_name：修改后的新用户名。

DEFAULT_SCHEMA＝schema_name：指定服务器在解析此用户的对象名称时将搜索的第一个架构。

【例 3-3】 将用户 stu 更名为 manager。

```
ALTER USER stu WITH NAME=manager
```

3. 使用 T-SQL 语句删除数据库用户

可以使用 DROP USER 语句来删除用户，其基本语法格式如下：

```
DROP USER'数据库用户名'
```

【例 3-4】 使用 SQL 语句删除数据库用户 stu。

```
DROP USER stu
```

4. 使用存储过程删除数据库用户

可以使用存储过程 sp_revokedbaccess 来删除指定用户，其基本语法格式如下：

```
EXECsp_revokedbaccess '数据库用户名'
```

【例 3-5】 使用存储过程删除数据库用户 manager。

```
EXEC sp_revokedbaccess 'manager'
```

3.3 角色管理

角色是 SQL Server 用来集中管理数据库或服务器权限的方法。数据库管理员将操作数据库的权限赋予角色，再将角色赋予数据库用户或登录帐户，该数据库用户或登录帐户就拥有了相应的操作权限。

3.3.1 固定服务器角色

固定服务器角色是在服务器层次上定义的，不能创建、修改和删除服务器角色，它用于指定服务器登录帐号属于的服务器角色。SQL Server 2008 中定义了八个固定的服务器角色，用户可以指派给这八个服务器角色中的任意一个角色，其具体权限见表 3-1。

表 3-1 服务器角色

服务器角色	说明
sysadmin	执行 SQL Server 中的任何活动,通常情况下适合于数据库管理员(DBA)
serveradmin	设置/更改服务器范围的配置选项和关闭数据库
setupadmin	管理连接服务器,也可以执行某些系统存储过程
securityadmin	管理登录和创建数据库的权限,也可以读取错误日志和更改密码
processadmin	管理在 SQL Server 中运行的进程
dbcreator	能够创建、更改、删除数据库和还原任何数据库,适合于助理 DBA 的角色
diskadmin	管理磁盘文件,适合于助理 DBA 的角色
bulkadmin	能够执行 BULK INSERT 语句

在 SQL Server 2008 中可以使用系统存储过程对固定服务器角色进行相应的操作,下面列举了两个系统过程来添加或删除固定服务器角色成员。

sp_addsrvrolemember:将登录名添加为某个服务器级角色的成员。

sp_dropsrvrolemember:从服务器级角色中删除 SQL Server 登录名或 Windows 用户(组)。

注意:只有固定服务器角色成员才能执行这两个系统过程从角色中添加或删除登录帐户的操作。

3.3.2 固定数据库角色

固定数据库角色是在数据库层上进行定义的,它们存在于数据库服务器的每个数据库中。在 SQL Server 中,数据库角色可分为两种:标准角色和应用程序角色。标准角色是由数据库成员所组成的组,此成员可以是用户或者其他数据库角色。应用程序角色用来控制应用程序存取数据库,它本身并不包括任何成员。表 3-2 中列出了所有的固定数据库角色。

表 3-2 固定数据库角色

数据库角色	说明
db_owner	在数据库中有全部权限
db_accessadmin	能够通过添加或删除用户来指定数据库的访问权限
db_securityadmin	能够管理全部权限、对象所有权、角色和角色成员资格
db_ddladmin	能够运行任何 DDL 语句,但不能发出 GRANT、REVOKE 或 DENY 语句
db_backupoperator	能够备份数据库,发出 DBCC、CHECKPOINT 和 BACKUP 语句
db_datareader	可以读取数据库内任何用户表的所有数据
db_datawriter	可以更改数据库内任何用户表中的所有数据
db_denydatareader	不能读取数据库内任何用户表中的任何数据,但可以执行结构修改(如修改表结构)
db_denydatawriter	不能更改数据库内任何用户表中的任何数据
public	最基本的数据库角色,每个用户都属于该角色

public 数据库角色是每个数据库最基本的数据库角色，每个用户可以不属于其他 9 个固定数据库角色，但是至少属于 public 数据库角色。当在数据库中添加新用户帐号时，SQL Server 会自动将新用户帐号加入 public 数据库角色中。

3.3.3 用户自定义角色

固定数据库角色是预先固定的，可能不能满足用户的需求。例如，有些用户可能只需要数据库的查询、修改和执行 SQL 语句的权限。因此，需要一个能够提供用户根据具体需要来创建角色的机制。

1. 创建角色

(1) 在 SQL Server Management Studio 的对象资源管理器中，依次展开【数据库】→【S-T】→【安全性】→【角色】菜单项并右击，在弹出的快捷键菜单中选择【新建数据库角色】命令，弹出【数据库角色－新建】窗口。

(2) 设置角色名为 MyRole，选择 dbo 为所有者，添加 stu 为角色成员，如图 3-12 所示。

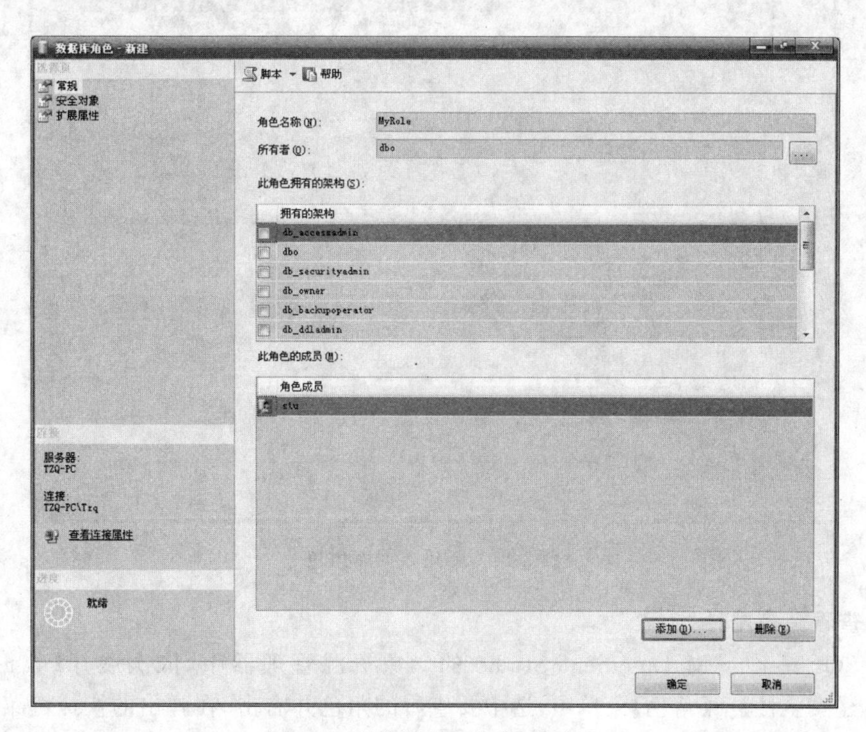

图 3-12 【数据库角色-新建】窗口

(3) 切换至【安全对象】选项卡，单击【搜索】按钮，弹出【添加对象】对话框，见图 3-13。用户可以根据对象类型(数据库/表/视图等)或者架构来选择所属的对象，再为其权限赋值，如图 3-14 所示。

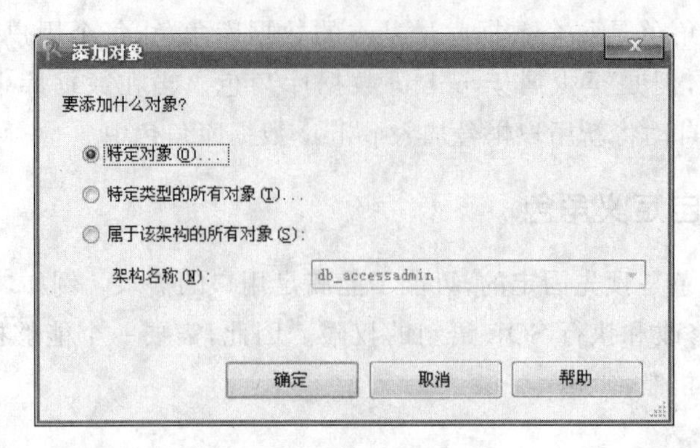

图 3-13　【添加对象】对话框

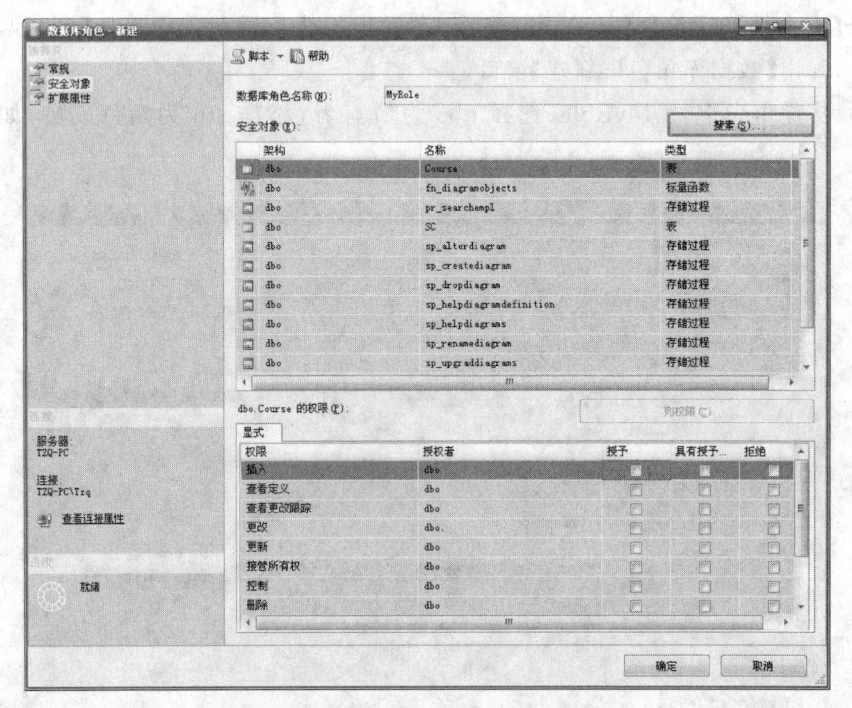

图 3-14　新建数据库角色

2. 查看角色属性

在 SQL Server Management Studio 的对象资源管理器中，依次展开【数据库】→【S-T】→【安全性】→【角色】菜单项，选中要查看的角色并右击，在弹出的快捷键菜单中选择【属性】命令，在弹出的【数据库角色属性】界面中可以查看该角色的信息。单击【添加】按钮可以为角色添加一个用户，单击【删除】按钮可以删除选中的用户。注意，dbo 用户是不能删除的。

3. 删除角色

在 SQL Server Management Studio 的对象资源管理器中，依次展开【数据库】→【S-T】→【安全性】→【角色】菜单项，选中要删除的角色并右击，在弹出的快捷键菜单中选择【删除】命令即可。注意,标准角色不能被删除。

3.4 权限管理

权限是指用户在连接到SQL Server服务器之后,能够对数据库对象执行哪种操作的规则。

3.4.1 权限分类

SQL Server 2008包括三种权限:对象权限、语句权限、隐含权限。

1) 对象权限

对象权限是指用户对数据库中的表、视图、存储过程等数据库对象的操作权限,相当于数据库操作语言的语句权限,对象权限的具体内容包括以下五方面。

(1) SELECT、INSERT、UPDATE、DELETE语句权限,可以应用到表或视图中。

(2) SELECT和UPDATE语句权限,可以应用到表或视图的某个列中。

(3) SELECT语句权限,可以应用到自定义函数中。

(4) INSERT和DELETE语句权限,可以应用到表或视图中,影响整行,而不是具体的某个列。

(5) EXECUTE语句权限,可以应用到存储过程或函数中。

2) 语句权限

语句权限相当于数据定义语言的语句权限,这种权限专指是否允许执行下列语句:CREATE TABLE,CREATE DEFAULT,CREATE PROCEDURE,CREATE RULE,CREATE VIEW,BACKUP DATABASE,BACKUP LOG。语句权限针对的是某个SQL语句,而不是数据库中已经创建的特定的数据库对象。

3) 隐含权限

隐含权限是指由SQL Server预定义的服务器角色、数据库所有者(dbo)和数据库对象所有者所拥有的权限,隐含权限相当于内置权限,并不需要明确地授予这些权限。例如,服务器角色sysadmin的成员可以在整个服务器范围内从事任何操作,dbo可以对本数据库进行任何操作。

3.4.2 设置权限

权限分为3种状态,即授予、拒绝和撤销,可以使用以下语句来修改权限的状态。

授予权限(GRANT):允许某个用户或角色对一个对象执行某种操作或某种语句。

撤销权限(REVOKE):不允许某个用户或角色对一个对象执行某种操作或某种语句。不允许与拒绝是不同的,不允许执行某操作时,可以通过加入角色来获得允许权;而拒绝执行某操作时,就无法再通过角色来获得允许权。

拒绝权限(DENY):拒绝某个用户或角色访问某个对象,即使该用户或角色被授予这种权限,或者由于继承而获得这种权限,仍然不允许执行相应的操作。

1. 使用图形界面设置权限

(1) 在SQL Server Management Studio的对象资源管理器中,选择需进行权限管理对象的数据库(如 S-T 数据库)并右击,在弹出的快捷键菜单中选择【属性】命令,弹出【数据库属性】窗口,切换至【权限】选项卡,如图 3-15 所示。

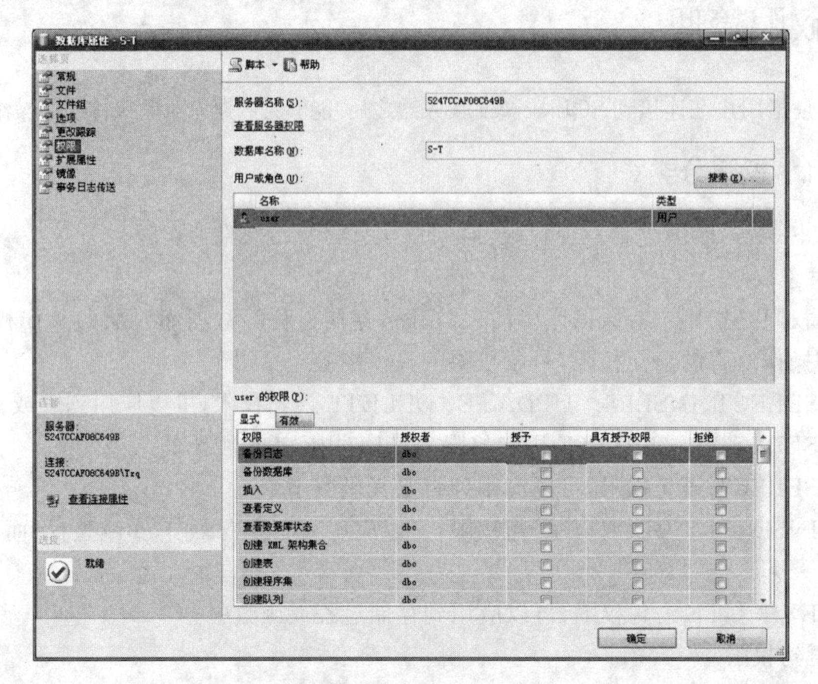

图 3-15　【数据库属性】窗口

(2) 在【用户或角色】列表下选中需设置权限的用户或角色,图 3-16 列出了该用户或角色可以设置权限的对象,包括创建表,创建视图、规则,备份数据库等操作。用户通过选择【授予】、【具有授予权限】、【拒绝】来设置权限。

user 的权限(P):

显式　有效

权限	授权者	授予	具有授予权限	拒绝
备份日志	dbo			
备份数据库	dbo			
插入	dbo			
查看定义	dbo			
查看数据库状态	dbo			
创建 XML 架构集合	dbo			
创建表	dbo			
创建程序集	dbo			
创建队列	dbo			

图 3-16　权限列表

2. 使用 T-SQL 语句操作权限

1) 授予权限

T-SQL 语言采用 GRANT 语句来授予权限,其语法格式如下:

```
GRANT
{ALL|statement [,…n] }
```

```
TO security_accunt[,…n]
```

语法说明如下。

ALL:表示给该类型对象授予所有可用的权限,不推荐使用此选项,因为不同的安全对象具有不同的操作意义,具体介绍如下。

(1) 数据库:ALL 表示 CREATE DATABASE、CREATE DEFAULT、CREATE FUNCTION、CREATE PROCEDURE、CREATE VIEW、CREATE TABLE、CREATE RULE 等权限。

(2) 标量函数:ALL 表示 EXECUTE 和 REFERENCES。

(3) 表值函数:ALL 表示 SELECT、DELETE、INSERT、UPDATE、REFERENCES。

(4) 存储过程:ALL 表示 EXECUTE、SYNONYM。

(5) 表:ALL 表示 SELECT、DELETE、INSERT、UPDATE、REFERENCES。

(6) 视图:ALL 表示 SELECT、DELETE、INSERT、UPDATE、REFERENCES。

statement:表示可以授予权限的命令,如 CREATE TABLE。

security_accunt:表示定义被授予权限的用户单位,可以是 SQL Server 数据库用户或角色,也可以是 Windows 的用户或工作组。

【例 3-6】 使用 GRANT 语句授予角色 stu 对数据库 S-T 中 Student 表的 INSERT、UPDATE 和 DELETE 权限。

```
USE "S-T"
GO
GRANT INSERT,UPDATE,DELETE
ON Student
TO stu
GO
```

2) 撤销权限

T-SQL 语言采用 REVOKE 语句来撤销权限,其语法格式如下:

```
REVOKE{ALL|statement [,…n]}
FROM security_account [,…n]
```

参数介绍参考授予权限的语法介绍。

【例 3-7】 使用 REVOKE 语句撤销角色 stu 对数据库 S-T 中 Student 表的 INSERT、UPDATE 和 DELETE 权限。

```
USE "S-T"
GO
REVOKE INSERT,UPDATE,DELETE
ON Student
FROM stu CASCADE
```

3) 拒绝权限

T-SQL 语言采用 DENY 语句来拒绝权限,其语法格式如下:

```
DENY {ALL|statement [,…n]}
TO security_account [,…n]
```

参数介绍参考授予权限的语法介绍。

【例 3-8】 在数据库 S-T 的 Student 表中执行 INSERT 操作的权限授予了 public 角色,然后拒绝用户 guest 拥有该权限。

```
USE "S-T"
GO
GRANT INSERT
ON Student
To public
GO
DENY INSERT
ON Student
TO guest
```

3.5 本章习题

1. 建立一个 SQL Server 登录帐户 myuser,然后将该帐户添加为数据库 S-T 的用户。

2. 在数据库中创建一个角色 myrole,并授予其对数据库 S-T 中 Student 表的 INSERT、UPDATE 和 DELETE 权限。

第 4 章　常用数据库对象操作

基本表、索引和视图是 SQL Server 中常用的数据库对象，数据库开发离不开这三者。基本表是数据存储最常见的对象，索引为表中关键字段的查找提供了高效的支持，视图提供了一种能够直观看到所需数据的手段。本章主要介绍基本表、索引和视图的创建和管理。

4.1　基本表

4.1.1　基本表概述

基本表是 SQL Server 中存储数据的数据库对象，包含了数据库中所有的数据。基本表的各项操作是使用频率最高的，它设计的好坏直接影响数据库的效率，从而决定一个数据库的好坏。

4.1.2　创建表

SQL Server 2008 提供了两种创建表的方法：一种是通过图形界面进行操作，另一种是通过 T-SQL 语言来创建。

1. 使用图形界面创建数据表

(1) 在 SQL Server Management Studio 的对象资源管理器中，依次展开【数据库】→【S-T】→【表】项，右击【表】，在弹出的快捷菜单中选择【新建表】命令，出现如图 4-1 所示的表设计器界面。

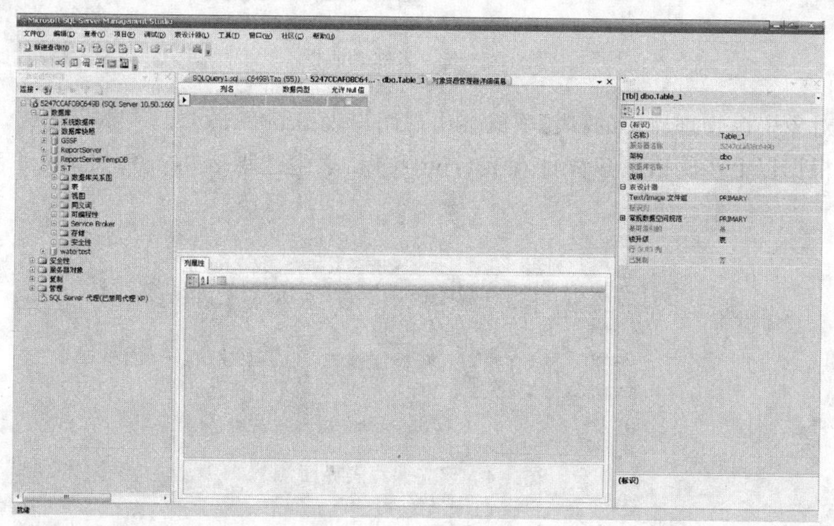

图 4-1　表设计器界面

(2) 在图 4-1 中的列名下依次输入列名，在数据类型下选择数据类型，并选择各列是否允许为空值，也可在下面的列属性对话框中修改某列的属性，出现如图 4-2 所示的学生数据表结构。

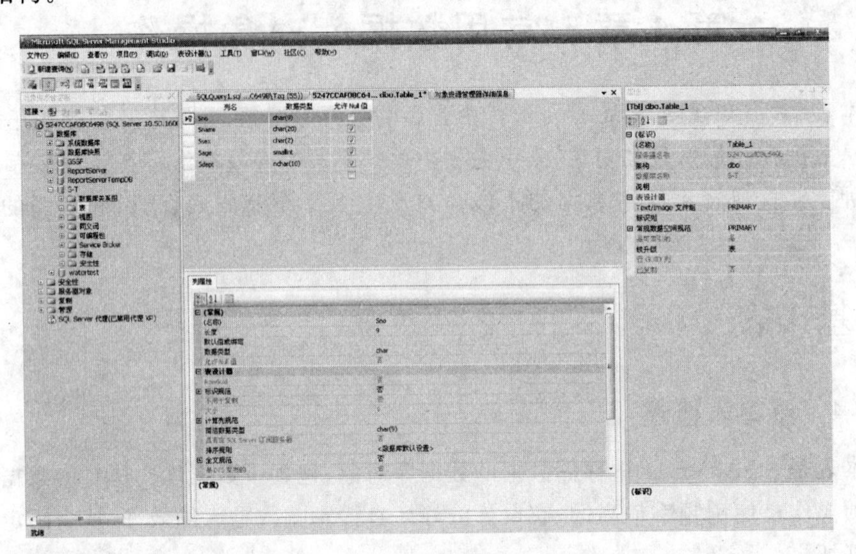

图 4-2　学生表结构界面

(3) 选中 Sno 所在的列，单击工具栏上的【设置主键】按钮设置主键。

(4) 单击工具栏中的【保存】按钮，出现如图 4-3 所示的【选择名称】对话框，在该对话框中输入表名 Student，然后单击【确定】按钮。

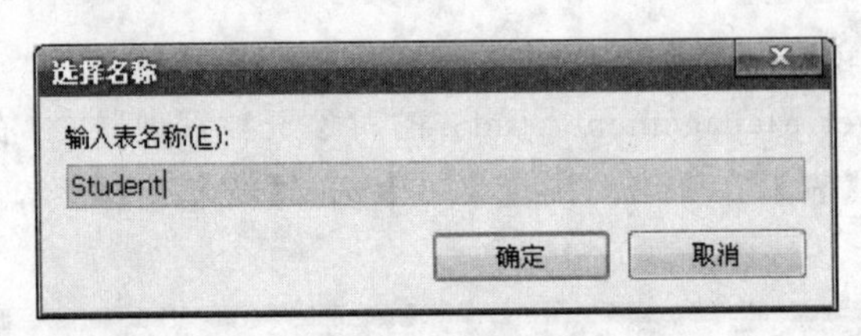

图 4-3　选择名称对话框

(5) 对象资源管理器中的【表】项就会出现用户表 Student。

(6) 根据以上步骤依次建立课程表(course)和学生选课表(s_c)，如图 4-4 和图 4-5 所示。

	列名	数据类型	允许 Null 值
▶🔑	Cno	char(4)	☐
	Cname	char(50)	☐
	Cpoints	int	☑
	Csnum	int	☑
			☐

图 4-4　建立课程表界面

列名	数据类型	允许 Null 值
Sno	char(9)	☐
Cno	char(4)	☐
Grade	smallint	☑
		☐

图 4-5　建立学生选课表界面

2. 使用 T-SQL 语句创建表

使用 CREATE TABLE 语句来创建表，其语法格式如下：

```
CREATE TABLE
[database_name.[owner].|owner.]table_name
({<column_definition>|column_name AS computed_column_expression|
<table_constraint>}[,…n])
[ON{filegroup|DEFAULT}]
[TEXTIMAGE_ON{filegroup|DEFAULT}]
<column_definition>::={column_name data_type}
[COLLATE<collation_name>]
[[DEFAULT constant_expression]
|[IDENTITY[(seed,increment)[NOT FOR REPLICATION]]]]
[ROWGUIDCOL]
[<column_constraint>][…n]
```

语法说明如下。

database_name：用于指定所创建表的数据库名称。

owner：用于指定新建表的所有者。

table_name：用于指定新建表的名称。

column_name：用于指定新建表的列名。

computed_column_expression：用于指定计算列的列值表达式。

ON{filegroup|DEFAULT}：用于指定存储表的文件组名。

TEXTIMAGE_ON：用于指定 text、ntext 和 image 列的数据存储文件。

data_type：用于指定列的数据类型。

DEFAULT：用于指定列的默认值。

constant_expression：用于指定列的默认值的常量表达式，可以为一个常量或 NULL 或系统函数。

IDENTITY：用于将列指定为标识列。

seed：用于指定标识列的初始值。

increment：用于指定标识列的增量值。

NOT FOR REPLICATION：用于指定列的 IDENTITY 属性，在把从其他表中复制的数据插入表中时不发生作用，即不生成列值，使得复制的数据行保持原来的列值。

ROWGUIDCOL：用于将列指定为全局唯一标识行号列（row global unique identifier column）。

COLLATE:用于指定表的校验方式。

column_constraint 和 table_constraint:用于指定列约束和表约束。

【例 4-1】 在数据库 S-T 中建立一个学生信息表 Student。

```
USE "S-T"
GO
CREATE TABLE Student
(
Sno char(9)primary key, --学号
Sname char(20),--姓名
Ssex char(2), --性别
Sage smallint, --年龄
Sdept char(20)--专业
)
```

【例 4-2】 在数据库 S-T 中建立一个课程表 Course。

```
USE "S-T"
GO
CREATE TABLE Course
(
Cno char(4)primary key, --课程编号
Cname char(50), --课程名
Cpoints int, --课程学分
Csnumint --选课总人数
)
```

【例 4-3】 在数据库 S-T 中建立学生选课表 SC。

```
USE "S-T"
GO
CREATE TABLE SC
(
Sno char(9),
Cno char(4),
Grade smallint, --选课得分
PRIMARY KEY(Sno, Cno),--主码由两个属性构成,必须作为表级完整性进行定义
FOREIGN KEY(Sno)REFERENCES Student(Sno),--表级完整性约束统计,Sno 是外码,被参
照表是 Student
FOREIGN KEY(Cno)REFERENCES Course(Cno)--表级完整性约束统计,Cno 是外码,被参照
表是 Course
)
```

4.1.3 创建和使用约束

SQL Server 中提供了六种约束类型,分别是 PRIMARY KEY 约束、UNIQUE 约束、CHECK 约束、FOREIGN KEY 约束、DEFAULT 约束和 NULL 约束。关于约束的详细

说明请参考 SQL Server 帮助文档，下面列出简要说明。

(1) PRIMARY KEY（主键）约束：表现为表中一列或多列的组合，用以唯一标识表中一条记录。一个表中只能有一个主键，且主键约束中的列不能为空值。

(2) UNIQUE（唯一）约束：约束表中某列的值不能有重复值，与主键的区别在于唯一约束可以为 NULL。

(3) CHECK（检查）约束：指定表中某列的输入范围或可选值。

(4) FOREIGN KEY（外键）约束：建立主、从表一列或多列数据的连接，在添加、更新、删除数据时，通过参照完整性来保证它们之间数据的一致性。

(5) DEFAULT（默认）约束：保证在某列没有输入值时，将默认值赋予该列。

(6) NULL（空值）约束：用来控制是否允许该字段的值为 NULL。

SQL Server 中可以使用 CREATE TABLE 或者 ALTER TABLE 语句来创建约束。CREATE TABLE 是在创建表时指定约束；ALTER TABLE 是在一个已有的表上添加约束。主键约束可以应用在单列或多列上。若约束应用于单列，则称为列级约束；若约束应用于多列，则称为表级约束，一般此类约束都是在表创建完成后再进行添加。

1. 创建约束

1) 创建主键约束

使用 T-SQL 语句设置主键约束，其语法格式如下：

```
CONSTRAINT constraint_name
PRIMARY KEY [CLUSTERED|NONCLUSTERED]
(column_name1[, column_name2,…,column_name16])
```

语法说明如下。

constraint_name：指定约束的名称，在数据库中应是唯一的。如果不指定，则系统会自动生成一个约束名。

CLUSTERED|NONCLUSTERED：指定索引类别，CLUSTERED 为缺省值。其具体信息请参见 4.2 节。

column_name：指定组成主关键字的列名，主关键字最多由 16 列组成。

每张表只能有一个 PRIMARY KEY 约束，输入的值必须是唯一的，不允许为空值，SQL Server 将在指定列上创建唯一索引。

【例 4-4】 在 MyDB 数据库中，使用 T-SQL 语句建立一个民族表（民族代码，民族名称），将民族代码指定为主键。

```
USE "MyDB"
GO
CREATE TABLE native
(
  native_id char(2)NOT NULL,
  native_name varchar(30)NOT NULL
  CONSTRAINT PK_native PRIMARY KEY CLUSTERED (native_id)
)
```

【例 4-5】 在 MyDB 数据库的民族表 native 中，使用 T-SQL 语句指定字段 native_id

为表的主键。

```
USE "MyDB"
GO
ALTER TABLE native
ADD CONSTRAINT pk_mzdm
PRIMARY KEY(native_id)
```

2）创建唯一约束

使用 T-SQL 语句设置唯一约束，其语法格式如下：

```
CONSTRAINT constraint_name
UNIQUE [CLUSTERED|NONCLUSTERED]
(column_name1[, column_name2,…,column_name16])
```

【例 4-6】 在 MyDB 数据库中创建一个员工信息表 employees，其中员工的身份证号 emp_cardid 具有唯一性。

```
USE "MyDB"
GO
CREATE TABLE employees(
emp_id char(8),
emp_name char(10),
emp_cardid char(18),
CONSTRAINT pk_emp_id PRIMARY KEY(emp_id),
CONSTRAINT uk_emp_cardid UNIQUE(emp_cardid)
)
```

3）创建检查约束

使用 T-SQL 语句为已存在的表创建检查约束，其语法格式如下：

```
ALTER TABLE table_name
ADD CONSTRAINT constraint_name
CHECK(logical_expression)
```

【例 4-7】 在数据库 S-T 中，使用 T-SQL 语句为学生成绩表 SC 中的成绩 Grade 字段创建一个检查约束 ck_score，以保证输入的数据大于等于 0 而小于等于 100。

```
USE "S-T"
GO
ALTER TABLE SC
ADD CONSTRAINT ck_score CHECK(Grade>=0 and Grade<=100)
```

检查约束注意事项如下。

（1）在每次执行 INSERT 或者 UPDATE 语句的时候校验数据值。

（2）可以引用同表中的其他列，但不能引用其他表中的列。

（3）不能包含子查询。

（4）列级 CHECK 约束可省略名字，让系统自动生成。

（5）表达式可以用 AND 以及 OR 连接，以表示复杂逻辑。

(6) CHECK 约束中可使用系统函数。

4) 创建默认约束

使用 T-SQL 语句为已存在的表创建默认约束，其语法格式如下：

```
ALTER TABLE table_name
ADD CONSTRAINT constraint_name
DEFAULT constant_expression [FOR column_name]
```

【例 4-8】 在数据库 MyDB 中，使用 T-SQL 语句为民族表 native 中的民族名称 Native_name 字段创建一个默认约束 df_mzmc，其默认值为“汉族”。

```
USE "MyDB"
GO
ALTER TABLE native
ADD CONSTRAINT df_mzmc
DEFAULT '汉族' FOR  Native_name
```

默认约束注意事项如下。

(1) DEFAULT 约束创建时将检查表中的现存数据。

(2) DEFAULT 约束只对 INSERT 语句有效。

(3) 每列只能定义一个 DEFAULT 约束。

(4) DEFAULT 约束不能和 Identity 属性共同使用。

(5) 为具有 PRIMARY KEY 或 UNIQUE 约束的列指定默认值是没有意义的。

(6) 常量值外面可以加或者不加括号，字符或者日期常量必须加上单引号或双引号。

5) 创建外键约束

使用 T-SQL 语句创建外键约束的语法格式如下：

```
ALTER TABLE table_name
ADD CONSTRAINT constraint_name
FOREIGN KEY(column_name[,…])
REFERENCES ref_table [(ref_column_name [,…])]
```

【例 4-9】 使用 T-SQL 语句在 S-T 数据库中，为学生选课表 SC 中的 Sno 字段创建一个外键约束，引用学生表 Student 的学号 Sno 字段，从而保证输入有效的学号。

```
USE "S-T"
GO
ALTER TABLE SC
ADD CONSTRAINT fk_sno
FOREIGN KEY(Sno)
REFERENCES Student(Sno)
```

外键约束注意事项如下。

(1) 提供了单列或多列的引用完整性。FOREIGN KEY 子句中指定的列的个数和数据类型必须和 REFERENCES 子句中指定的列的个数和数据类型匹配。

(2) 修改数据的时候，用户必须在被 FOREIGN KEY 约束引用的表上具有 SELECT 或 REFERENCES 权限。

(3) 若引用的是同表中的列，那么可只用 REFERENCES 子句而省略 FOREIGN KEY 子句。

6) 创建空值约束

使用 T-SQL 语句创建空值约束的语法格式如下：

```
[CONSTRAINT  <约束名>]  NOT NULL
```

【例 4-10】 在数据库 MyDB 中使用 T-SQL 语句创建表 Sdt，其中字段 SNO 为非空字段。

```
USE "MyDB"
GO
CREATE TABLE Sdt(
SNO CHAR(10) CONSTRAINT S_CONS NOT NULL,
SN VARCHAR(20),
AGE INT,
DEPT VARCHAR(20)
)
```

空值约束注意事项如下。

(1) 空值约束中的 NULL 值不是 0 也不是空白，更不是填入字符串 NULL 的字符串，而是表示“不知道”、“不确定”或“没有数据”的意思。

(2) 当某一字段的值一定要输入才有意义的时候，则可以设置为 NOT NULL。如主键列不允许出现空值，否则就失去了唯一标识一条记录的作用。NULL 约束只能用于定义列约束。

总结：SQL Server 中的约束只是最后防线，使用约束的注意事项如下。

(1) 当给一个表添加约束的时候，SQL Server 将检查现有数据是否违反约束。

(2) 建议创建约束的时候指定名称，否则系统将为约束自动生成一个随机名称。

(3) 名称必须唯一，且符合 SQL Server 标识符的命名规则。

2. 查看约束

(1) 使用系统存储过程 sp_help 查看约束的名称、创建者、类型和创建时间，其语法格式如下：

```
EXEC sp_help 约束名称
```

【例 4-11】 使用系统存储过程 sp_help 查看 SC 表上的约束 fk_sno 的信息。

```
USE "S-T"
GO
EXEC sp_help fk_sno
```

执行结果如图 4-6 所示。

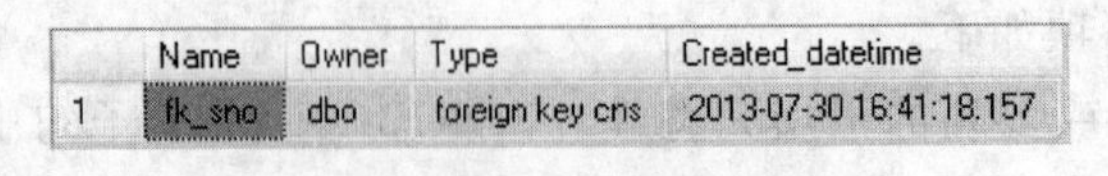

	Name	Owner	Type	Created_datetime
1	fk_sno	dbo	foreign key cns	2013-07-30 16:41:18.157

图 4-6 【例 4-11】执行结果

(2) 如果约束存在文本信息，可以使用 sp_helptext 查看，其语法格式如下：

```
EXEC sp_helptext 约束名称
```

【例 4-12】 使用系统存储过程 sp_helptext 查看 S-T 数据库 SC 表上的检查约束 ck_score 的文本信息。

```
USE "S-T"
GO
sp_helptext ck_score
```

执行结果如图 4-7 所示。

	Text
1	([Grade]>=(0) AND [Grade]<=(100))

图 4-7 【例 4-12】执行结果

使用 SQL Server Management Studio 查看约束信息的步骤如下。

① 在 SSMS 中，选择要查看约束的表（如学生表 Student），打开表设计器。

② 在表设计器中可以查看主键约束、空值约束和默认约束。

③ 在表设计器中右击，从弹出的快捷菜单中可以查看主键约束、外键约束与检查约束信息。

3. 删除约束

在 T-SQL 语言中，也可以方便地删除一个或多个约束，其语法格式如下：

```
ALTER TABLE table_name
DROP CONSTRAINT constraint_name[,…n]
```

【例 4-13】 使用 T-SQL 语句删除 S-T 数据库中的 df_mzmc 约束。

```
USE "S-T"
GO
ALTER TABLE native
DROP CONSTRAINT df_mzmc
```

4.1.4 创建和使用规则

规则是数据库对象之一，也是维护数据库中数据完整性的一种手段，它的作用与 CHECK 约束的部分功能相同，当向表的某列插入或更新数据时，可用它来限制输入的新值的取值范围。规则和 CHECK 约束都可以用来限制表中某列的值处于一个指定的值域范围，区别在于以下几点。

(1) CHECK 约束比规则更简明，它可以在建表时由 CREATE TABLE 语句将其作为表的一部分进行指定。

(2) 规则需要单独创建，然后绑定到列上。

(3) 在一个列上只能应用一个规则，却可以应用多个 CHECK 约束。

(4) 一个规则只需要定义一次就可以多次应用，可以应用到多个表或多个列，还可以应用到用户定义的数据类型上。

1. 创建规则

创建规则可以使用 CREATE RULE 语句来实现，其语法格式如下：

```
CREATE RULE [schema_name.]rule_name
AS condition_expression
```

语法说明如下。

schema_name:规则所属架构的名称。

rule_name:新规则的名称。

condition_expression:定义规则的条件。

【例 4-14】 在 northwind 数据库中创建规则 region_rule,条件表达式是要求变量在('WA','IA','IL','KS','MO')范围之内。

```
USE "northwind"
GO
CREATE RULE region_rule
AS @ region IN('WA','IA','IL','KS','MO')
```

2. 绑定规则

绑定规则是指将已存在的规则应用到列或用户自定义的数据类型中。规则创建之后,需要将其绑定到列上或别名数据类型上,规则才能起作用。可以使用存储过程 sp_bindrule 将规则绑定到列或用户自定义的数据类型,其语法格式如下:

```
[EXECUTE] sp_bindrule'规则名称','表名.字段名'|'自定义数据类型名'
```

【例 4-15】 将创建的规则 region_rule 绑定到员工表 employees 中的区域 region 字段。

```
USE "northwind"
GO
EXEC sp_bindrule 'region_rule','employees.region'
```

3. 解绑规则

在使用完规则不再需要时,可以使用存储过程 sp_unbindrule 来解绑规则,其语法格式如下:

```
[EXECUTE]  sp_unbindrule '表名.字段名'|'自定义数据类型名'
```

【例 4-16】 将规则 region_rule 从 employees 表中的 region 列解除绑定。

```
USE "northwind"
GO
EXEC sp_unbindrule 'employees.region'
```

4. 删除规则

在解绑规则后,可以通过登录 Microsoft SQL Server Management Studio,在对象资源管理器中展开【数据库】项,选中该数据库名并展开【可编程性】→【规则】项,选中【规则】项下需要删除的规则并右击,在弹出的快捷菜单中选择【删除】命令,如图 4-8 所示。

此外,也可以使用 DROP RULE 语句从数据库中删除一个或多个规则,其语法格式如下:

```
DROP RULE 规则名称[,…n]
```

【例 4-17】 将规则 region_rule 删除。

```
USE "northwind"
GO
DROP RULE region_rule
```

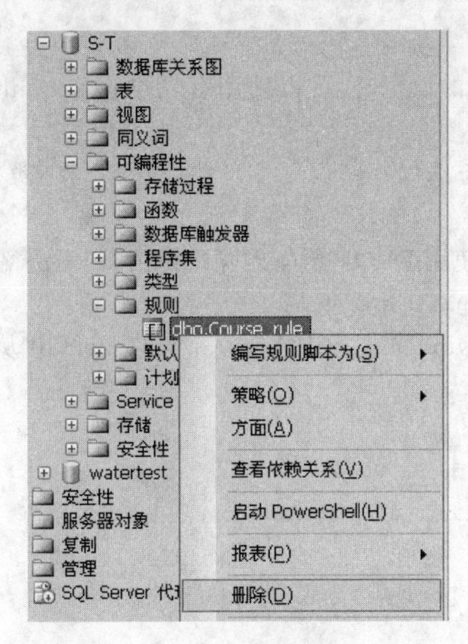

图 4-8　删除规则

4.1.5　创建和使用默认值

默认值是指用户在向表中添加数据时，没有明确地给出一个值时，SQL Server 所自动使用的值。默认值可以是常量、内置函数或数学表达式。

1. 创建默认值

创建默认值的语法格式如下：

```
CREATE DEFAULT default_name
AS default_description
```

语法说明如下。

default_name：创建的默认值名称。

default_description：默认值表达式。

2. 绑定默认值

默认值对象创建之后，需要将其绑定到列上或别名数据类型上才能起作用。通过执行系统存储过程 sp_bindefault 可将默认值绑定到列或别名数据类型，其语法格式如下：

```
[EXECUTE] sp_bindefault'默认名称','表名.字段名'|'自定义数据类型名'
```

【例 4-18】　在 northwind 数据库中创建默认 phone_default，将其绑定到 customers 表的 phone 字段，使其默认值为(000)000-0000。

```
USE "northwind"
GO
CREATE DEFAULT phone_default
AS '(000)000-0000'
GO
EXEC sp_bindefault 'phone_default','customers.phone'
```

3. 解绑默认值

在不需要进行默认值的设定时,可以使用存储过程 sp_unbindefault 来解绑默认值,其语法格式如下:

```
[EXECUTE] sp_unbindefault '表名.字段名'|'自定义数据类型名'
```

4. 删除默认值

解绑默认之后,可以使用 DROP 语句删除默认值,其语法格式如下:

```
DROP DEFAULT default_name[,…n]
```

【例 4-19】 在 northwind 数据库中将默认 phone_default 从 customers 表中的 phone 列解除绑定,并将其删除。

```
USE "northwind"
GO
EXEC sp_unbindefault 'customers.phone'
GO
DROP DEFAULT phone_default
GO
```

4.1.6 编辑表数据

在 SQL Server Management Studio 中的对象资源管理器中,右击 S-T 数据库下的【表】中的 Student 表,在弹出的快捷菜单中选择【编辑前 200 行】命令,如图 4-9 所示,在出现的界面中可以添加、修改或删除数据,如图 4-10 所示。使用该方法依次编辑 Course 表和 SC 表中的数据,此外需要注意向 SC 表中添加数据时应当遵循已建立的外键约束等。

图 4-9　编辑表数据

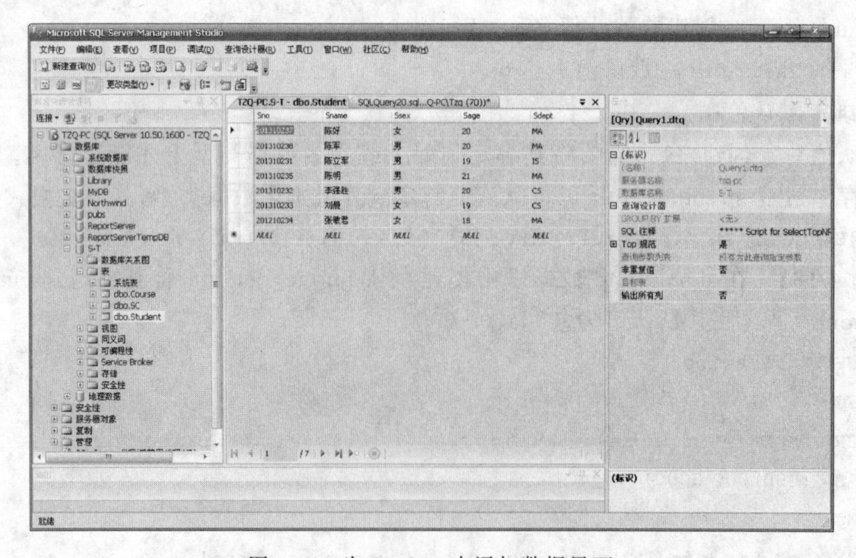

图 4-10　为 Student 表添加数据界面

4.1.7　修改表

1. 使用图形界面修改表

1）修改表名

在 SQL Server Management Studio 的对象资源管理器中，展开【数据库】项，选中表所在的数据库，展开【表】项，选中需要修改表名的表并右击，在弹出的快捷菜单中选择【重命名】命令进行表名编辑，按【Enter】键确认即可。

2）修改表结构

在 SQL Server Management Studio 的对象资源管理器中，展开【数据库】项，选中表所在的数据库，展开【表】项，选中需要修改列属性的表并右击，在弹出的快捷菜单中选择【设计】命令，如图 4-11 所示，进入表设计器，在表设计器中可以作以下修改：

（1）修改列属性值，包括列的数据类型、列的数据长度、列的精度、列的小数位数、列的为空性。

（2）添加和删除列。在 SQL Server 2008 中，如果列允许为空值或对列创建 DEFAULT 约束，则可以将列添加到现有表中。将新列添加到表时，SQL Server 2008 Database Engine 在该列为表中的每个现有数据行插入一个值。

可以删除现有表中的列，但具有下列特征的列除外：①用于索引；②用于 CHECK、FOREIGN KEY、UNIQUE 或 PRIMARY KEY 约束；③与 DEFAULT 定义关联或绑定到某一默认对象；④绑定到规则；⑤已注册支持全文索引；⑥用做表的全文键。

图 4-11　修改表菜单项

2. 使用 T-SQL 语句修改表

1）修改对象名

T-SQL 提供了一个系统存储过程 sp_rename 来更改当前数据库中用户创建对象（如表、列或用户自定义数据类型）的名称。其语法格式如下：

```
sp_rename [@objname=]'object_name',
[@newname=]'new_name'
[,[ @ objtype=]'object_type' ]
```

语法说明如下。

[@objname＝]'object_name'：用户对象（表、视图、列、存储过程、触发器、默认值、数据库、规则等）或数据类型的当前名称。如果要重命名的对象是表中的一列，那么 object_name 必须为 table.column 形式。如果要重命名的是索引，那么 object_name 必须为 table.index 形式。

[@newname＝]'new_name'：指定对象的新名称，new_name 必须是名称的一部分，

并且要遵循标识符的命名规则。

[@objtype=]'object_type':要重命名的对象的类型,可取下列值。

(1) COLUMN:要重命名的列。

(2) DATABASE:用户定义的数据库,要重命名数据库时需用此选项。

(3) INDEX:用户定义的索引。

(4) OBJECT 在 sysobjects 中跟踪的类型的项目。例如,OBJECT 可用来重命名约束(CHECK、FOREIGN KEY、PRIMARY/UNIQUE KEY)、用户表、视图、存储过程、触发器和规则等对象。

【例 4-20】 将表 Student 重命名为 std。

```
USE "S-T"
GO
EXEC sp_rename 'Student', 'std'
```

【例 4-21】 将 MyDB 数据库表 employees 中的列 emp_name 重命名为 name。

```
USE "MyDB"
GO
EXEC sp_rename 'employees.[emp_name]','name','COLUMN'
```

2) 修改表结构

使用 ALTER TABLE 语句可以修改表结构,这里讨论字段的添加、修改和删除,其语法格式如下:

```
ALTER TABLE [<数据库名>.]<表名>
{[ALTER COLUMN<列名><数据类型> ]
|ADD<列名><数据类型>
|DROP COLUMN<列名>[,…n]
}
```

【例 4-22】 向 Student 表增加入学时间列,其数据类型为日期型。

```
USE "S-T"
GO
ALTER TABLE Student ADD S_entrance datetime
```

【例 4-23】 将年龄的数据类型由字符型(假设原来的数据类型是字符型)改为整型。

```
USE "S-T"
GO
ALTER TABLE Student ALTER COLUMN Sage int
```

【例 4-24】 删除 Student 表中的入学时间字段。

```
USE "S-T"
GO
ALTER TABLE Student DROP COLUMN S_entrance
```

4.1.8 删除表

1. 使用图形界面删除表

在 SQL Server Management Studio 的对象资源管理器中,展开【数据库】→【S-T】→

【表】项，选中要删除的表名并右击，在弹出的快捷菜单中选择【删除】命令，出现【删除对象】界面，单击【确定】按钮，即可将表删除。对于有 FOREIGN KEY 约束的表，需要将 FOREIGN KEY 约束去除之后再删除表。注意，删除表的操作是一个不可逆的过程，即不可以通过撤销还原为原来的状态。

2. 使用 T-SQL 删除表

使用 DROP TABLE 语句可以删除数据表，其语法格式如下：

```
DROP TABLE[database_name. [owner].|owner.]table_name][,…n]
```

【例 4-25】　删除 S-T 数据库中的学生信息 Student 表。

```
USE "S-T"
GO
DROP TABLE Student
```

此时会出现如图 4-12 所示的错误。

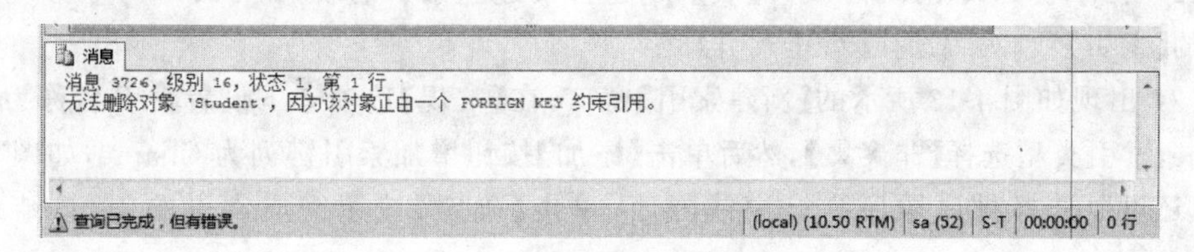

图 4-12　删除数据表错误信息

需要将 FOREIGN KEY 约束引用删除或将引用 Student 表的 SC 表删除后才可以删除 Student 表。

【例 4-26】　删除 S-T 数据库中的学生选课 SC 表。

```
USE "S-T"
GO
DROP TABLE SC
```

4.2　索引

4.2.1　索引概述

用户对数据库最频繁的操作是数据查询，一般情况下数据库在进行查询操作时需要对整个表进行数据搜索。当表中的数据很多时，搜索数据就需要很长的时间，这就造成了服务器的资源浪费。为了提高检索数据的能力，数据库引入了索引机制。

1. 索引分类

(1) 聚簇索引(clustered index)也称为聚集索引，将数据按照索引项的顺序进行物理排序，一个表只能有一个聚簇索引，使用这种索引后查找数据很快。

(2) 非聚簇索引(non-clustered index)也称为非聚集索引，不对数据进行物理排序，与表的数据完全分离比聚簇索引需要更多的存储空间且检索效率较低。

2. 索引的作用

对表中的列是否创建索引，以及创建何种索引，对于查询的响应速度会有很大差别。

创建了索引的列几乎是立即响应,而不创建索引的列则需要较长时间的等待。

在数据库系统中创建索引主要有以下作用:①快速存取数据;②保证数据的一致性;③实现表与表之间的参照完整性;④在使用 GROUP BY、ORDER BY 子句进行查询时,利用索引可以缩短排序和分组的时间。

4.2.2 创建索引

1. 使用图形界面创建索引

以创建 Course 表中的 Cname 列的非聚集索引为例,使用图形界面工具创建索引的步骤如下。

(1) 在 SQL Server Management Studio 的对象资源管理器中,展开【数据库】项,然后根据数据库的不同选择用户数据库,如 S-T。

(2) 展开 S-T 数据库,并展开【表】项,选择要建立索引的表,如 Course 并展开,右击其中的【索引】项,然后选择【新建索引】命令。

(3) 出现如图 4-13 所示的【新建索引】窗口,在【常规】选项卡下设置索引名称为 IX_Cname,索引类型选择【非聚集】,然后单击【添加】按钮增加索引键列为 Cname,如图 4-14 所示,还可以选择排序顺序为升序或降序,单击【确定】按钮完成索引的创建,结果如图 4-15 所示。

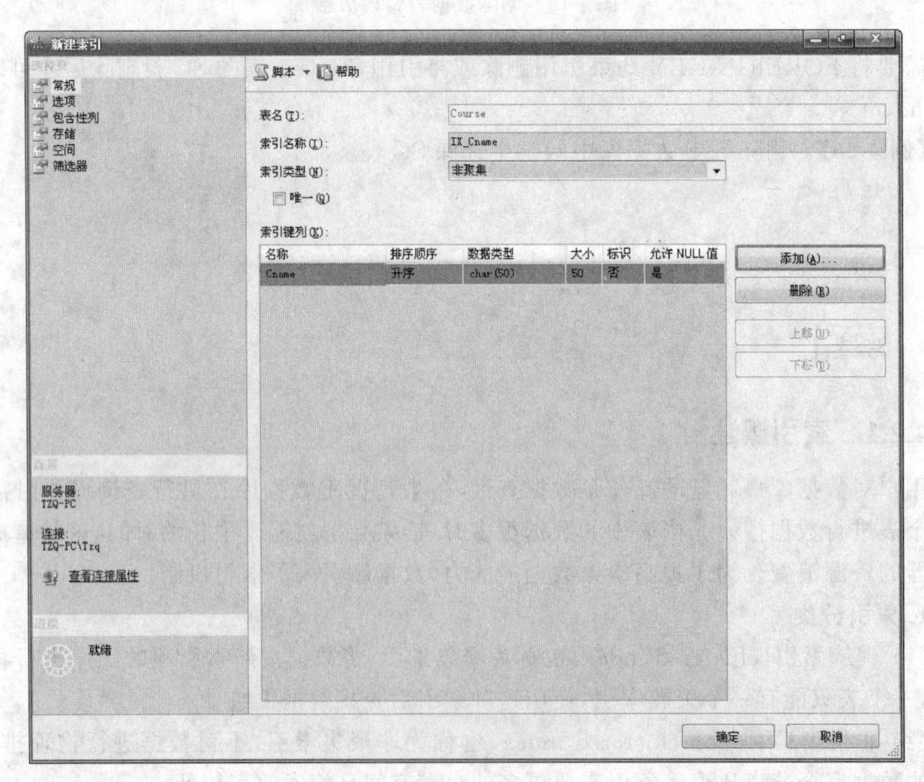

图 4-13　【新建索引】窗口

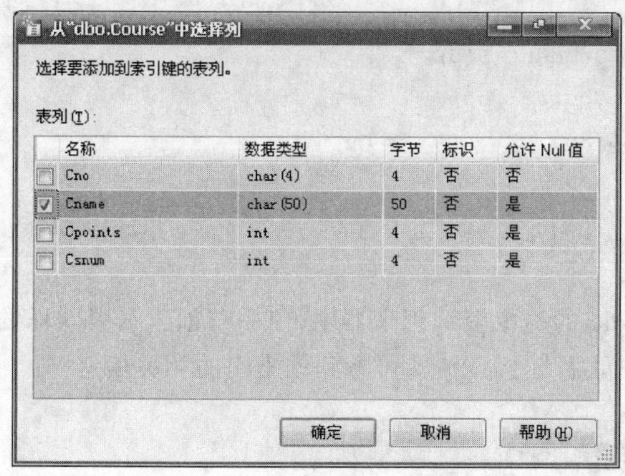

图 4-14　选择列

图 4-15　IX_Cname 索引创建成功

2. 使用 T-SQL 语句创建索引

CREATE INDEX 语句创建索引的基本语法格式如下：

```
CREATE [UNIQUE] [CLUSTERED|NONCLUSTERED] INDEX index_name
ON {table|view}(column[ASC|DESC][,…n])
```

语法说明如下。

[UNIQUE][CLUSTERED|NONCLUSTERED]：指定索引的类型，UNIQUE 表示唯一索引，CLUSTERED 表示聚簇索引，NONCLUSTERED 表示非聚簇索引，默认为聚簇索引。

index_name：创建的索引名。

[ASC|DESC]：创建的索引列的排序方向为升序或降序，默认为 ASC。

【例 4-27】　在 S-T 数据库中 Student 表的 Sname(姓名)列上建立一个非聚簇索引。

```
CREATE NONCLUSTERED INDEX stusname
ON Student(Sname)
```

运行成功后建立的非聚簇索引如图 4-16 所示。

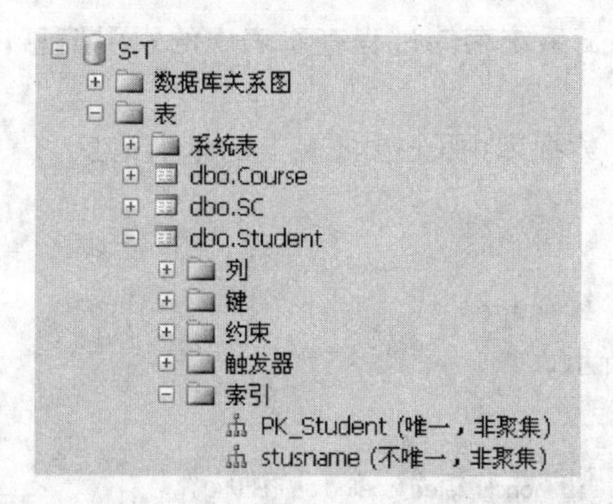

图 4-16　建立非聚簇索引后的界面

【例 4-28】　为 S-T 数据库中的 Student、Course、SC 3 个表建立索引。其中 Student 表按学号升序建唯一索引，Course 表按课程号升序建唯一索引，SC 表按学号升序和课程号降序建唯一索引。

```
CREATE UNIQUE INDEX Stusno ON Student(Sno)
CREATE UNIQUE INDEX Coucno ON Course(Cno)
CREATE UNIQUE INDEX SCno ON SC(Sno ASC, Cno DESC)
```

4.2.3 查看索引

1. 使用图形界面查看索引

在 SQL Server Management Studio 的对象资源管理器中，使用与创建索引同样的方法打开如图 4-17 所示的快捷菜单，选择【属性】命令，即可看到该索引的相关信息。

图 4-17　索引项菜单

2. 使用 T-SQL 语句查看索引

可以使用 sp_helpindex 系统存储过程查看表中的索引信息，其语法格式如下：

```
sp_helpindex 表名
```

【例 4-29】 查看 S-T 数据库中 Course 表上的索引信息。

```
USE "S-T"
GO
EXEC sp_helpindex 'Course'
```

运行结果如图 4-18 所示。

	index_name	index_description	index_keys
1	IX_Cname	nonclustered located on PRIMARY	Cname
2	PK__Course	clustered, unique, primary key located on PRIMARY	Cno

图 4-18　Course 表上的索引信息

4.2.4　删除索引

1. 使用图形界面删除索引

(1) 在 SQL Server Management Studio 的对象资源管理器中展开【数据库】项，然后根据数据库的不同选择用户数据库，如 S-T。

(2) 展开 S-T 数据库，并展开【表】项，选择要删除索引的表，如 Course 并展开，展开其中的【索引】项，然后右击要删除的索引(如 IX_Cname)，在弹出的快捷菜单中选择【删除】命令。

(3) 在出现的如图 4-19 所示的【删除对象】窗口中确认删除对象信息后，单击【确定】按钮即可删除。

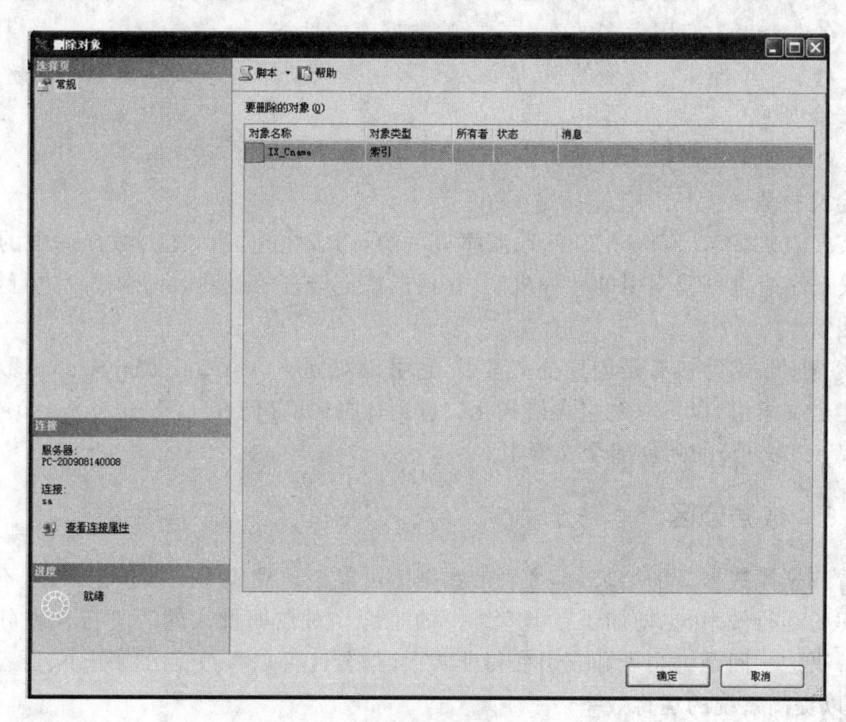

图 4-19　【删除对象】窗口

2. 使用 T-SQL 语句删除索引

删除索引的基本语法格式如下：

```
DROP INDEX 'table.index' [, …n]
```

语法说明如下。

table：索引所在的表。

index：要删除的索引的名称。

【例 4-30】　删除 S-T 数据库中 Student 表的非聚簇索引 stusname。

```
USE "S-T"
GO
DROP INDEX Student.stusname
```

4.2.5　索引与系统性能优化

1. 索引与系统性能

索引能够加快数据检索速度,但是会降低数据更改变动的效率,因此,对于系统性能来说是不可忽视的方面,这里说明以下几点。

(1) 索引可以加快数据检索的速度,但它会使数据的插入、删除和更新变慢,尤其是聚簇索引。

(2) 数据按照逻辑顺序存放在一定的物理位置,当变更数据时根据新的数据顺序需要将许多数据进行物理位置的移动,这将增加系统的负担。

(3) 对非聚簇索引数据更新时也需要更新索引页,这也需要占用系统时间。

(4) 在一个表中使用太多的索引会影响数据库的性能。

(5) 对于一个经常会改变的表,应该尽量限制表只使用一个聚簇索引和不超过 3～4 个非聚簇索引。

(6) 对于事务处理特别繁重的表,其索引应尽量不超过 3 个。

2. 全文搜索

全文搜索是 SQL Server 2008 数据库提供的,用于快速灵活地为数据库中的文本数据基于关键字查询创建索引的一种机制,它根据特定语言的规则对词和短语进行操作,实现语言搜索。

全文搜索技术的核心是创建全文索引,它可以对 char、varchar 和 nvarchar 数据类型的列创建全文索引,也可以对包含格式化二进制数据(如存储在 varbinary(max)或 image 列中的 Word 文档)的列创建全文索引。

4.2.6　数据分区

随着数据库数据量的增长,单个表的数据流可能会达到成千上万条记录,这不但影响了数据库的运行效率,也增加了数据库维护的难度。对数据量大的表进行合理分区能够有效地解决这一问题。当表和索引变得非常大时,分区可以将数据分为更小、更容易管理的部分,以提高系统的运行效率。

1. 数据分区类型

表分区可以分为水平分区和垂直分区,水平分区将表分为多个表,每个表包含的列数相同,但是行更少。例如,可以将一个包含十亿行的表水平分区成 12 个表,每个小表表示特定年份内一个月的数据,任何需要特定月份数据的查询只需引用相应月份的表。而垂直分区则是将原始表分成多个只包含较少列的表。水平分区是最常用的分区方式,下面以水平分区来介绍具体实现方法。

水平分区常用的方法是根据时期和使用对数据进行水平分区。例如,一个短信发送记录表包含最近一年的数据,但是只定期访问本季度的数据。在这种情况下,可考虑将数据分成四个区,每个区只包含一个季度的数据。

2. 创建文件组

建立分区表先要创建文件组,而创建多个文件组主要是为了获得好的 I/O 平衡。一般情况下,文件组数最好与分区数相同,并且这些文件组通常位于不同的磁盘上。每个文件组可以由一个或多个文件构成,而每个分区必须映射到一个文件组,一个文件组可以由多个分区使用。为了更好地管理数据(例如,为了获得更精确的备份控制),对分区表应进行设计,以便只有相关数据或逻辑分组的数据位于同一个文件组中。使用 ALTER DATABASE 添加逻辑文件组名:

```
ALTER DATABASE 库名 ADD FILEGROUP 文件组名
```

创建文件组后,再使用 ALTER DATABASE 将文件添加到该文件组中:

```
ALTER DATABASE [库名] ADD FILE(NAME=N'FG1',
FILENAME=N'C:\DeanData\FG1.ndf',SIZE=3072KB, FILEGROWTH=1024KB)
TO FILEGROUP [FG1]
```

【例 4-31】 建立三个文件和文件组,并把每一个存储数据的文件放在不同的磁盘驱动器里。

```
USE master
ALTER DATABASE stu ADD FILEGROUP [fg1]
GO
ALTER DATABASE stu ADD FILEGROUP [fg2]
GO
ALTER DATABASE stu ADD FILEGROUP [fg3]
GO
ALTER DATABASE stu
ADD FILE
(NAME='fg1',
FILENAME='c:\fg1.ndf',
SIZE=5mb)
TO FILEGROUP [fg1]
GO
ALTER DATABASE stu
ADD FILE
(NAME='fg2',
FILENAME='d:\fg2.ndf',
SIZE=5mb)
TO FILEGROUP [fg2]
GO
ALTER DATABASE stu
ADD FILE
(NAME='fg3',
FILENAME='e:\fg3.ndf',
SIZE=5mb)
TO FILEGROUP [fg3]
GO
```

3. 创建分区函数

创建分区表必时须先确定分区的功能机制，表进行分区的标准是通过分区函数来决定的。创建数据分区函数有 RANGE“LEFT/RIGHT”两种选择，代表每个边界值在局部的哪一边。例如，存在四个分区，则定义三个边界点值，并指定每个值是第一个分区的上边界(LEFT)还是第二个分区的下边界(RIGHT)。

根据 E-mail 地址创建分区函数(需要选择对哪个数据库新建查询再创建)分为三个区，代码如下：

```
CREATE PARTITION FUNCTION emailPF(nvarchar(50))AS RANGE
right FOR VALUES('G','N')
```

4. 创建分区方案

创建分区函数后，必须将其与分区方案相关联，以便将分区指向特定的文件组，就是定义实际存放数据的媒介与各数据块的对应关系。多个数据表可以共用相同的数据分区函数，一般不共用相同的数据分区方案。可以通过不同的分区方案使用相同的分区函数，使不同的数据表有相同的分区条件，但存放在不同的媒介上。创建分区方案(需要选择对哪个数据库新建查询再创建)的代码如下：

```
CREATE PARTITION SCHEME emailPS AS PARTITION emailPF TO(fg1,fg2,fg3)
GO
```

5. 创建分区表

建立好分区函数和分区方案后，就可以创建分区表了。分区表是通过定义分区键值和分区方案相联系的。插入记录时，SQL Server 会根据分区键值的不同，通过分区函数的定义将数据放到相应的分区。从而把分区函数、分区方案和分区表三者有机地结合起来。创建分区表的代码如下：

```
CREATE TABLE customermail(custid int, email nvarchar(50))ON emailPS(email)
GO
INSERT customermail VALUES(1,'ab@ test.com.cn')
INSERT customermail VALUES(2,'K1@ test.com.cn')
INSERT customermail VALUES(3,'z1@ test.com.cn')
INSERT customermail VALUES(4,'g2@ test.com.cn')
INSERT customermail VALUES(5,'a2@ test.com.cn')
INSERT customermail VALUES(6,'TT@ test.com.cn')
```

6. 查看分区表信息

系统运行一段时间或者把以前的数据导入分区表后，需要查看数据的具体存储情况，即每个分区存取的记录数，记录存取在哪个分区等。可以通过 $partition. emailPF 来查看，代码如下：

```
SELECT *FROM customermail
```

查看分区信息代码如下：

```
SELECT $partition.emailPF(o.email)as [part num],min(o.email)as min,max(o.
email),count(*)AS [Rows In Partition]
FROM dbo.customermail AS o
```

```
GROUP BY $partition.emailPF(o.email)
ORDER BY [part num]
```

结果如图 4-20 所示。

	part num	min	(无列名)	Rows In Partition
1	1	a2@test.com.cn	ab@test.com.cn	2
2	2	g2@test.com.cn	K1@test.com.cn	2
3	3	TT@test.com.cn	z1@test.com.cn	2

图 4-20　查询分区表信息

7. 维护分区表

分区表的维护主要包括分区的添加、减少、合并和在分区间转换。可以通过 ALTER PARTITION FUNCTION 的选项 SPLIT、MERGE 和 ALTER TABLE 的选项 SWITCH 来实现。SPLIT 会多增加一个分区，而 MERGE 会合并或者减少分区，SWITCH 则是逻辑地在组间转换分区。

4.3　视图

4.3.1　视图概述

视图是个虚表，是从一个或者多个基本表或视图中导出的表，其结构和数据是建立在对表的查询基础上的。视图一经定义便存储在数据库中，与其相对应的数据并没有像表那样在数据库中再存储一份，通过视图看到的数据只是存放在基本表中的数据。对视图的操作与对表的操作一样，可以对其进行查询、修改(有一定的限制)、删除。

创建视图时应该注意以下情况。

(1) 只能在当前数据库中创建视图，在视图中最多只能引用 1024 列，视图中记录的数目限制只由其基表中的记录数决定。

(2) 如果视图引用的基表或者视图被删除，则该视图不能再被使用，直到创建新的基表或者视图。

(3) 如果视图中某一列是函数、数学表达式、常量或者来自多个表的列名相同，则必须为列定义名称。

(4) 当通过视图查询数据时，SQL Server 要检查，以确保语句中涉及的所有数据库对象存在，每个数据库对象在语句的上下文中有效，而且数据修改语句不能违反数据完整性规则。

(5) 视图的名称必须遵循标识符的命名规则，且对每个用户必须是唯一的。此外，该名称不得与该用户拥有的任何表的名称相同。

4.3.2　创建视图

1. 使用图形界面创建视图

以创建学生成绩视图 S-T_View 为例，该视图包括学生的学号、姓名、所选课号、课程名和成绩，使用图形界面工具创建视图的步骤如下。

(1) 在 SQL Server Management Studio 的对象资源管理器中展开【数据库】项，然后根据数据库的不同选择用户数据库，如 S-T。

(2) 展开 S-T 数据库，右击【视图】项，在弹出的快捷菜单中选择【新建视图】命令。

(3) 在出现的如图 4-21 所示的【添加表】对话框中选择视图所需要的表并单击【添加】按钮，本例中选择 Student、Course、SC 三个表，之后单击【添加】按钮，最后单击【关闭】按钮，结果如图 4-22 所示。

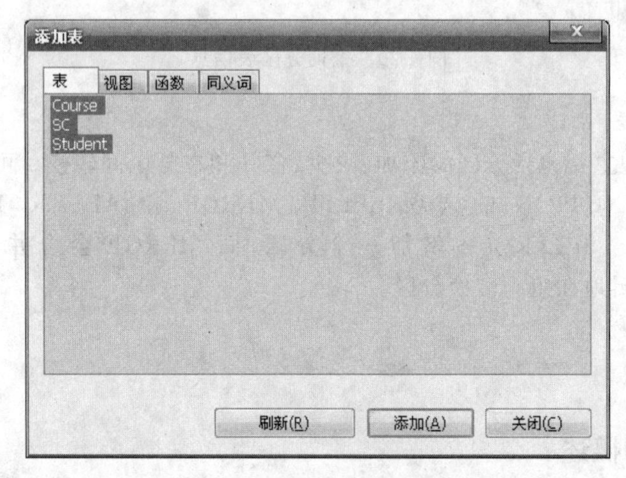

图 4-21 【添加表】对话框

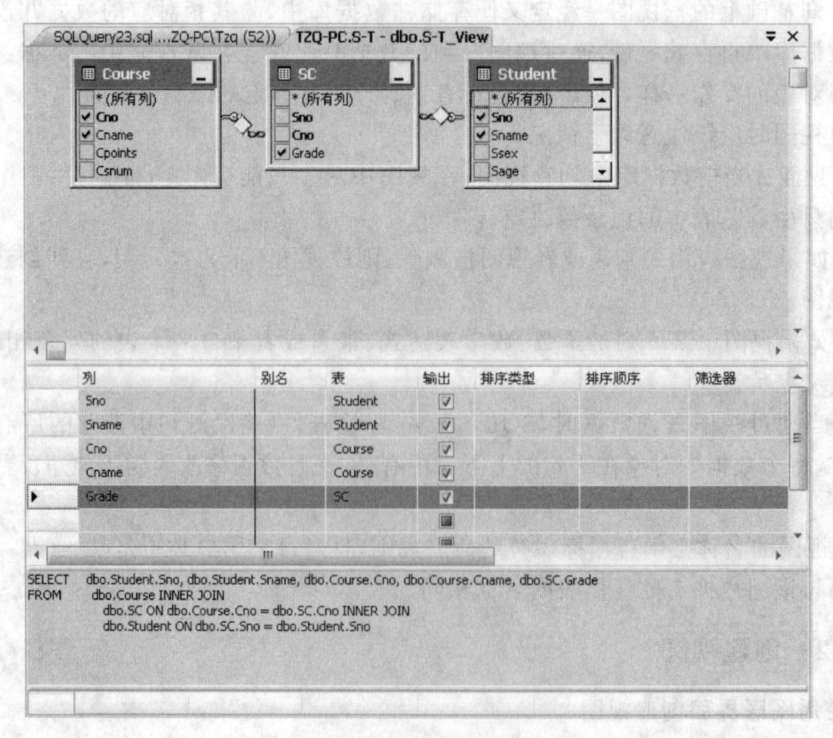

图 4-22 创建视图

(4) 在图 4-22 的下侧窗口的【列】中根据表选择视图输出的字段,在【别名】列中可以设置每列的显示名称,在【输出】列中可以选择视图最终要显示的列,也可以在【排序类型】和【排序顺序】列中设置某列的显示顺序,在【筛选器】列中可以设置选择条件。

(5) 设置完成后单击工具栏中的【保存】按钮,出现如图 4-23 所示的【选择名称】对话框,输入视图名称后单击【确定】按钮。

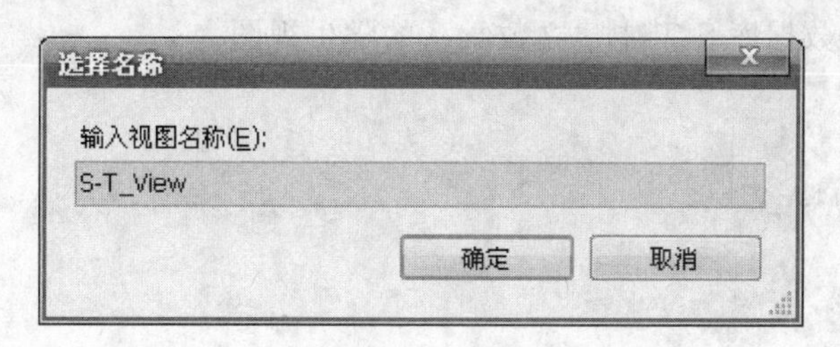

图 4-23　设置视图名称

(6) 选中刚创建的视图并右击,在弹出的快捷菜单中选择【选择前 1000 行】即可看到视图中的数据,如图 4-24 所示。

	Sno	Sname	Cno	Cname	Grade
1	201210234	张敏君	1201	数学	75
2	201210234	张敏君	1421	C++程序设计	82
3	201310231	陈立军	1020	体育	70
4	201310231	陈立军	1421	C++程序设计	85
5	201310232	李强胜	1422	数据结构	65
6	201310233	刘晨	1423	软件工程导论	88
7	201310235	陈明	1342	英语	87
8	201310238	陈军	1020	体育	89
9	201310238	陈军	1422	数据结构	73

图 4-24　S-T_View 视图的结果

2. 使用 T-SQL 语句创建视图

创建视图可以使用 CREATE VIEW 语句来完成,其语法格式如下:

```
CREATE [<owner>] VIEW view_name [(column [,…n ])]
    [WITH<view_attribute>[,…n ] ]
AS
select_statement
[WITH CHECK OPTION]
<view_attribute>::=
{ENCRYPTION|SCHEMABINDING|VIEW_METADATA}
```

参数说明如下。

column [,…n]:创建的视图列名。

select_statement:构成视图文本的主体,利用 SELECT 命令从表中或视图中选择列构成新视图的列,但是在 SELECT 语句中不能使用 ORDER BY、COMPUTE、COMPUTE BY 语句,不能使用 INTO 关键字,不能使用临时表。

WITH CHECK OPTION:保证在对视图执行数据修改后,通过视图仍然能看到这些数据。

ENCRYPTION:表明该视图是否加密。

SCHEMABINDING:表明视图名或函数名前必须有所有者前缀。

VIEW_METADATA:返回视图的元数据信息。

【例 4-32】 在数据库 S-T 中建立数学系的学生视图。

```
USE "S-T"
GO
CREATE VIEW MA_View1
AS
SELECT*
FROM Student
WHERE Sdept='MA'
```

【例 4-33】 在数据库 S-T 中建立专业为数学系,选修了课程 1421 且成绩在 80 分以上的学生视图。

```
USE "S-T"
GO
CREATE VIEW MA_View2
AS
SELECT Student.Sno, Student.Sname, SC.cno,SC.Grade
FROM Student,SC
WHERE Student.Sdept='MA' and SC.Cno='1421' and Grade>=80
and Student.Sno=SC.Sno
```

【例 4-34】 在数据库 S-T 中建立数学系学生的视图,并要求进行修改和插入操作时仍需保证该视图只有数学系的学生。

```
USE "S-T"
GO
CREATE VIEW MA_StdView
AS
SELECT Sno, Sname, Sage
FROM Student
WHERE Sdept='MA'
WITH CHECK OPTION
```

【例 4-35】 在数据库 S-T 中定义一个反映学生出生年份的视图。

```
USE "S-T"
GO
CREATE VIEW BT_S(Sno, Sname, Sbirth)
AS
SELECT Sno, Sname, 2013-Sage
FROM Student
```

【例 4-36】 在数据库 S-T 中将学生的学号及平均成绩定义为一个视图。

```
USE "S-T"
GO
CREATE VIEW S_G(Sno, Gavg)
AS
SELECT Sno,avg(Grade)
FROM SC
GROUP BY Sno
```

4.3.3　修改视图

1. 使用图形界面修改视图

(1) 在 SQL Server Management Studio 的对象资源管理器中展开【数据库】项，然后根据数据库的不同选择用户数据库，如 S-T。

(2) 展开 S-T 数据库，展开【视图】项，右击要修改的视图，然后在弹出的快捷菜单中选择【设计】命令。

(3) 在出现的如图 4-25 所示的视图定义窗口中可以修改视图的定义。

(4) 设置完成后单击工具栏中的【保存】按钮，再单击工具栏中的【执行 SQL】按钮，可以看到修改后的运行结果。

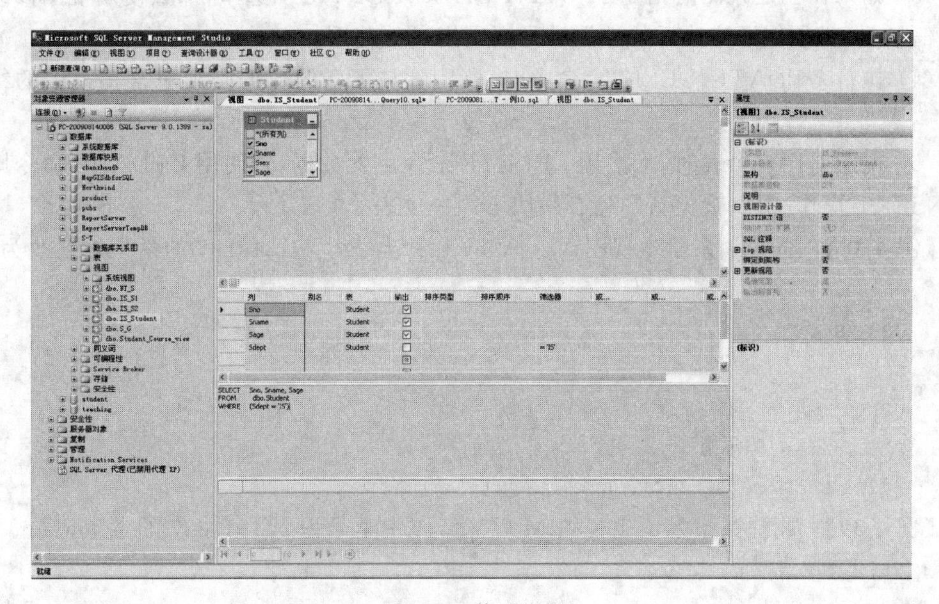

图 4-25　修改视图

2. 使用 T-SQL 语句修改视图

```
ALTER VIEW [schema_name.] view_name [(column[,…n])]
[WITH <view_attribute>[,..n]]
AS
  Select_statement
[WITH CHECK OPTION]
<view_attribute>::={[ENCRYPTION][SCHEMABINDING][VIEW_METADATA]}
```

参数说明请参考创建视图语法的参数说明。

【例 4-37】 修改已创建的视图 MA_View1,增加年龄在 20 岁及以下的限制条件。

```
USE "S-T"
GO
ALTER VIEW MA_View1
AS
SELECT Sno, Sname, Sage
FROM Student
WHERE Sdept='MA' AND Sage<=20
```

4.3.4 使用视图管理数据

使用视图可以修改表内的数据,包括插入数据记录、更新和删除数据记录。在使用视图修改数据时需要注意以下几点。

(1) 修改视图中的数据时,不能同时修改两个或者多个基表,可以对基于两个或多个基表或者视图的视图进行修改,但是每次修改都只能影响一个基表。

(2) 不能修改那些通过计算得到的字段,如包含计算值或者合计函数的字段。

(3) 如果在创建视图时指定了 WITH CHECK OPTION 选项,那么使用视图修改数据库信息时,必须保证修改后的数据满足视图定义的范围。

(4) 执行 UPDATE、DELETE 命令时,所删除与更新的数据必须包含在视图的结果集中。

(5) 视图引用多个表时,无法用 DELETE 命令删除数据,若使用 UPDATE 命令则应与 INSERT 操作一样,被更新的列必须属于同一个表。

【例 4-38】 将数学系学生视图 MA_View1 中学号为 201310237 的学生姓名改为“陈小雨”。

```
USE "S-T"
GO
UPDATE MA_View1
SET Sname='陈小雨'
WHERE Sno='201310237'
```

【例 4-39】 删除数学系学生视图 MA_View1 中学号为 201310237 的学生记录。

```
USE "S-T"
GO
DELETE
FROM MA_View1
WHERE Sno='201310237'
```

4.3.5 删除视图

1. 使用图形界面删除视图

(1) 在 SQL Server Management Studio 的对象资源管理器中展开【数据库】项,然后

根据数据库的不同,选择用户数据库,如 S-T。

(2) 展开 S-T 数据库,并展开【视图】项,然后右击要删除的视图,如 student_view,在弹出的快捷菜单中选择【删除】命令。

(3) 在出现的【删除对象】窗口中确认删除对象信息后,单击【确定】按钮即可删除视图。

2. 使用 T-SQL 语句删除视图

删除视图后,视图所基于的表数据不会受到影响。可以使用 DROP VIEW 语句来删除视图,其语法格式如下:

```
DROP VIEW 视图名
```

【例 4-40】 删除已创建的数学系学生视图 MA_View2。

```
USE "S-T"
GO
DROP VIEW MA_View2
```

4.4　本章习题

1. 在数据库 mydata 中根据以下条件用 T-SQL 实现。

创建商品信息表和供货商信息表,表的结构如表 4-1 和表 4-2 所示。

表 4-1　商品信息表

字段名	数据类型	说明
编号	char(10)	主键
商品名	char(30)	非空
商品规格	char(20)	
商品单价	Money	非空
供货商编号	char(10)	非空

表 4-2　供货商信息表

字段名	数据类型	说明
编号	char(10)	主键
供货商名	char(30)	非空
联系人	char(10)	非空
联系方式	char(15)	非空
地址	char(30)	

(2) 向商品信息表中增加一个字段,字段名为“数量”,类型为 int,默认值为 0。

(3) 将商品信息表中的字段“商品规格”的数据类型长度更改为 10。

(4) 为商品信息表的字段“商品名”和供货商信息表的字段“供货商名”添加一个唯一约束,以限制名称不出现重复。

(5) 限制商品信息表的字段“商品单价”为大于 0 的数。

(6) 创建外键约束,定义商品信息表的“供货商编号”为外键,引用供货商信息表中的“编号”。

(7) 分别为商品信息表的“编号”和供货商信息表的“编号”创建聚集索引,并使用系统存储过程查看。

(8) 分别向商品信息表和供货商信息表中添加数据。

(9) 删除商品信息表中的字段“数量”。

(10) 删除商品信息表和供货商信息表中创建的索引。

(11) 删除商品信息表和供货商信息表。

2. 创建视图 myview1,使该视图包含之前创建的数据库 S-T 的表 Student 中姓“陈”的学生数据,其中列名使用中文输出。

3. 修改视图 myview1,添加年龄在 20 岁及以上的条件。

4. 将视图 myview1 中学号为 201310237 的学生姓名改为“陈欢欢”。

第 5 章　数据库维护

维护数据库的正常运行、保护数据安全是数据库管理员的主要任务。虽然系统中采取了许多措施来保障数据库的完整性和安全性，但是各种软硬件故障等无法预知的问题仍有可能影响数据的完整性。本章主要介绍数据的导入/导出，如何备份数据库以防止不可预知的事故发生以及发生故障数据损坏后如何进行恢复。

5.1　导入/导出数据

SQL Server 数据的导入/导出方法有很多种，可以用图形界面工具、自己编写程序、BCP(适合大容量数据的导入/导出)以及 T-SQL 的 BULK INSERT 命令等来实现数据的导入/导出。其中，操作最为简单方便的是使用图形界面工具来导入/导出数据，包括 SQL Server 与其他数据库或者其他类型文件的数据导入/导出。

5.1.1　将表数据导出到 Access 数据库

(1) 执行【开始】→【Microsoft SQL Server 2008 R2】→【导入和导出数据】命令，或是在对象资源管理器中选定将要导出数据的数据库并右击，在弹出的快捷菜单中选择【任务】→【导出数据】命令，打开【SQL Server 导入和导出向导】窗口，见图 5-1。

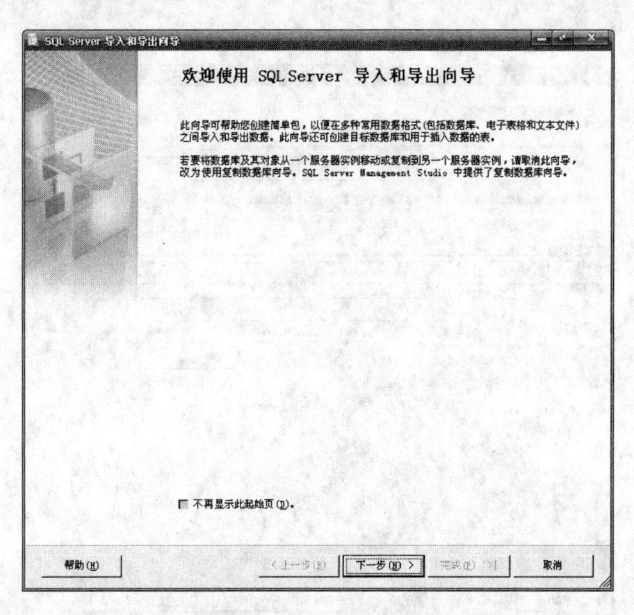

图 5-1　导入/导出向导

(2) 单击【下一步】按钮，在打开的【选择数据源】窗口中选择默认数据源 SQL Server

Native Client10.0，身份验证可以自己选择，这里选择 SQL Server 身份验证，输入用户名和密码，然后选择数据库 S-T，如图 5-2 所示。

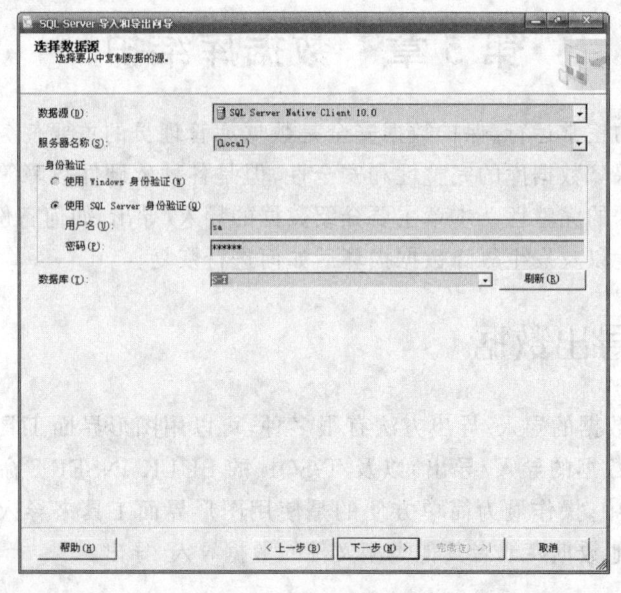

图 5-2　选择数据源

（3）单击【下一步】按钮，在打开的【选择目标】窗口中可以根据需要选择目标的数据类型，这里选择 Microsoft Access，文件名中选择一个已存在的 Access 数据库名（目前暂不支持 Access 2007 版本的 accdb 文件）。如果该数据库存在用户名和密码则输入，否则忽略，如图 5-3 所示。

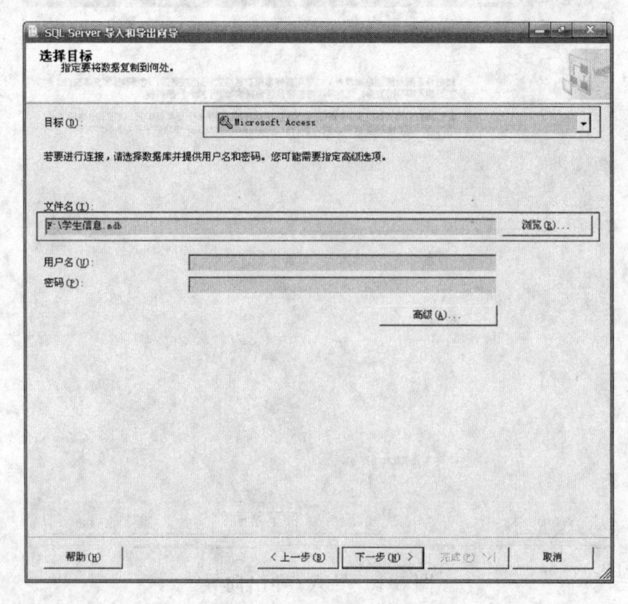

图 5-3　选择导出目标

(4) 单击【下一步】按钮,在打开的【指定复制或查询】窗口中选中【复制一个或多个表或视图的数据】单选按钮,如图 5-4 所示。

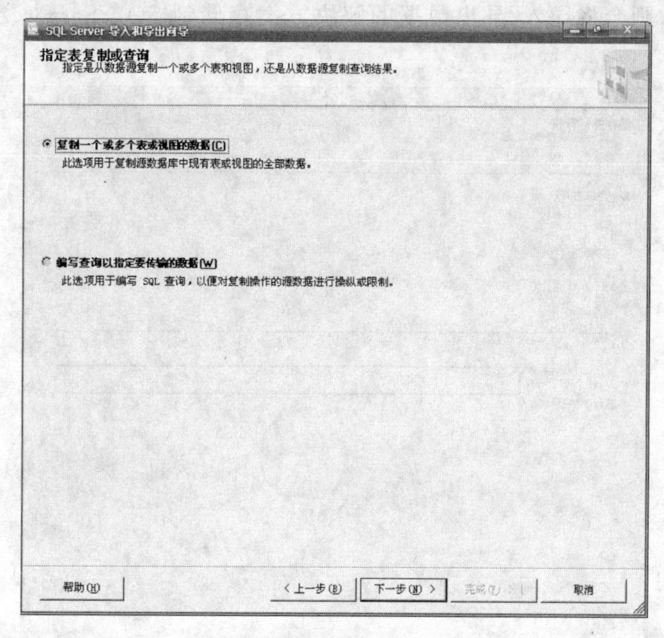

图 5-4　指定数据复制或查询

(5) 单击【下一步】按钮,在打开的【选择源表和源视图】窗口中选择表 dbo.Student,如图 5-5 所示。

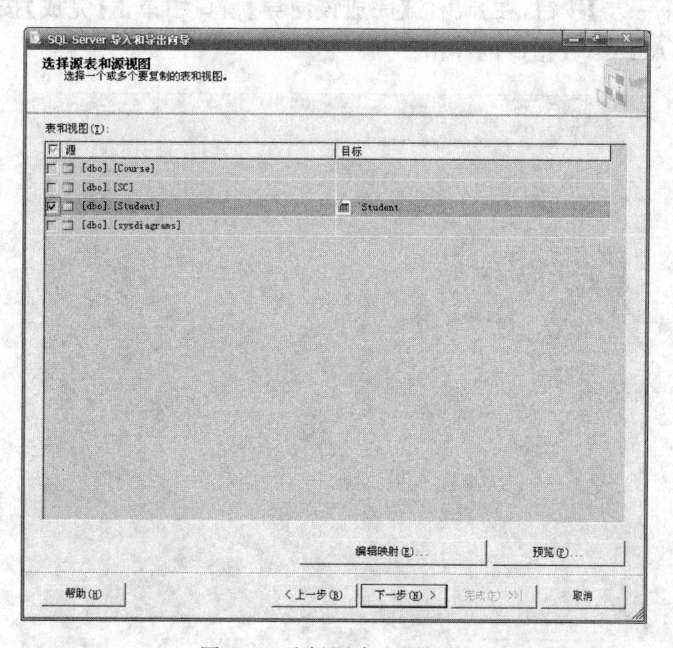

图 5-5　选择源表和源视图

(6) 单击【下一步】按钮，在打开的【保存并运行包】窗口中选中【立即运行】复选框，表示向导结束后立即进行数据导出操作并创建目的数据，如图 5-6 所示。如果选中【保存SSIS 包】复选框，则会将导入/导出数据的解决方案存储到 SQL Server 数据库或指定的文件中。

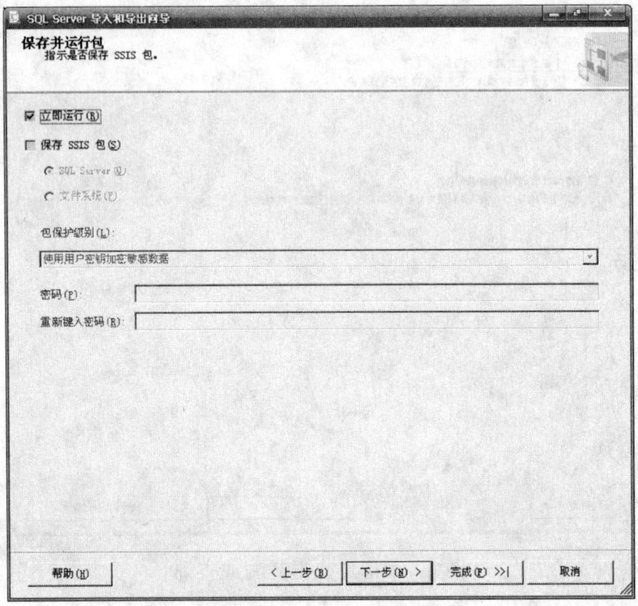

图 5-6　保存并运行包

(7) 单击【下一步】按钮，在弹出的【完成该向导】窗口中单击【完成】按钮，如图 5-7 所示，即可完成到 Access 数据库的导出。

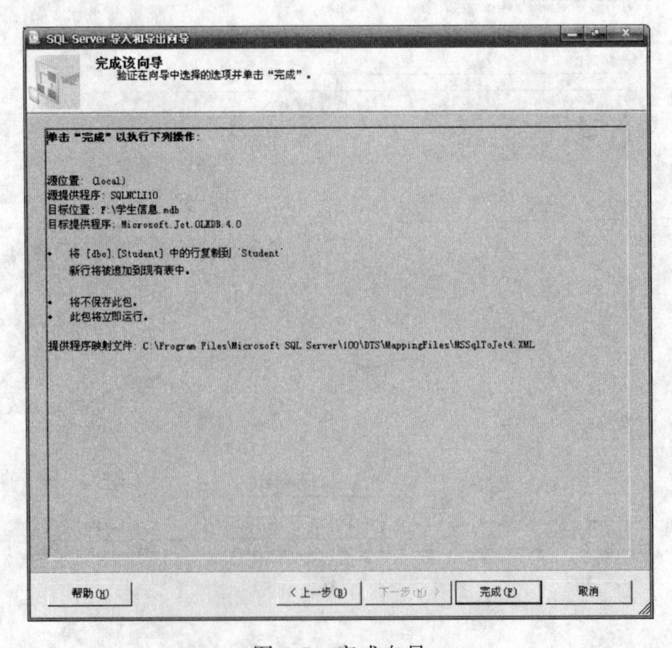

图 5-7　完成向导

(8) 执行过程中会弹出对话框显示正在进行的步骤，执行成功后单击【关闭】按钮即可，见图 5-8。

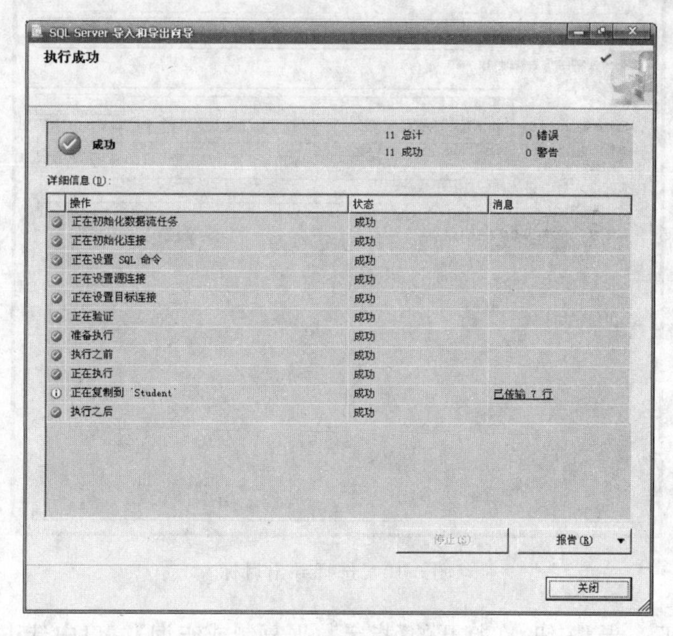

图 5-8　执行成功

在导出信息界面提示导出成功后关闭界面，可以进入 Access 数据库打开之前选中的导出目标数据库学生信息.mdb 查看数据，内容见图 5-9。

Student

Sno	Sname	Ssex	Sage	Sdept
201310237	陈好	女	20	MA
201310238	陈军	男	20	MA
201310231	陈立军	男	19	IS
201310235	陈明	男	21	MA
201310232	李强胜	男	20	CS
201310233	刘晨	女	19	CS
201210234	张敏君	女	18	MA
*				

图 5-9　Access 中导出的 Student 表

5.1.2　将表数据导出到文本文件

(1) 执行【开始】→【Microsoft SQL Server 2008 R2】→【导入和导出数据】命令，或在对象资源管理器中选中将要导出数据的数据库并右击，在弹出的快捷菜单中选择【任务】→【导出数据】命令，打开【SQL Server 导入和导出向导】窗口，单击【下一步】按钮。

(2) 在打开的【选择数据源】窗口中选择默认数据源 SQL ServerNative Client 10.0，身份验证可以自己选择，这里选择 SQL Server 身份验证，输入用户名和密码，然后选择数据库 S-T。

(3) 单击【下一步】按钮，在打开的【选择目标】窗口中可以根据需要选择目标的数据类型，这里选择“平面文件目标”，如图 5-10 所示。

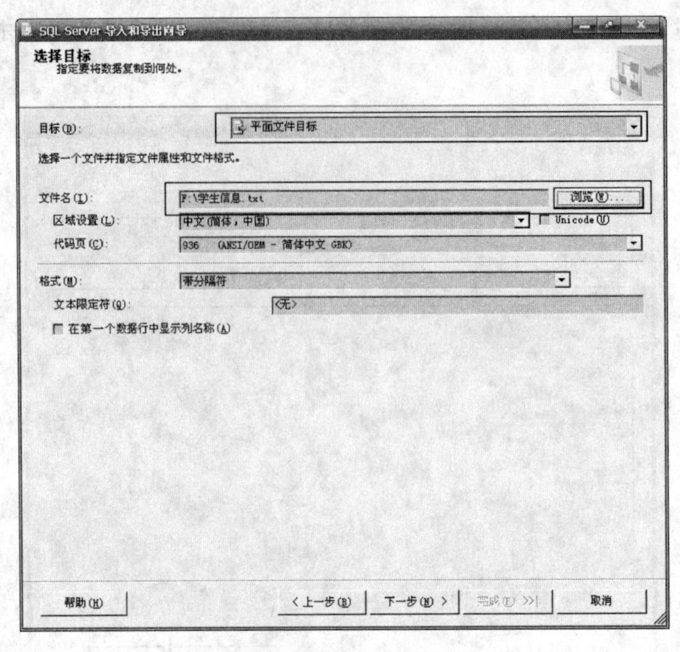

图 5-10 选择导出目标

(4) 单击【下一步】按钮，在打开的【指定数据复制或查询】窗口中选中【复制一个或多个表或视图的数据】单选按钮。

(5) 单击【下一步】按钮，在打开的【配置平面文件目标】窗口中选择需要导出的表，这里依然选择 Student 表，即[dbo].[Student]。可以根据需要设置导出数据的样式，一般采用默认设置，如图 5-11 所示。

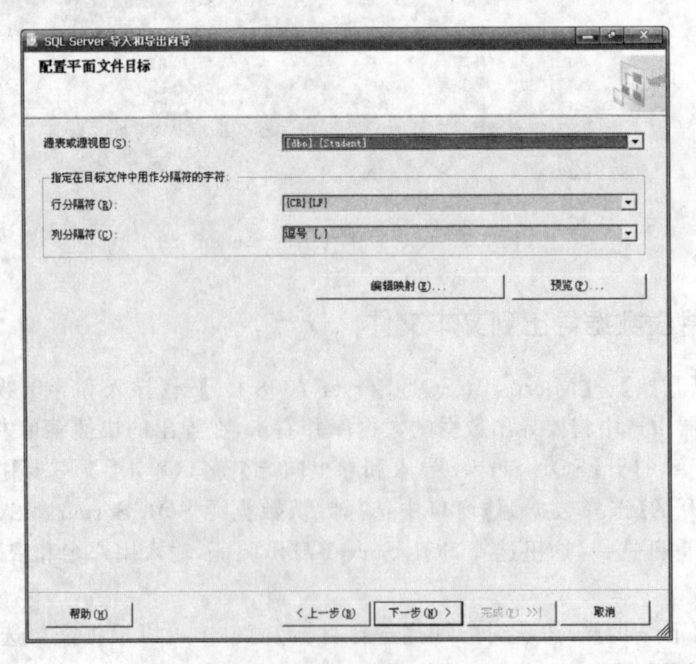

图 5-11 配置平面文件目标

(6) 单击【下一步】按钮，在打开的【保存并运行包】窗口中选中【立即运行】复选框，单击【完成】按钮即可完成导出操作。

导出完成后，在F盘中打开学生信息.txt文件，导出结果如图5-12所示。

```
201310237,陈好            ,女,20,MA
201310238,陈军            ,男,20,MA
201310231,陈立军          ,男,19,IS
201310235,陈明            ,男,21,MA
201310232,李强胜          ,男,20,CS
201310233,刘晨            ,女,19,CS
201210234,张敏君          ,女,18,MA
```

图5-12　导出的文件内容

5.1.3　从Access数据库导入数据

(1) 执行【开始】→【Microsoft SQL Server 2008 R2】→【导入和导出数据】命令，或是在对象资源管理器中选中将要导出数据的数据库并右击，在弹出的快捷菜单中选择【任务】→【导出数据】命令，打开【SQL Server导入和导出向导】窗口。

(2) 单击【下一步】按钮，打开【选择数据源】窗口。数据源选择Microsoft Access，文件名选择"F:\学生信息.mdb"，如图5-13所示。

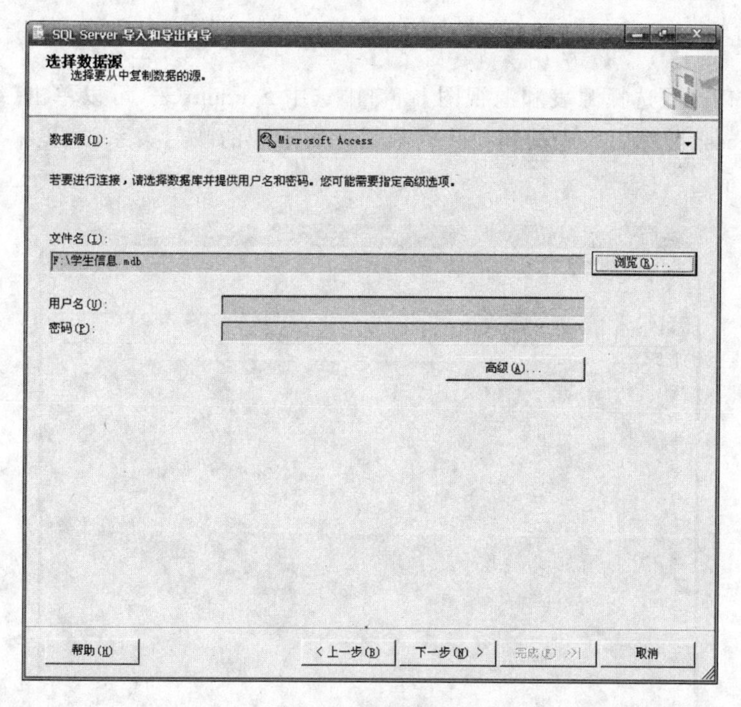

图5-13　选择数据源

(3) 单击【下一步】按钮，打开【选择目标】对话框，目标选择SQL Server Native Client10.0，数据库选择S-T，如图5-14所示。

(4) 单击【下一步】按钮，打开【指定表复制或查询】窗口，选用默认选项，单击【下一

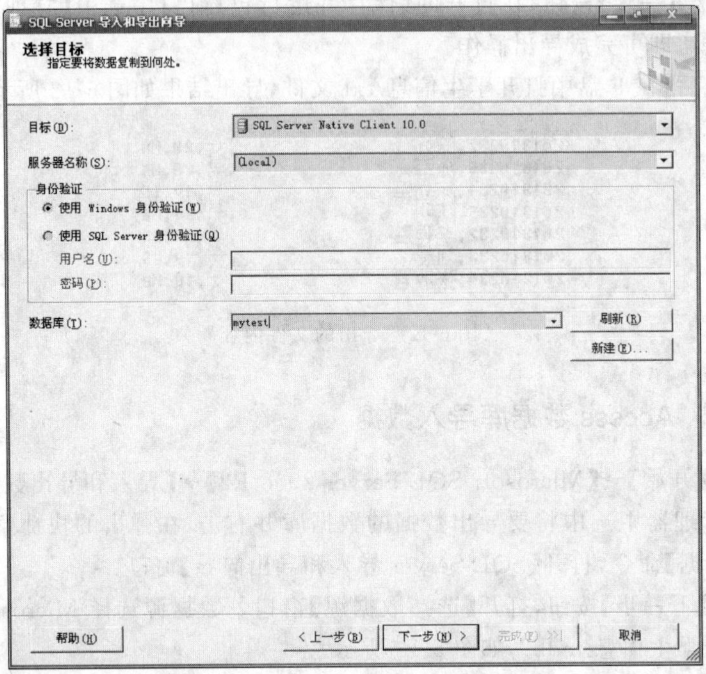

SQL Server 导入和导出向导
选择目标
指定要将数据复制到何处。
目标(D):
SQL Server Native Client 10.0
服务器名称(S):
(local)
身份验证
使用 Windows 身份验证(W)
使用 SQL Server 身份验证(Q)
用户名(U):
密码(P):
数据库(T):
mytest
刷新(R)
新建(E)...
帮助(H)
< 上一步(B)
下一步(N) >
完成(F) >>|
取消

图 5-14　选择目标数据

步】按钮，在打开的【选择源表和源视图】窗口中选中 Student 表，可以单击【编辑映射】按钮来设定 Access 数据库表中的列与目的数据库表中列的映射关系，这里采用默认设置，如图 5-15 所示。

SQL Server 导入和导出向导
选择源表和源视图
选择一个或多个要复制的表和视图。
表和视图(T):
源
目标
`Student`
[dbo].[Student]
`表1`
编辑映射(E)...
预览(P)...
帮助(H)
< 上一步(B)
下一步(N) >
取消

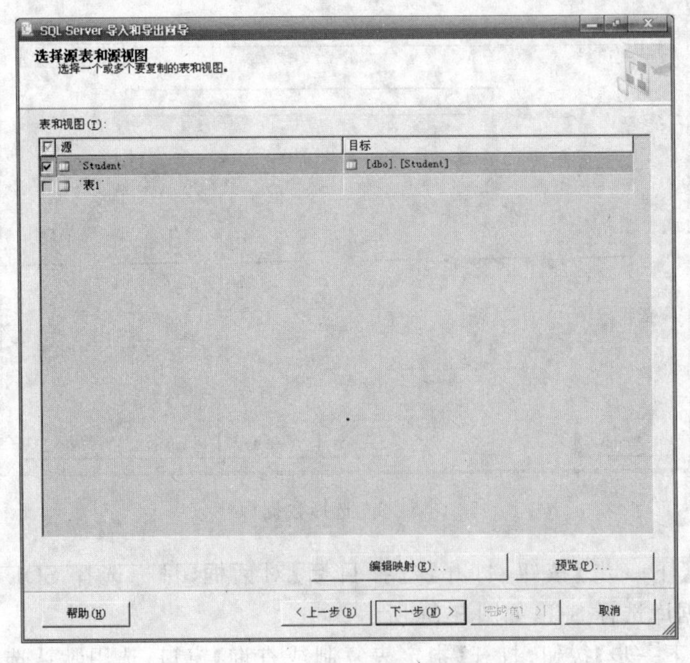

图 5-15　选择源表和源视图

(5) 单击【下一步】按钮，在打开的【保存并运行包】窗口中选中【立即运行】复选框，单击【下一步】按钮，然后单击【完成】按钮。

运行 SQL Server Management Studio 并登录服务器打开数据库 S-T 下的学生信息表，显示查询结果如图 5-16 所示。

	编号	姓名	性别	年龄	专业
1	201310237	陈好	女	20	MA
2	201310238	陈军	男	20	MA
3	201310231	陈立军	男	19	IS
4	201310235	陈明	男	21	MA
5	201310232	李强胜	男	20	CS
6	201310233	刘晨	女	19	CS
7	201210234	张敏君	女	18	MA

图 5-16　导入 SQL Server 数据查询

5.1.4　从文本文件导入数据

(1) 执行【开始】→【Microsoft SQL Server 2008 R2】→【导入和导出数据】命令，或是在对象资源管理器中选中将要导出数据的数据库并右击，在弹出的快捷菜单中选择【任务】→【导出数据】命令，打开【SQL Server 导入和导出向导】窗口。

(2) 单击【下一步】按钮，打开【选择数据源】窗口。数据源选择“平面文件源”，文件名选择“F:\学生信息.txt”，如图 5-17 所示。

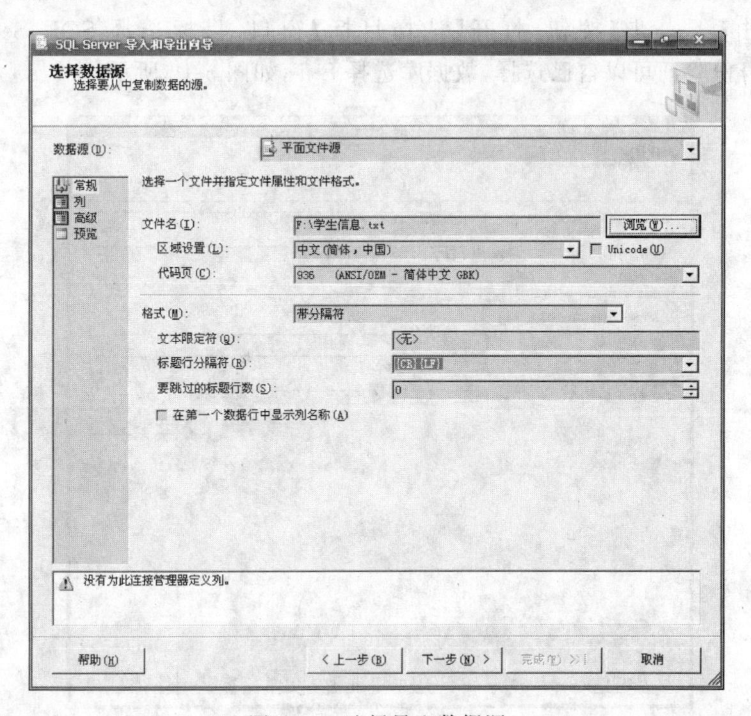

图 5-17　选择导入数据源

(3) 单击【下一步】按钮，打开配置文件格式窗口，根据设置数据的存储格式来保证导入 SQL Server 中数据的正确性。如果该 txt 文件是采用 SQL Server 导出默认设置生成的，那么这里不需要再作修改，选用默认设置即可，如图 5-18 所示。

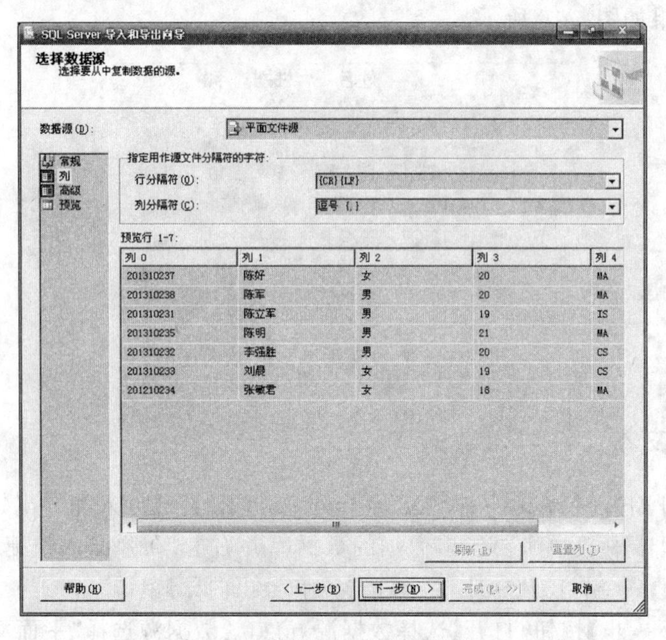

图 5-18 设置导入数据格式

(4) 单击【下一步】按钮，打开【选择目标】窗口，目标选择 SQL Server Native Client10.0，身份验证可以自己选择，数据库选择 S-T，如图 5-19 所示。

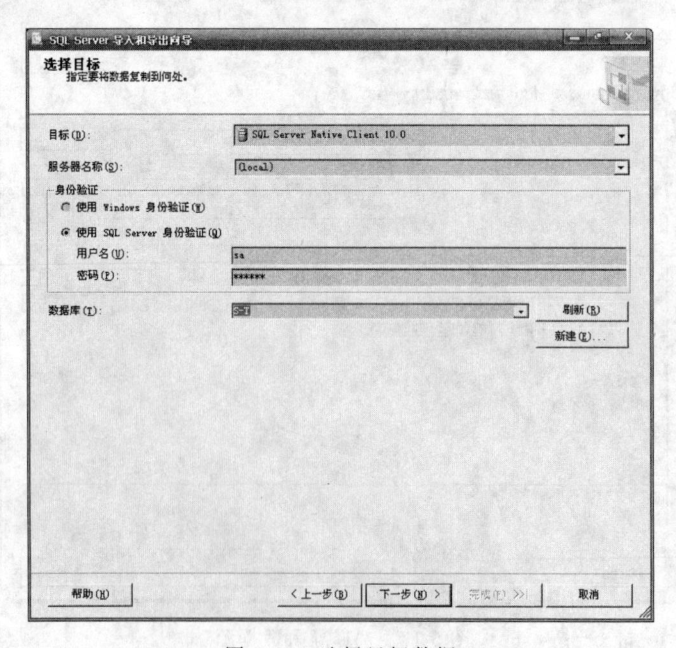

图 5-19 选择目标数据

（5）单击【下一步】按钮，打开【选择源表和源视图】窗口，如图5-20所示，列表中显示了可用的txt文件，可以通过单击【编辑映射】按钮来设定txt文件中的列与目的数据库表中列的映射关系，如图5-21所示。

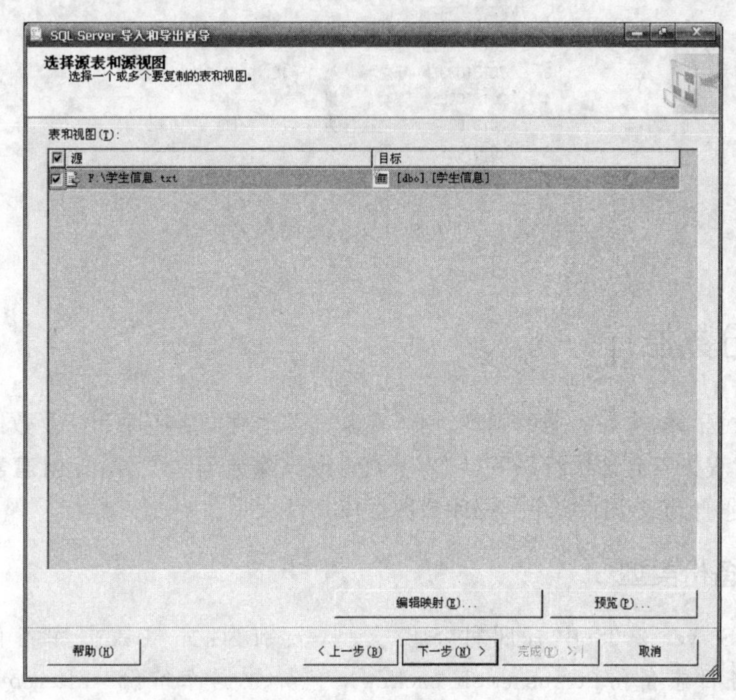

图5-20　选择源表和源视图

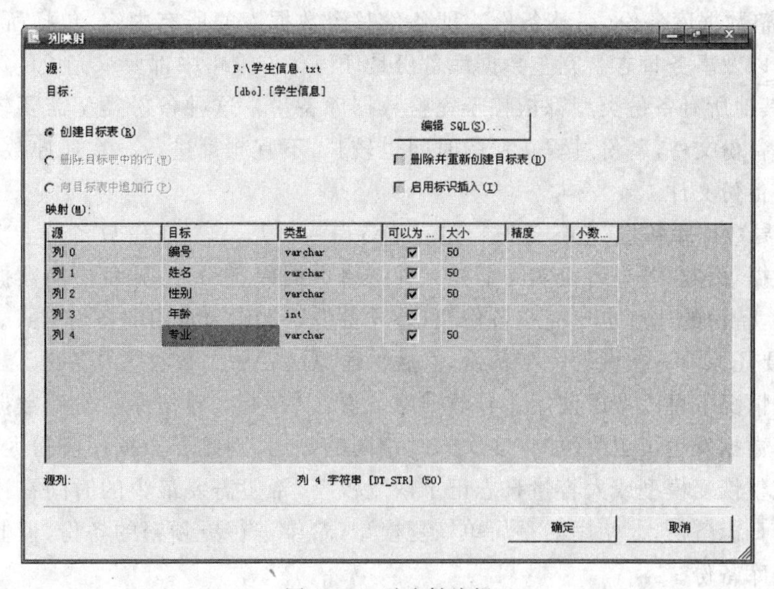

图5-21　列映射编辑

（6）单击图5-20界面中的【下一步】按钮，打开【保存并运行】窗口，单击【完成】按钮即可完成数据导入。

运行 SQL Server Management Studio 并登录服务器打开数据库 S-T 下的学生信息表,查询结果如图 5-22 所示。

	编号	姓名	性别	年龄	专业
1	201310237	陈好	女	20	MA
2	201310238	陈军	男	20	MA
3	201310231	陈立军	男	19	IS
4	201310235	陈明	男	21	MA
5	201310232	李强胜	男	20	CS
6	201310233	刘晨	女	19	CS
7	201210234	张敏君	女	18	MA

图 5-22　导入 SQL Server 结果表查询

5.2　备份数据库

备份是数据库结构和数据的副本,用于在系统发生故障后还原和恢复数据。

在备份过程中不允许执行以下操作:①创建或删除数据库文件;②创建索引;③执行非日志操作;④自动或手工缩小数据库或数据库文件大小。

5.2.1　备份类型

在 SQL Server 2008 中有四种备份类型,分别为:完整数据库备份(database backup)、事务日志备份(transaction backup)、差异数据库备份(differential database backup)、文件和文件组备份(file and file group backup)。

(1) 完整数据库备份(完整备份),即备份整个数据库的所有内容,包括所有的数据、数据库对象以及事务日志。完整数据库备份是任何备份策略中都要求完成的第一种备份类型,因为其他所有备份类型都依赖于完整数据库备份。这种备份类型需要较大的存储空间来存放备份文件,备份过程花费的时间也较长,不宜频繁进行。在还原数据时,也只要还原一个备份文件。

(2) 差异数据库备份(差异备份),是完整备份的补充,差异备份只备份上次完整备份后更改的数据,因此,差异备份实际上是一种增量数据库备份,差异备份的数据量比完整数据备份小,备份的速度也比完整备份快,差异备份通常作为常用的备份方式。在还原数据时,还需要还原前一次做的完整备份,然后再还原最后一次做的差异备份。

在下列情况下可以考虑使用差异数据库备份:①自上次数据库备份后数据库中只有相对较少的数据发生了更改,如果多次修改相同的数据,则差异数据库备份尤其有效;②使用的是完整恢复模型或大容量日志记录恢复模型,希望需要最少的时间在还原数据库时回滚事务日志备份;③使用的是简单恢复模型,希望进行更频繁的备份,但非进行频繁的完整数据库备份。

(3) 事务日志备份,事务日志备份依赖于完整备份,但它不备份数据库本身,它以事务日志文件作为备份对象,相当于将数据库里的每一个操作都记录下来,利用事务日志备份进行恢复时,可以指定恢复到某一个事务。与差异备份类似,事务日志备份生成的文件较小、占用时间较短，但是在还原数据时，除了先要还原完整备份之外，还要依次还原每个事务日志备份，而不是只还原最后一个事务日志备份，这也是区别于差异备份的地方。

以下情况通常选择事务日志备份：①存储备份文件的磁盘空间很小或者留给进行备份操作的时间很短；②不允许在最近一次数据库备份之后发生数据丢失或损坏现象；③准备把数据库恢复到发生失败的前一点，数据库变化较为频繁。

(4) 文件和文件组备份，使用文件和文件组备份方式可以只备份数据库中的某些文件，当数据库文件过大不易备份时，可以分别备份数据库文件或文件组，将一个数据库分多次备份。但使用文件和文件组来进行备份，还原数据时也要分多次才能将整个数据库还原完毕，所以除非数据库文件大到备份困难时，否则不要使用该备份方式。

5.2.2 创建和删除备份设备

1. 使用图形界面工具创建和删除设备

(1) 在 SQL Server Management Studio 的对象资源管理器中，展开【服务器对象】项，选中并右击【备份设备】项，在弹出的快捷菜单中选择【新建备份设备】命令，如图 5-23 所示。

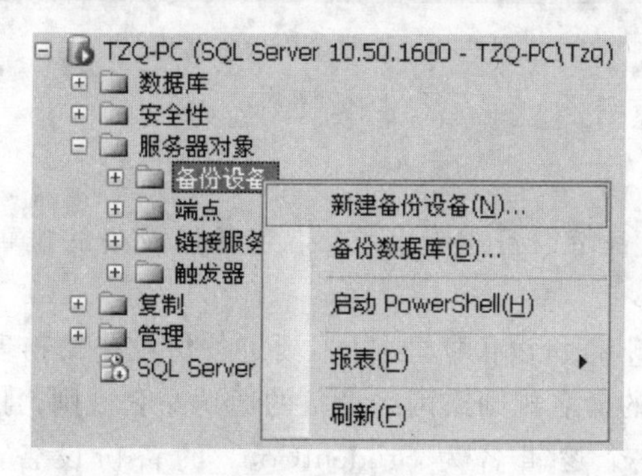

图 5-23 新建备份设备

(2) 在弹出的【备份设备】窗口中填写备份设备的逻辑名称和物理名称。设备名称指的是备份设备的逻辑名称，这里命名为 MyBackup，文件指的是备份设备的物理名称，见图 5-24。在指定完两个名称后，单击【确定】按钮完成新备份设备的创建，创建成功后在该备份设备文件夹下会出现刚创建的设备。

(3) 要删除备份设备，只要在备份设备文件夹中选择需要删除的设备名并右击，在弹出的快捷菜单中选择【删除】命令，即可删除该备份设备。

2. 使用存储过程创建备份设备

可以使用系统存储过程 sp_addumpdevice 来创建备份设备，其基本语法格式如下：

```
EXEC sp_addumpdevice [@devtype=]'设备类型'
                     [@logicalname=]'备份设备逻辑名称'
                     [@physicalname=]'备份设备物理名称'
```

语法说明如下。

[@devtype=]'设备类型'：指定备份设备的类型，它可以为以下值之一。

disk：磁盘文件。

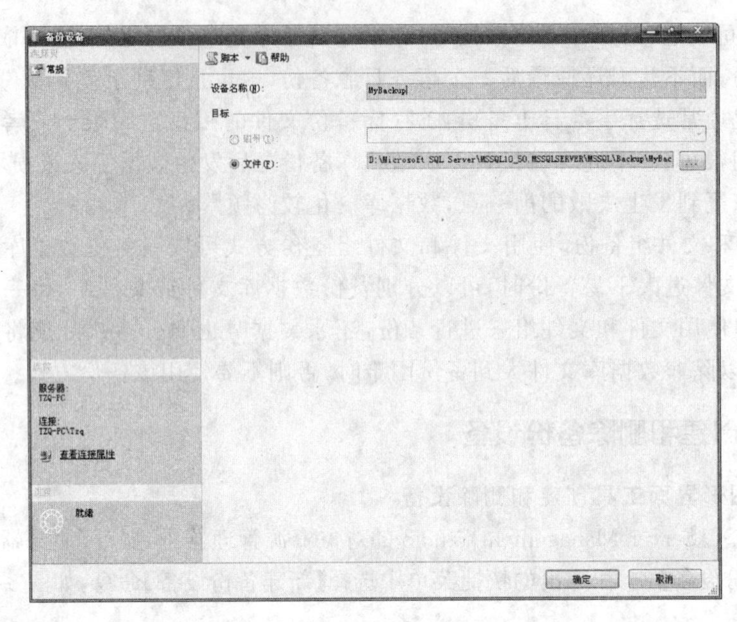

图 5-24　填写备份设备名称

pipe:命名管道。

tape:磁带设备。

[@logicalname=]'备份设备逻辑名称':指定备份设备的逻辑名称,用于 BACKUP 和 RESTORE 语句中。

[@physicalname=]'备份设备物理名称':指定备份设备的物理名称。物理名称必须遵循操作系统文件名称的命名规则或网络设备的通用命名规则,且包含全路径。

【例 5-1】　创建一个逻辑名为 StudentCopy 的备份设备,物理文件名为"F:\MyBackup\datacopy1.bak"。

```
EXEC sp_addumpdevice @devtype='disk',
                     @logicalname='StudentCopy',
                     @physicalname='F:\MyBackup\datacopy1.bak'
```

3. 使用存储过程删除备份设备

可以使用系统存储过程 sp_dropdevice 来删除备份设备,其语法格式如下:

```
EXEC sp_dropdevice [@logicalname=]'备份设备逻辑名称'
                   [@delfile=]'删除文件'
```

语法说明如下。

@delfile 用于指定是否在删除的同时删除该备份设备的物理文件,若需要删除设备物理文件名指定的文件,则将该属性设为 DELFILE。

【例 5-2】　删除【例 5-1】创建的备份设备 StudentCopy,并删除其相应的物理文件。

```
EXEC sp_dropdevice 'StudentCopy','DELFILE'
```

5.2.3　使用图形界面工具备份数据库

在创建或确定了存放备份数据的设备之后即可进行数据库的备份。

（1）在 SQL Server Management Studio 的对象资源管理器中，展开【数据库】→【S-T】项，右击【S-T】数据库，在弹出的快捷菜单中选择【任务】→【备份】命令，如图 5-25 所示。

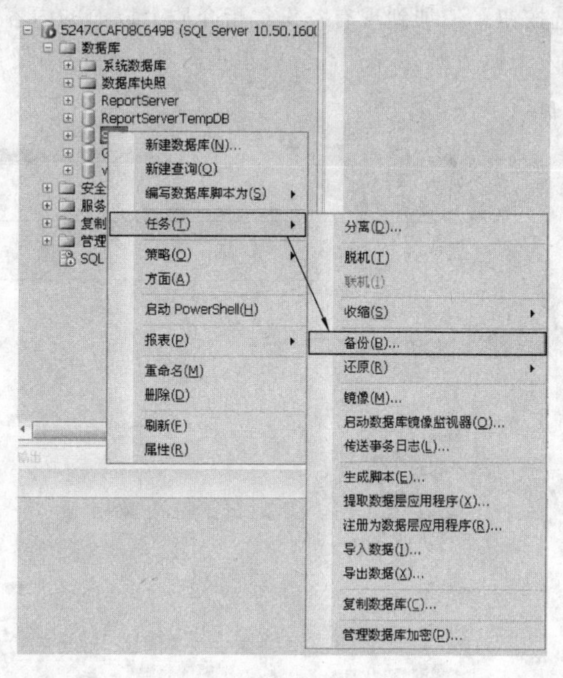

图 5-25　备份数据库菜单项

（2）弹出【备份数据库】窗口，如图 5-26 所示，在【备份类型】下拉列表框中选择需要的类型，由于是第一次备份，所以选择【完整】选项。在【名称】文本框中输入要备份的数据库名称。

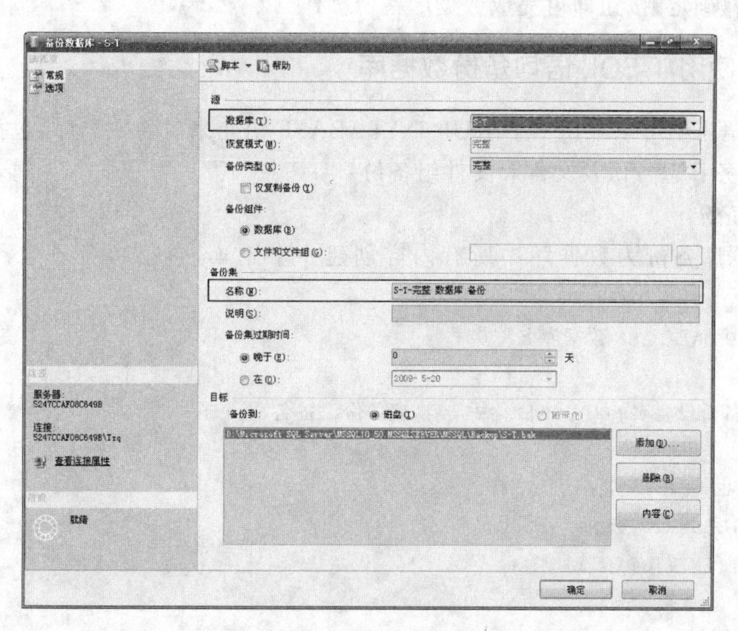

图 5-26　备份数据库操作界面 1

(3) 单击【添加】按钮,设置备份文件的存储路径。

(4) 切换至【选项】选项卡,如图 5-27 所示,在【备份到现有介质集】选项组中选中【追加到现有备份集】单选按钮。追加到现有备份集指介质上以前的内容不变,新的备份在介质上次备份的尾部写入。覆盖所有现有备份集指重写设备备份中任何现有的备份,备份媒体的现有内容被新备份重写。

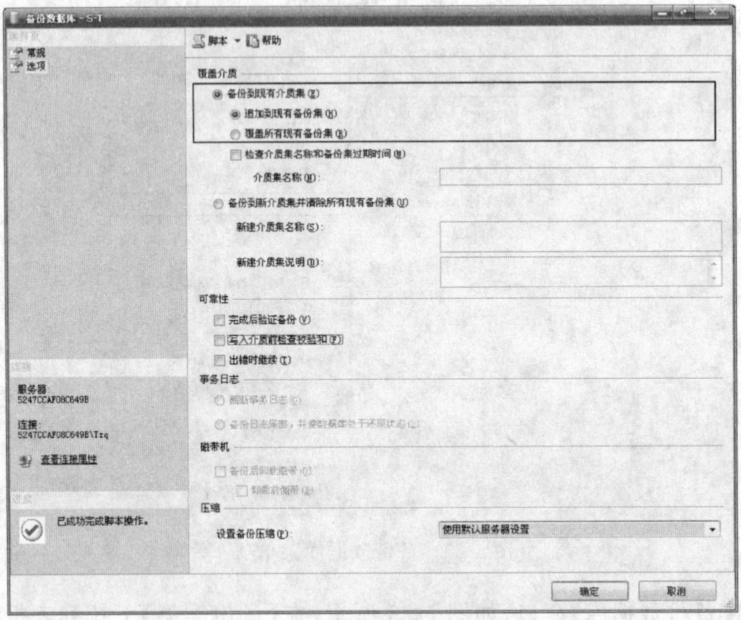

图 5-27　备份数据库操作界面 2

(5) 单击【确定】按钮即可完成数据库备份操作。

5.2.4　使用 T-SQL 语句备份数据库

T-SQL 语言中可以采用 BACKUP DATABASE 语句来备份数据库,包括完整备份、差异备份、事务日志备份及文件和文件组备份。

1. 完整备份

完整数据库备份为数据库中所有内容创建一个副本,包括事务日志,其语法格式如下:

```
BACKUP DATABASE 数据库名称
TO
{逻辑备份设备名}|{DISK|TAPE}='物理备份设备名'[,…n]
[WITH
  [NAME=备份集名称]
  [[,]DESCRIPTION='备份描述文本']
  [[,]{INIT|NOINIT}
]
```

语法说明如下。

INIT:指定应重写的所有备份集。

NOINIT:表示备份集将追加到指定的设备现有数据之后,以保留现有的备份集。

【例 5-3】 将数据库 S-T 备份到 F 盘的 MyBackup 文件夹下的"学生课程管理.bak"文件中。

```
--创建一个备份设备
EXEC sp_addumpdevice 'disk','StudentCopy','F:\MyBackup\学生管理信息.bak'
--用 BACKUP DATABASE 语句备份 S-T 数据库
BACKUP DATABASE "S-T"
TO StudentCopy
WITH
NAME='学生管理信息备份',
DESCRIPTION='完整备份'
```

2. 差异备份

差异备份是完整备份的补充,只备份上次完整备份后更改的数据,其基本语法格式如下:

```
BACKUP DATABASE 数据库名称
TO <备份设备>[,…n]
WITH DIFFERENTIAL
[[,]NAME=备份集名称]
[[,]DESCRIPTION='备份描述文本' ]
[[,]{INIT|NOINIT}]
```

其中,关键字 DIFFERENTIAL 指定进行差异备份,其他参数说明参考完整备份的语法说明。

【例 5-4】 对数据库 S-T 进行修改,在【例 5-3】已经进行的完整备份条件下进行差异备份。

```
BACKUP DATABASE "S-T"
TO StudentCopy
WITH DIFFERENTIAL,
NOINIT,
NAME='学生管理信息备份',
DESCRIPTION='差异备份'
```

3. 事务日志备份

事务日志备份只备份上次备份事务日志之后的所有事务内容,其基本语法格式如下:

```
BACKUP LOG 数据库名称
TO <备份设备>[,…n]
[WITH
  [[,]NAME=备份集名称]
  [[,]DESCRIPTION='备份描述文本']
  [[,]{INIT|NOINIT}
]
```

语法说明参考完整备份的语法说明。

【例 5-5】 将数据库 S-T 的日志文件备份到文件“E:\MyBackup\LogCopy1.bak”。

```
EXEC sp_addumpdevice 'disk','LogCopy1','E:\MyBackup\LogCopy1.bak'
BACKUP LOG "S-T" TO LogCopy1
```

4. 文件和文件组备份

如果在创建数据库时,为数据库创建了多个数据库文件或文件组,可以使用该备份方式,其基本语法格式如下:

```
BACKUP DATABASE 数据库名称
{FILE=逻辑备份设备名|FILEGROUP=逻辑文件组名}[,…n]
TO <备份设备>[,…n]
[WITH DIFERENTIAL
  [[,]NAME=备份集名称]
  [[,] DESCRIPTION='备份描述文本']
  [[,]{INIT|NOINIT}
]
```

语法说明参考完整备份的语法说明。

【例 5-6】 将数据库 S-T 的 fg1 文件组备份到文件“E:\data\ fg1.dat”。

```
BACKUP DATABASE "S-T"
filegroup='fg1'
TO DISK='E:\data\fg1.dat'
```

5.3 恢复数据库

在对数据库文件进行备份之后,在发生不可预知的文件损坏或数据丢失的情况下,可以使用备份的文件对数据库进行恢复。SQL Server 会自动将备份文件中的数据全部复制到数据库,并回滚任何未完成的事务,以保证数据库中数据的完整性。

此外,在还原数据库之前需要注意以下两点。

(1) 检查备份设备或文件。在还原恢复数据库之前,首先要找到要还原的备份文件或备份设备,并检查备份文件或备份设备里的备份集是否正确无误。

(2) 查看数据库的使用状态。在还原恢复数据库之前,要先查看数据库是否还有其他人在使用,如果还有其他人正在使用,则无法还原数据库。

5.3.1 数据库的恢复模式

SQL Server 提供了三种不同的恢复模式,分别为简单恢复模式、完整恢复模式、大容量日志恢复模式,用以控制如何记录事务,事务日志是否需要备份,以及可以使用哪些类型的还原操作。

(1) 简单恢复模式。简单恢复模式是为了恢复到上一次备份点的数据库而设计的。在检查点发生时,当前已被提交的事务日志将会被清除,因此容易造成数据丢失。使用这种模式的备份策略应该由完整备份和差异备份组成。当启用简单恢复模式时,不能执行事务日志备份。

(2) 完整恢复模式。完整恢复模式是默认的恢复模式,在这种模式下,所有操作被写入日志中,包括大容量操作和大容量数据加载,并需要人为对事务日志进行管理。它的优点是能够恢复到失败点或者指定时间点的数据库,缺点是事务日志的快速增长对磁盘空间的消耗要求对事务日志进行良好的管理。使用这种模式的备份策略应该包括完整备份、差异备份以及事务日志备份或仅包括完整备份和事务日志备份。

(3) 大容量日志恢复模式。大容量日志恢复模式减少日志对磁盘空间的使用,但仍然保持完整恢复模式的大多数灵活性。使用这种模式,以最低限度地将大容量操作和大容量加载写入日志,而且不能针对逐个操作对其进行控制。如果数据库在执行一个完整或差异备份以前失败,则需要手动重做大容量操作和大容量加载。使用这种模式的备份策略应该包括完整备份、差异备份以及事务日志备份或仅包括完整备份和事务日志备份。

5.3.2　使用图形界面工具恢复数据库

利用 5.2.3 创建的备份还原数据库

(1) 在 SQL Server Management Studio 的对象资源管理器中,展开【数据库】→【S-T】项,右击【S-T】数据库,在弹出的快捷菜单中选择【任务】→【还原】→【数据库】命令,如图 5-28 所示。或者可以在对象资源管理器中右击【数据库】项,在弹出的快捷菜单中选择【还原数据库】命令,如图 5-29 所示。

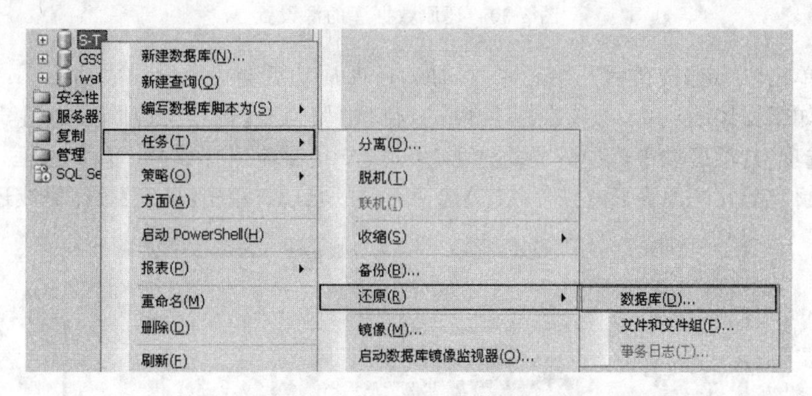

图 5-28　还原数据库菜单项 1

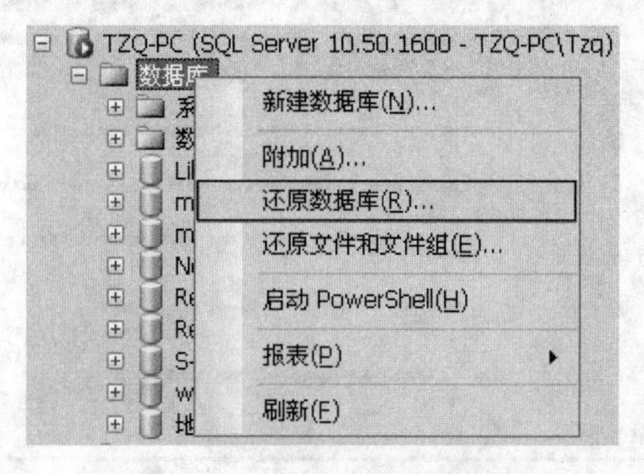

图 5-29　还原数据库菜单项 2

(2) 在弹出的【还原数据库】窗口中，如果上一步采用第二种方法打开，则在这一步需要选择目标数据库名。默认选择还原的源为源数据库，列表中会出现可用的数据库备份，如图 5-30 所示。此外，也可以选择源设备，从备份集表格中选择备份记录，将当前数据库还原到备份时的数据进行还原。

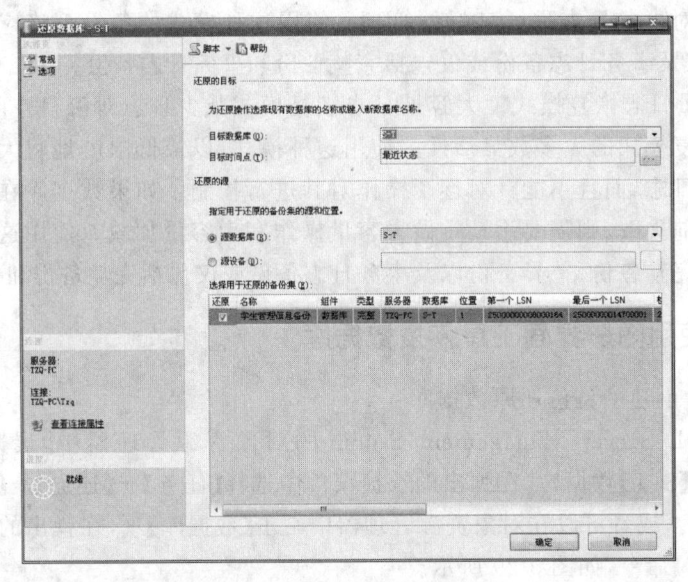

图 5-30　还原数据库的源设置

(3) 单击【确定】按钮后开始还原数据库，还原成功后会提示操作成功。

(4) 如果操作不成功，可以在图 5-30 的窗口中切换至【选项】选项卡，如图 5-31 所示。在【还原选项】选项区域中选择需要的选项(可以选中【覆盖现有数据库】)复选框，查看或修改【原始文件名】、【还原为】和【恢复状态】选择需要的状态。单击【确定】按钮完成还原操作。

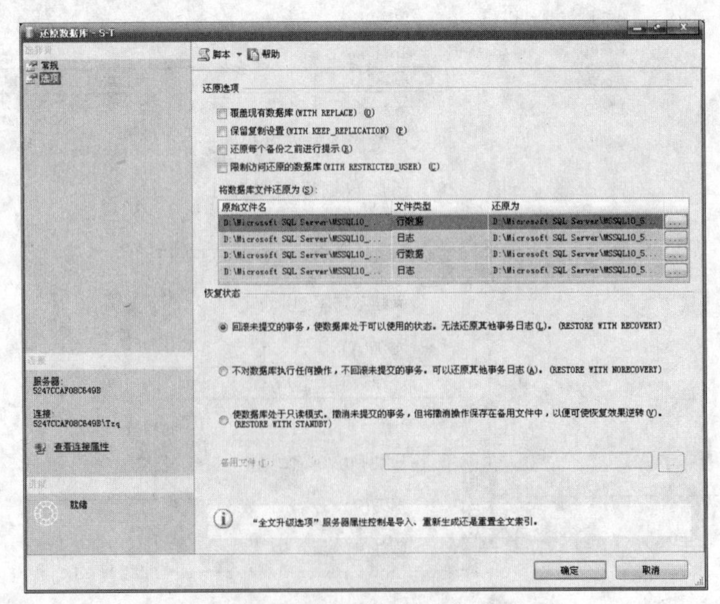

图 5-31　还原数据库操作界面

5.3.3 使用T-SQL语句恢复数据库

1. 使用RESTORE DATABASE语句恢复数据库

可以使用T-SQL语言的RESTORE DATABASE语句进行数据库的恢复，其基本语法格式如下：

```
RESTORE DATABASE 数据库名称
[FROM <备份设备>[,…n] ]
  [WITH
  [[,]FILE=文件号]
  [[,]MOVE'逻辑文件名'TO'物理文件名'] [,…n]
  [[,]STOPAT=时间点]
  [[,]{NORECOVERY|RECOVERY}]
  [[,]REPLACE]
  ]
```

语法说明如下。

文件号：指明要还原的备份集。

NORECOVERY：指明还原操作不回滚任何未提交的事务。

RECOVERY：指明还原操作回滚任何未提交的事务。

REPLACE：指明如果在当前实例中存在同名的数据库，则对其覆盖。

【例5-7】 使用之前创建的数据库S-T的完全备份文件“学生管理信息.bak”来恢复该数据库，将恢复后的数据库命名为“学生管理信息”，并覆盖当前数据库。

```
RESTORE DATABASE 学生管理信息
FROM DISK='E:\MyBackup\学生管理信息.bak'
WITH
MOVE 'S-T_data' TO 'E:\sql_data\学生管理信息.mdf',
MOVE 'S-T_log' TO 'E:\sql_data\学生管理信息.lgf',
REPLACE
```

2. 使用RESTORE LOG语句恢复事务日志

可以使用T-SQL语言的RESTORE LOG语句进行数据库的恢复，其基本语法格式如下：

```
RESTORE LOG 数据库名称
[FROM <备份设备>[,…n]]
  [WITH
  [[,]FILE=文件号]
  [[,]MOVE'逻辑文件名'TO'物理文件名'][,…n]
  [[,]STOPAT=时间点]
  [[,]{NORECOVERY|RECOVERY}]
  ]
```

语法说明参考RESTORE DATABASE语句的语法说明。

【例5-8】 使用日志进行时间点之前的完全备份恢复数据库。

```
--在恢复之前,假设数据库备份文件的位置为 D:\Backup\学生管理信息.bak
RESTORE LOG 学生管理信息
FROM DISK=N'D:\Backup\学生管理信息.bak'
WITH
STOPAT='09/13/2013 17:13:00 PM',
RECOVERY
```

5.4　修复数据库

5.4.1　置疑数据库修复方法

(1) 确认已经备份了.mdf 和.ldf 文件。

(2) 在 SQL Server 中新建一个同名的数据库,然后停止 SQL Server 服务。

(3) 用原有的.mdf 和.ldf 文件覆盖新建数据库对应的.mdf 和.ldf 文件。

(4) 重新启动 SQL Server 服务,这时应该会看到这个数据库处于置疑(suspect)状态。

(5) 在 SQL 查询分析器中执行以下命令,以允许更新系统表。

```
USE master
GO
sp_configure 'allow updates',1
reconfigure with override
GO
```

(6) 将这个数据库置为紧急模式。

```
UPDATE sysdatabases set status=32768 where name='db_name'
GO
```

(7) 使用 DBCC CHECKDB 命令检查数据库中的错误。

```
DBCC CHECKDB('db_name')
GO
```

(8) 如果 DBCC CHECKDB 命令失败,转至第(10)步,否则先将数据库置为单用户模式,再尝试对其进行修复。

```
sp_dboption 'db_name','singleuser','true'
DBCC CHECKDB('db_name', REPAIR_ALLOW_DATA_LOSS)
GO
```

如果在执行 DBCC CHECKDB('db_name' REPAIR_ALLOW_DATA_LOSS)命令时提示数据库未处于单用户模式状态,则重新启动 SQL Server 服务,然后继续尝试。

(9) 如果 DBCC CHECKDB('db_name',REPAIR_ALLOW_DATA_LOSS)命令失败,转至第(10)步,否则若成功修复了数据库中的错误,重新执行 DBCC CHECKDB('db_name')命令,确认数据库中已没有错误存在。清除数据库的置疑状态:sp_resetstatus 'db_name'。清除数据库的单用户模式状态:sp_dboption 'db_name','singleuser','false'。重新启动 SQL Server 服务,如果一切正常,则数据库已经成功恢复。

(10) 如果以上步骤都不能解决问题,则可尝试通过重建事务日志来恢复数据库中的数据。

如果只有.mdf 文件,问题就更加复杂一些,此时需要直接重建事务日志了。

① 在 SQL Server 中新建一个同名的数据库,然后停止 SQL Server 服务。

② 用原有的.ldf 文件覆盖新建数据库对应的.mdf 文件,将其日志文件(.ldf)删除。

③ 启动 SQL Server 服务,并将数据库置为紧急模式(同上,见第(5)步和第(6)步。

④ 停止并重新启动 SQL Server 服务。

⑤ 执行以下命令重建数据库日志文件(下面是个示例,需要使用实际的数据库名)。

```
DBCC REBUILD_LOG('cas_db','D:\cas_db\cas_db_Log.LDF')
```

⑥ 重新将该数据库置为单用户模式。

⑦ 再次尝试使用 DBCC CHECKTABLE 或 DBCC CHECKDB 命令检查并修复数据库中的错误。

5.4.2　系统表修复方法

SQL Server 数据库中有三张重要的系统表 sysobjects、sysindexes、syscolumns。sysobjects 用于记录在数据库内创建的每个对象(约束、默认值、日志、规则、存储过程等),每个对象在表中占一行。sysindexes 用于记录数据库的索引信息,数据库中的每个索引和表在表中各占一行。syscolumns 用于记录表和视图的列信息,每个表和视图中的每列在表中占一行,存储过程中的每个参数在表中也占一行。这三张表用 ID(表 ID)字段关联,这三张系统表一旦损坏,与之对应的数据库对象将无法访问,其作用相当于操作系统中的"文件分配表"。

系统表损坏的症状表现为用 DBCC CHECKDB 携带任何参数都无法修复数据库,无法执行如下操作:SELECT * FROM sysobjects 或 SELECT * FROM sysindexes 或 SELECT * FROM syscolumns;无法用 SQL Server DTS 或其他 SQL 脚本导库工具进行导库,导库中途失败;在 SQL Server Management Studio 中,部分用户数据表无法访问。

处理这种数据库,分为两个大的步骤。

第一步:处理可以访问的数据表。

(1) 找出哪些表不可访问,即系统表中哪些记录损坏。

(2) 用 SQL Server 把能够访问的用户数据表导入一个新的数据库。

在导库时,不能选折中不能访问的数据表。

第二步:处理不可访问的数据表。

(1) 找出系统表中错误记录的 ID。

(2) 根据错误记录的 ID,删除 sysobjects、sysindexes、syscolumns 表错误的记录。

(3) 根据错误记录的 ID,重建系统表记录。

(4) 重建完毕,如果该表可以访问,那么将此表导入新的数据库。

说明:重建系统表方式不一定会成功,例如,由于磁盘 I/O 错误,如果仅仅是保存系统表的磁盘扇区出错,那么重建系统表方式可以挽回数据。如果保存用户数据表的磁盘扇区出错,那么即使重建系统表也不能解决问题。如果重要的用户数据表无法导库,那么可以用第二步中的方法试一试。

一个 SQL Server 数据库，实体名为 AIS20030529181217，用 DBCC CHECKDB 检测，报告提示如下。

服务器：消息 8966，级别 16，状态 1，行 1

未能读取并闩锁页（1:29262）（用闩锁类型 SH）。SYSOBJECTS 失败。

DBCC 执行完毕。如果 DBCC 输出了错误信息，请与系统管理员联系。

执行 SELECT * FROM sysobjects，报告如下。

服务器：消息 644，级别 21，状态 3，行 1

未能在索引页（1:29262）中找到 RID '16243a6d19100' 的索引条目（索引 ID 0，数据库 'AIS20030529181217'）。

连接中断

但是执行 SELECT * FROM sysindexes 和 SELECT * FROM syscolumns 正常，这说明只有 sysobjects 表损坏，而 sysindexes 和 syscolumns 没有问题。

处理步骤如下。

第一步：处理可以访问的数据表。

(1) 找出哪些表不可访问。

新建立一个数据库，数据库实体名为 AisNew。进入查询分析器，执行如下 SQL 语句。

```
-*****************************************************
USE AIS20030529181217
DECLARE @TbName VARCHAR(80)
DECLARE FindErrTable SCROLL CURSOR FOR
SELECT name FROM AisNew.dbo. sysobjects WHERE xtype='u' ORDER BY name
OPEN FindErrTable
FETCH FindErrTable INTO @ TbName
WHILE @@FETCH_STATUS<>-1
BEGIN
PRINT @TbName
EXEC('SELECT TOP 1*FROM'+ @TbName)
FETCH FindErrTable INTO @TbName
END
PRINT 'Scan Complate…'
CLOSE FindErrTable
DEALLOCATE FindErrTable
-*****************************************************
```

执行此 SQL 语句给出的报告的最后几行如下。

…

T_voucher

服务器：消息 644，级别 21，状态 3，行 1

未能在索引页（1:29262）中找到 RID '161dd201a100' 的索引条目（索引 ID 0，数据库

```
'AIS20030529181217')。
连接中断
```

根据以上报告可以知道 T_voucher 表在 sysobjects 表中的对应记录出错，造成 T_voucher 不能访问。修改上面的 SQL 语句在声明游标的记录集中屏蔽 T_voucher 表。

```
…
DECLARE FindErrTable SCROLL CURSOR FOR
SELECT name FROM AisNew.dbo. sysobjects WHERE xtype='u' AND name!='t_voucher'
ORDER BY name
…
```

修改完毕，继续执行此 SQL 语句。如此反复，就能够不断报告出 sysobjects 中哪些表不能访问。

(2) 导库。用 SQL DTS 工具将 AIS20030529181217 中可以访问的数据表导入 AisNew。

第二步：处理不可访问的数据表。

(1) 找出系统表中错误记录的 ID。

```
-获得 AIS20030529181217 中 T_voucher 表在 sysobjects 中的 ID:
SELECT id FROM AIS20030529181217.dbo.sysobjects WHERE name='t_voucher'
==》123
```

说明：通常即使 sysobjects 表损坏，不能进行 SELECT * FROM sysobjects 查询，但是可以进行 SELECT ID,name FROM sysobjects 查询。如果 SELECT ID,name FROM sysobjects 查询也不能执行，可以对照 AisNew 和 AIS20030529181217 两个数据库中的同名表 syscolumns。根据 AisNew.dbo.syscolumns 表中 T_voucher 所占字段的个数以及各个字段的名称，在 AIS20030529181217.dbo.syscolumns 中找出 T_voucher 所对应的记录，由此获得 T_voucher 在 AIS20030529181217 数据库的系统表中所分配的 ID。

```
-获得 AisNew 中 T_voucher 表在 sysobjects 中的 ID:
SELECT id FROM AisNew.dbo.sysobjects WHERE name=' t_voucher'
==》456
```

(2) 删除 AIS20030529181217 中系统表中错误记录。

```
DELETE AIS20030529181217.dbo.sysobjects WHERE id=123
DELETE AIS20030529181217.dbo.sysindexes WHERE id=123
DELETE AIS20030529181217.dbo.syscolumns WHERE id=123
```

(3) 重建系统表记录。

```
-重建 AIS20030529181217.dbo.sysobjects 表中 T_voucher 表对应的记录:
INSERT INTO AIS20030529181217.dbo.sysobjects
(name, id, xtype, uid, info, status, base _ schema _ ver, replinfo, parent _ obj,
crdate, ftcatid)
SELECT 't_voucher_b',123,xtype,uid,info, status,base_schema_ver,
      replinfo,parent_obj,crdate,ftcatid
FROM AisNew.dbo. sysobjects WHERE id=456
```

```
-重建 AIS20030529181217.dbo.sysindexes 表中 T_voucher 表对应的记录:
INSERT INTO AIS20030529181217.dbo.sysindexes
(id, status, first, indid, root, minlen, keycnt, groupid, dpages, reserved, used,
rowcnt, rowmodctr, reserved3, reserved4, xmaxlen, maxirow, OrigFillFactor,
StatVersion, reserved2, FirstIAM, impid, lockflags, pgmodctr, keys, name,
statblob)
SELECT
123, status, first, indid, root, minlen, keycnt, groupid, dpages, reserved, used,
rowcnt, rowmodctr, reserved3, reserved4, xmaxlen, maxirow, OrigFillFactor,
StatVersion,reserved2,FirstIAM,impid,lockflags,pgmodctr,keys,name,statblob
FROM AisNew.dbo.sysindexes WHERE id=456

-重建 AIS20030529181217.dbo.syscolumns 表中 T_voucher 表对应的记录:
INSERT INTO AIS20030529181217.dbo.syscolumns
(name, id, xtype, typestat, xusertype, length, xprec, xscale, colid, xoffset,
bitpos, reserved, colstat, cdefault, domain, number, colorderby, autoval,
offset,collationid,language)
SELECT name, 123, xtype, typestat, xusertype, length, xprec, xscale, colid,
xoffset, bitpos,
reserved, colstat, cdefault, domain, number, colORDERBY, autoval, offset,
collationid,language
FROM AisNew.dbo.syscolumns WHERE id=456
```

(4) 用 DTS 单独将 t_voucher_b 表导入新的数据库。

经过以上操作,AIS20030529181217 中 t_voucher_b 表与原 T_voucher 表共用同一 ID。

试试看可否执行 SELECT * FROM t_voucher_b 查询,如果可以,那么 T_voucher_b 就一定继承原 T_voucher 表中的全部数据。再用 INSERT INTO AisNew. dbo. T_voucher FROM AIS20030529181217.dbo.t_voucher_b 或 DTS 将 t_voucher_b 中的数据导入 AisNew。

如果执行 SELECT * FROM t_voucher_b 查询仍然报错,那么这张表彻底无法修复了。

(5) 其他不可访问的数据表处理方式同上,重复第二步的第(1)~(4)步。

5.4.3 数据库损坏及恢复分析

SQL Server 数据库在现在的中小型企业中应用非常广泛,但它的损坏也很常见,现就 SQL Server 数据库损坏的状况、原因及应急方案进行分析。

1. 在还原数据库和附加数据库时出错

SQL 备份有两种方法:①直接复制.mdf 和.ldf 文件;②利用 SQL 备份机制创建备份文件,但无论哪种备份都会出现无法附加或无法还原的情况,下面就分析一下出错的原因。

在利用备份的数据库文件和日志文件附加时会报“错误:823”和“一致性错误”,这种错误出现的原因如下。

(1) 在数据库读写过程中突然死机或重启,重启后数据库有时会出现“置疑”,这时利用.mdf 和.ldf 文件附加时就会出现“一致性错误”,有的会出现“错误:823”,这种错误出现的原因是在数据库读写过程中,机器突然死机或重启,由于缓冲数据丢失,数据库无法写入正确的数据,那么数据库会写入一些无关的数据,这样就会造成数据库出错。

(2) 在备份数据库时由于磁盘中有坏道,备份的.mdf 文件不完整也会出现这种错误,这种情况必须修复损坏.mdf 文件中损坏的页,但有时会丢失几条数据。

出现上面的错误时,如果对.mdf 文件结构不是很清楚,就不要对原文件进行修改,这样会适得其反,进而造成更大的损失。

因为 SQL 备份数据库机制有问题,当用户利用备份的文件还原数据库时,数据库会报“内部一致性错误”和无任何提示的错误,其中“内部一致性错误”最为常见。出现这种情况大都是备份文件损坏造成的,有部分备份文件备份时一切正常,但还原时就会提示“内部一致性错误”,这种错误的修复比较复杂,因为用户不能用任何 SQL 语句进行修复。如果损坏不是很严重,则可以在还原数据时选择“恢复完成状态”中的“使数据库不再运行,但能还原其他事务日志”,这样就可以用命令来修复,常常这种情况用命令修复完后,数据会部分丢失。

2. 附加还原数据库后,检测数据库是否出现一致性错误和分配错误

若出现如下错误。

服务器: 消息 8928,级别 16,状态 6,行 1

对象 ID 0,索引 ID 0: 未能处理页(1:39)。详细信息请参阅其他错误。

服务器: 消息 2575,级别 16,状态 1,行 1

IAM 页(0:0)(对象 ID 10,索引 ID 0)的下一页指针指向了 IAM 页(1:39),但在扫描过程中未检测到该页。

服务器: 消息 8906,级别 16,状态 1,行 1

扩展盘区(1:40)(属于数据库 ID 7)在 SGAM(1:3)和 PFS(1:1)中进行了分配,但未在任何 IAM 中进行过分配。PFS 标志'MIXED_EXT ALLOCATED 0_PCT_FULL'。

服务器: 消息 8906,级别 16,状态 1,行 1

扩展盘区(1:38)(属于数据库 ID 7)在 SGAM(1:3)和 PFS(1:1)中进行了分配,但未在任何 IAM 中进行过分配。PFS 标志'MIXED_EXT ALLOCATED 0_PCT_FULL'。

服务器: 消息 7965,级别 16,状态 1,行 1

表错误: 由于无效的分配(IAM)页,未能检查对象 ID 10,索引 ID 1。

服务器: 消息 8906,级别 16,状态 1,行 1

扩展盘区(1:39)(属于数据库 ID 7)在 SGAM(1:3)和 PFS(1:1)中进行了分配,但未在任何 IAM 中进行过分配。PFS 标志'IAM_PG MIXED_EXT ALLOCATED 0_PCT_FULL'。

服务器: 消息 8909,级别 16,状态 1,行 1

表错误: 对象 ID 10,索引 ID 1,页 ID(1:39)。页首结构中的 PageId=(1:0)。

test 的 DBCC 结果如下。

CHECKDB 发现了 1 个分配错误和 0 个一致性错误,这些错误并不与任何单个的对象相关联。

CHECKDB 发现了 5 个分配错误和 2 个一致性错误(在数据库 test 中)。

```
repair_allow_data_loss 是最低的修复级别(对于由 DBCC CHECKDB(test)发现的错误而言)。
DBCC 执行完毕。如果 DBCC 输出了错误信息,请与系统管理员联系。
```

引起这种错误一般是因为数据库某个页被改写或清零了,所以会发生一致性错误和分配错误。修复此类故障可参考 SQL Server 系统表 sysobjects、sysindexes、syscolumns 损坏修复方法。

3. 最为常见的"未能读取并闩锁页(1:4234)(用闩锁类型 SH)"

检测数据库会常见到下面的错误。

```
服务器:消息 8966,级别 16,状态 1,行 1
未能读取并闩锁页(1:4234)(用闩锁类型 SH)。sysobjects 失败。
```

这种"未能读取并闩锁页(1:4234)(用闩锁类型 SH)"错误常常会出现在系统表 sysobjects、sysindexes、syscolumns 中,这种错误出现的原因是系统表被破坏,这种错误是很麻烦的,因为 SQL 的效验比较严密,只要稍改一个关键字节,就会报这个错误,但有时可以导出部分数据。

4. 误删除或误格式化后 SQL 数据库的恢复

在很多情况下,用户会误删除或误格式化 SQL Server 数据库,出现这种情况后用户可能会用市面上的常用软件 FinalData 和 EasyRecovery 来恢复数据库,虽然用这些数据库软件可以恢复出.mdf 和.ldf 文件来,但 100%都会无法附加成功,即使附加成功,错误也会很多,数据库也无法使用,因为数据库在日常中经常增加和删除记录,这样就会出现数据库文件存储不连续的情况,而市面上的软件都是连续取数据,所以会造成数据库无法附加。

出现这种错误时,用户应尽量不要使用本计算机,更不要安装软件和写任何数据。由于市面上的软件还没有完全智能地恢复数据库,所以只能手工恢复这种误删除的数据,这样就必须了解 SQL 数据库文件的结构。

5.5　本章习题

1. 将数据库 S-T 导出到 Access 数据库中,该数据库中的学生表、课程表、学生课程表分别对应于 SQL Server 中的 Student 表、Course 表和 SC 表。

2. 将数据库 S-T 中的 Course 表导入到文本文件"课程.txt"中,并将该文件中的表数据导入 SQL Server 中。

3. 尝试实现将 SQL Server 的数据导出到 Excel 中,并从 Excel 导入数据到 SQL Server 中。

4. 根据以下要求使用 T-SQL 语句或图形界面工具依次完成以下操作。

(1) 将数据库 S-T 完全备份到设备"学生管理信息 1"中。

(2) 将设备"学生管理信息 1"中的数据还原为另一数据库"学生信息库"。

(3) 删除数据库"学生信息库"。

第二篇

服务器端编程

本篇主要介绍应用程序开发中服务器端的编程知识，包括 T-SQL 语法基础，数据的常用操作，存储过程、触发器、事务、锁、游标的原理及 T-SQL 编程。

第 6 章　T-SQL 语法基础

结构化查询语言(SQL)是目前应用最为广泛的关系型数据库查询语言，其简单易学、功能丰富，深受广大用户欢迎。T-SQL 是 ANSI 标准 SQL 数据库查询语言的一种强大实现形式，是一种数据定义、操作和控制语言，也是 SQL Server 编程的基础。本章主要介绍 T-SQL 的语法基础，包括数据类型及转换、变量与常量的使用、流量控制语句、常用的系统函数、注释及批处理。

6.1　T-SQL 概述

T-SQL 语言是 Microsoft 公司开发的一种 SQL，不仅包含了 SQL-86 和 SQL-92 的大多数功能，而且还对 SQL 进行了一系列扩展，增加了许多新特性，增强了可编程性和灵活性。在 Microsoft SQL Server 2008 系统中，T-SQL 可以创建、维护、保护数据库对象，并且可以操作对象中的数据，所以 T-SQL 是一种完整的语言。根据 T-SQL 的执行功能特点，可以将 T-SQL 分为三种类型：数据定义语言、数据操纵语言、数据控制语言。

数据定义语言(Data Definition Language，DDL)用于在 SQL 中创建或修改数据库及数据库对象，如创建表、视图、存储过程、函数等数据库对象。在 DDL 中主要包括 CREATE 语句、ALTER 语句和 DROP 语句，分别用于创建、追加、删除数据库及数据库对象。

数据操纵语言(Data Manipulation Language，DML)是指用来操纵数据库中数据的语句，主要包括 SELECT 语句、INSERT 语句、UPDATE 语句、DELETE 语句等。

数据控制语言(Data Control Language，DCL)是用来确保数据库安全的语句，主要用于控制数据库组件的存取许可、存取权限等权限管理问题，主要包括 GRANT 语句、REVOKE 语句、DENY 语句。

6.2　数据类型及转换

1. 系统数据类型

在 SQL Server 2008 中，每个列、局部变量、表达式和参数都有其各自的数据类型。

指定对象的数据类型相当于定义了该对象的四个特性:对象所含的数据类型,如字符、整数或二进制数;所存储值的长度或它的大小;数字精度(仅用于数字数据类型);小数位数(仅用于数字数据类型)。

系统数据类型有下面八类:

1) 精确数字类型

(1) 整数类型包括以下几种。

bigint:可以存储－9223372036854775808～9223372036854775807 范围内的所有整型数据,每个 bigint 数据类型值存储在 8 字节中。

int(integer):可以存储－2147483648～2147483647 范围内的所有正负整数,每个 int 数据类型值存储在 4 字节中。

smallint:可以存储－32768～32767 范围内的所有正负整数,每个 smallint 类型的数据占用 2 字节的存储空间。

tinyint:可以存储 0～255 范围内的所有正整数,每个 tinyint 类型的数据占用 1 字节的存储空间。

(2) bit:称为位数据类型,其数据有两种取值——0 和 1,长度为 1 字节。在输入 0 以外的其他值时,系统均把它们当 1 看待。这种数据类型常作为逻辑变量使用,用来表示真、假或是、否等二值选择。

(3) decimal 和 numeric(数值类型)。decimal 数据类型和 numeric 数据类型完全相同,它们可以提供小数所需要的实际存储空间,但也有一定的限制,可以用 2～17 字节来存储$-10^{38}+1 \sim 10^{38}-1$的固定精度和小数位的数字。

(4) money 和 smallmoney 类型。

money:用于存储货币值,存储在 money 数据类型中的数值以一个整数部分和一个小数部分存储在两个 4 字节的整型值中,存储范围为－9223372136854775808～9223372136854775807,精确到货币单位的 10‰。

smallmoney:与 money 数据类型类似,但范围比 money 数据类型小,其存储范围为－2147483468～2147483467,精确到货币单位的 10‰。

2) 近似数字类型

real:可以存储正的或者负的十进制数值,最大可以有 7 位精确位数,它的存储范围为$-3.40\times10^{-38} \sim 3.40\times10^{38}$。每个 real 类型的数据占用 4 字节的存储空间。

float:可以精确到第 15 位小数,其范围为$-1.79\times10^{-308} \sim 1.79\times10^{308}$。如果不指定 float 数据类型的长度,它占用 8 字节的存储空间。float 数据类型也可以写为 float(n)的形式,n 指定 float 数据的精度,n 为 1～15 的整数值。当 n 取 1～7 时,实际上是定义了一个 real 类型的数据,系统用 4 字节存储它;当 n 取 8～15 时,系统认为其是 float 类型,用 8 字节存储它。

3) 日期和时间类型

datetime:用于存储日期和时间的结合体,它可以存储从公元 1753 年 1 月 1 日零时～公元 9999 年 12 月 31 日 23 时 59 分 59 秒的所有日期和时间,其精确度可达 1/300 s,即 3.33 ms。datetime 数据类型所占用的存储空间为 8 字节,其中前 4 字节用于存储基于

1900年1月1日之前或者之后的日期数，数值分正负，负数存储的数值代表在基数日期之前的日期，正数表示基数日期之后的日期，时间以子夜后的毫秒存储在后面的4字节中。

smalldatetime：与 datetime 数据类型类似，但其日期时间范围较小，它存储1900年1月1日～2079年6月6日的日期。smalldatetime 数据类型使用4字节存储数据，SQL Server 2000 用2字节存储日期1900年1月1日以后的天数，时间以子夜后的分钟数形式存储在另外两个字节中，SmallDatetime 的精度为1 min。

date：仅存储日期，不存储时间，范围是0001年1月1日～9999年12月31日。每个日期变量都需要3字节存储，且精度为10位。Date 类型的准确性仅限于单天。

time：仅存储一天中的时间，不存储日期，它使用的是24 h时钟，因此支持的范围是00:00:00.0000000～23:59:59.9999999（小时、分钟、秒和小数秒）。可在创建数据类型时指定小数秒的精度，默认精度是7位，准确度是100 ns（即100纳秒）。精度影响着所需的存储空间大小，范围包括最多2位的3字节、3或4位的4字节以及5～7位的5字节。

datetimeoffset：提供了时区信息，time 数据类型不包含时区，因此仅适用于当地时间。然而，在全球经济形势下，常常需要知道某个地区的时间与另一地区的时间之间的关系。时区偏移值表示为±hh:mm。时间组件的精度指定为与 Time 数据类型一样，并且如果未指定则默认为同样的7位，支持的范围也相同。

datetime2：原始 datetime 类型的扩展，它支持更大的日期范围以及更细的小数秒精度，同时可使用它来指定精度。datetime2 类型的日期范围是0001年1月1日～9999年12月31日（原始 datetime 的范围则是1753年1月1日～9999年12月31日）。与 time 类型一样，提供了7位小数秒精度。

4）字符数据类型

char：其定义形式为 char(*n*)，当用 char 数据类型存储数据时，每个字符和符号占用1字节的存储空间。*n* 表示所有字符所占的存储空间，*n* 的取值为1～8000。

varchar：其定义形式为 varchar(*n*)。用 varchar 数据类型可以存储可变长度字符串，*n* 表示所有字符所占的最大存储空间，*n* 的取值为1～8000。和 char 类型不同的是，varchar 类型的存储空间是根据存储在表的每一列值的字符数变化的。

text：用于存储文本数据，其容量理论上为 $1\sim2^{31}-1$（2,147,483,647）字节，但实际应用时要根据硬盘的存储空间而定。

5）Unicode 字符数据类型

nchar：其定义形式为 nchar(*n*)，它与 char 数据类型类似，不同的是 nchar 数据类型 *n* 的取值为1～4000。Nchar 数据类型采用 Unicode 标准字符集，Unicode 标准用2字节为一个存储单位，其一个存储单位的容纳量就大大增加了，可以将全世界的语言文字都囊括，在一个数据列中就可以同时出现中文、英文、法文等，而不会出现编码冲突。

nvarchar：其定义形式为 nvarchar(*n*)，它与 varchar 数据类型相似，nvarchar 数据类型也采用 Unicode 标准字符集，*n* 的取值范围为1～4000。

ntext：与 text 数据类型类似，存储在其中的数据通常是直接能输出到显示设备上的字符，显示设备可以是显示器、窗口或者打印机。ntext 数据类型采用 Unicode 标准字符集，因此其理论上的容量为 $2^{30}-1$(1,073,741,823)字节。

6）二进制字符数据类型

binary：其定义形式为 binary(n)，数据的存储长度是固定的，即 $n+4$ 字节，当输入的二进制数据长度小于 n 时，余下部分填充 0。二进制数据类型的最大长度(n 的最大值)为 8000，常用于存储图像等数据。

varbinary：其定义形式为 varbinary(n)，数据的存储长度是变化的，它为实际所输入数据的长度加上 4 字节，其他含义同 binary。

image：用于存储照片、目录图片或者图画，其理论容量为 $2^{31}-1$(2,147,483,647)字节。其存储数据的模式与 Text 数据类型相同，通常存储在 Image 字段中的数据不能直接用 Insert 语句直接输入。

7）空间数据类型

geography：用于处理圆地信息，圆地模型在计算时考虑了地球的曲面，位置信息是由经度和纬度组成。该模型极其适合越洋运输、军事规划等应用程序以及涉及地球表面的短程应用程序。如果数据是按经度和纬度存储的，则使用此模型。在 geography 数据类型所使用的数据模型中，如果没有指定方向，则并不能确定多边形，因此必须准确指出方向和位置。

geometry：用于处理平地或平面模型。在此模型中，将地球当成从已知点起的平面投影。平地模型不考虑地球的弯曲，因此主要用于描述较短的距离，如映射建筑物内部的数据库应用程序。

8）其他数据类型

XML：可以存储 XML 数据的数据类型，利用它可以将 XML 实例存储在字段中或者 XML 类型的变量中。注意，存储在 XML 中的数据不能超过 2GB。

sql_variant：用于存储除文本、图形数据和 timestamp 类型数据外的其他任何合法的 SQL Server 数据，极大地方便了 SQL Server 的开发工作。

table：用于存储对表或者视图处理后的结果集，这种新的数据类型使得变量可以存储一个表，从而使函数或过程返回查询结果更加方便、快捷。

timestamp：又称为时间戳数据类型，它提供数据库范围内的唯一值，反映数据库中数据修改的相对顺序，相当于一个单调上升的计数器。当它所定义的列在更新或者插入数据行时，此列的值会被自动更新，一个计数值将自动地添加到此 timestamp 数据列中。如果建立一个名为 timestamp 的列，则该列的类型将自动设为 timestamp 数据类型。

uniqueidentifier：用于存储一个 16 字节长的二进制数据类型，它是 SQL Server 根据计算机网络适配器地址和 CPU 时钟产生的全局唯一标识符代码(GUID)。此数字可以通过调用 SQL Server 的 newid()函数获得，在全球各地的计算机经由此函数产生的数字不会相同。

cursor：这是变量或存储过程输出参数的一种数据类型，这些参数包含对游标的引用。使用 Cursor 数据类型创建的变量可以为空。注意：对于 CREATE TABLE 语句中的列，不能使用 Cursor 数据类型。

hierarchyid：可用于构建表中数据元素之间的关系，专门代表在层次结构中的位置。

hierarchyid 列应非常紧凑，因为代表树中节点所需的位数取决于节点的平均子项数（通常称为节点的扇出）。hierarchyid 数据类型提供了多个便于处理层次数据的方法。

2. 自定义数据类型

SQL Server 允许用户自定义数据类型，用户自定义数据类型是建立在 SQL Server 系统数据类型基础上的，当用户定义一种数据类型时，需要指定该类型的名称、建立在其上的系统数据类型以及是否允许为空等。SQL Server 为用户提供了两种方法来创建自定义数据类型：①使用 SQL Server 管理平台创建用户自定义数据类型；②利用系统存储过程创建用户自定义数据类型。

3. 数据类型转换

下面的示例需要用到 Northwind 数据库，用 SSMS 对象资源管理器附加数据库。

在 SQL Server 中，无论数据表的字段、常量、变量、表达式还是参数，都具有一个相对应的数据类型。数据类型是一种属性，用于指定对象可保存的数据类型。

1）使用 CAST 转换数据类型

当要对不同类型的数据进行运算时，必须将其转换成相同的数据类型才能进行运算。SQL Server 中提供了两个函数可以进行数据类型的转换，其中一个是 CAST。其语法格式如下：

```
CAST(expression AS data_type[(length)])
```

其中，expression 为任何有效的表达式，data_type 为要转换的数据类型，length 为数据类型的长度，一般只有在 nchar、nvarchar、char、varchar、binary 和 varbinary 这几种数据类型才需要使用，是可选参数。

【例 6-1】 查看 Northwind 数据库 products 表中的产品及单价，并在一列中显示出来。

```
USE Northwind
GO
SELECT productname+'的单价为：'+CAST(unitprice as varchar(10))+'元' AS 产品介绍
FROM products
```

执行结果如图 6-1 所示。

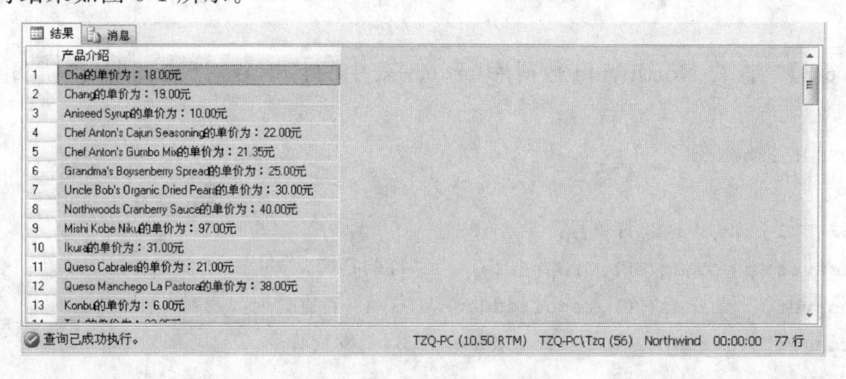

图 6-1 【例 6-1】执行结果

【例 6-2】 查看 Northwind 数据库 orders 表中的订单号和订单时间，并在一列中显示出来。

```
USE Northwind
GO
SELECT CAST(orderid as varchar(10))+'的时间为：'+CAST(orderdate as varchar
(20))AS 订单时间
FROM orders
```

执行结果如图 6-2 所示。

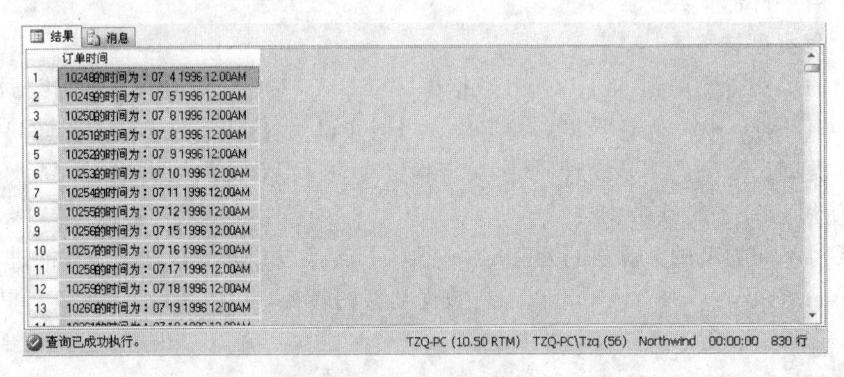

图 6-2 【例 6-2】执行结果

2）使用 CONVERT 转换数据类型

CONVERT 函数与 CAST 函数类似，作用也是转换数据类型，其语法格式如下：

```
CONVERT(data_type[(length)],expression[,style])
```

语法说明如下。

data_type：要转换的数据类型。

length：数据类型的长度。

expression：任何有效的表达式。

style：样式，一般用于将 datetime 或 smalldatetime 数据转换为字符数据（nchar、nvarchar、char、varchar 数据类型）的日期格式的样式；或者用于将 float、real、money 或 smallmoney 数据转换为字符数据的字符串格式。如果 style 为 NULL，则返回的结果也为 NULL。

【例 6-3】 查看 Northwind 数据库 orders 表中的订单号、订购日期、到货日期、发货日期。

```
USE Northwind
GO
SELECT orderid AS 订单号,
convert(varchar(20),orderdate,1)AS 订购日期,
convert(varchar(20),requireddate,102)AS 到货日期,
convert(varchar(20),shippeddate,103)AS 发货日期
FROM orders
```

执行结果如图 6-3 所示。

结果　消息

	订单号	订购日期	到货日期	发货日期
1	10248	07/04/96	1996.08.01	16/07/1996
2	10249	07/05/96	1996.08.16	10/07/1996
3	10250	07/08/96	1996.08.05	12/07/1996
4	10251	07/08/96	1996.08.05	15/07/1996
5	10252	07/09/96	1996.08.06	11/07/1996
6	10253	07/10/96	1996.07.24	16/07/1996
7	10254	07/11/96	1996.08.08	23/07/1996
8	10255	07/12/96	1996.08.09	15/07/1996
9	10256	07/15/96	1996.08.12	17/07/1996
10	10257	07/16/96	1996.08.13	22/07/1996
11	10258	07/17/96	1996.08.14	23/07/1996
12	10259	07/18/96	1996.08.15	25/07/1996
13	10260	07/19/96	1996.08.16	29/07/1996

查询已成功执行。　TZQ-PC (10.50 RTM)　TZQ-PC\Tzq (56)　Northwind　00:00:00　830 行

图 6-3　【例 6-3】执行结果

3）隐式数据类型转换

在进行不同类型的数据运算时，不一定都必须要使用 CAST 或 CONVERT 来进行数据类型转换，在 SQL Server 中，系统会自动将一些数据类型进行转换，这种转换称为隐式转换，而用 CAST 或 CONVERT 转换数据类型称为显式转换。

【例 6-4】　查看 Northwind 数据库 products 表中产品库存量所值的资金。

```
USE Northwind
GO
SELECT productname,unitprice* unitsinstock AS 资产
FROM products
```

执行结果如图 6-4 所示。

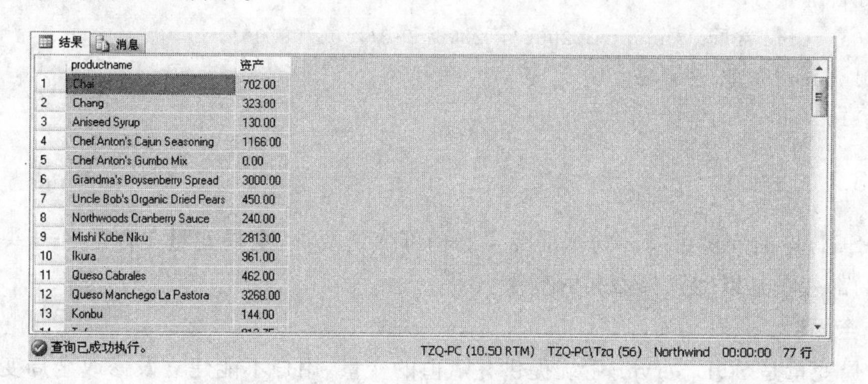
结果　消息

	productname	资产
1	Chai	702.00
2	Chang	323.00
3	Aniseed Syrup	130.00
4	Chef Anton's Cajun Seasoning	1166.00
5	Chef Anton's Gumbo Mix	0.00
6	Grandma's Boysenberry Spread	3000.00
7	Uncle Bob's Organic Dried Pears	450.00
8	Northwoods Cranberry Sauce	240.00
9	Mishi Kobe Niku	2813.00
10	Ikura	961.00
11	Queso Cabrales	462.00
12	Queso Manchego La Pastora	3268.00
13	Konbu	144.00

查询已成功执行。　TZQ-PC (10.50 RTM)　TZQ-PC\Tzq (56)　Northwind　00:00:00　77 行

图 6-4　【例 6-4】执行结果

【例 6-5】　查看 Northwind 数据库 order details 表中每个订单的总金额。

```
USE Northwind
GO
SELECT orderid AS 编号,sum(unitprice*quantity)AS 总金额
FROM [order details]
GROUP BY orderid
```

执行结果如图 6-5 所示。

图 6-5 【例 6-5】执行结果

6.3 常量和变量

6.3.1 常量

常量也称为文字值或标量值，是一个代表特定值的符号，是一个不变的值。常量的格式取决于它所表示的值的数据类型。

字符串常量：'a','I'm back',''。

Unicode 常量：N 'a',N ''。

bit 常量：1,0。

datetime 常量：'August 3,2006','2006-8-3','06/08/06'。

integer 常量：100,456。

float 和 real 常量：3.14, 0.89。

6.3.2 变量

T-SQL 中的变量可以分为全局变量和局部变量两种，全局变量是以@@开头命名的变量，局部变量是以@开头命名的变量。

1. 全局变量

全局变量是 SQL Server 系统提供并赋值的变量，用户不能建立及修改全局变量。全局变量是一组特殊的函数，它们的名称是以@@开始，且不需要任何参数。SQL Server 提供了 33 个全局变量，以下是常用的几个全局变量。

@@ERROR：返回最后执行的一条 T-SQL 语句的错误代码。

@@IDENTITY：返回最后插入的标识值。

@@ROWCOUNT：返回受到上一语句影响的行数。

@@VERSION：返回当前的 SQL Server 安装的版本信息。

【例 6-6】 查看版本信息。

```
PRINT @@VERSION
```

执行结果如图 6-6 所示。

```
Microsoft SQL Server 2008 R2 (RTM) - 10.50.1600.1 (Intel X86)
    Apr  2 2010 15:53:02
    Copyright (c) Microsoft Corporation
    Enterprise Edition on Windows NT 5.1 <X86> (Build 2600: Service Pack 3)
```

图 6-6　【例 6-6】执行结果

【例 6-7】　查看记录集里的记录数。

```
USE Northwind
GO
SELECT* FROM employees
PRINT '一共查询了'+CAST(@@rowcount AS varchar(5))+'条记录'
```

执行结果如图 6-7 所示。

	EmployeeID	LastName	FirstName	Title	TitleOfCou...	BirthDate	HireDate	Address
1	1	Davolio	Nancy	Sales Representative	Ms.	1948-12-08 00:00:00.000	1992-05-01 00:00:00.000	507 - 20th Ave. E. Apt. 2A
2	2	Fuller	Andrew	Vice President, Sales	Dr.	1952-02-19 00:00:00.000	1992-08-14 00:00:00.000	908 W. Capital Way
3	3	Leverling	Janet	Sales Representative	Ms.	1963-08-30 00:00:00.000	1992-04-01 00:00:00.000	722 Moss Bay Blvd.
4	4	Peacock	Margaret	Sales Representative	Mrs.	1937-09-19 00:00:00.000	1993-05-03 00:00:00.000	4110 Old Redmond Rd.
5	5	Buchanan	Steven	Sales Manager	Mr.	1955-03-04 00:00:00.000	1993-10-17 00:00:00.000	14 Garrett Hill
6	6	Suyama	Michael	Sales Representative	Mr.	1963-07-02 00:00:00.000	1993-10-17 00:00:00.000	Coventry House Miner Rd.
7	7	King	Robert	Sales Representative	Mr.	1960-05-29 00:00:00.000	1994-01-02 00:00:00.000	Edgeham Hollow Winchester W
8	8	Callahan	Laura	Inside Sales Coordi...	Ms.	1958-01-09 00:00:00.000	1994-03-05 00:00:00.000	4726 - 11th Ave. N.E.
9	9	Dodswo...	Anne	Sales Representative	Ms.	1966-01-27 00:00:00.000	1994-11-15 00:00:00.000	7 Houndstooth Rd.

查询已成功执行。　TZQ-PC (10.50 RTM)　TZQ-PC\Tzq (56)　Northwind　00:00:00　9 行

```
(9 行受影响)
一共查询了9条记录
```

图 6-7　【例 6-7】SELECT 语句执行结果

2. 局部变量

局部变量是指在批处理或脚本中用来保存数据值的对象，局部变量名总是以@符号开始，且必须符合标识符命名规则。在使用一个局部变量前，必须使用 DECLARE 语句来声明这个局部变量，指定其变量名和数据类型。

局部变量声明的语法格式如下：

```
DECLARE @局部变量名 数据类型[,n]
```

局部变量赋值的语法格式如下：

```
SET @局部变量名=表达式
```

也可以使用 SELECT 语句：

```
SELECT @局部变量名=表达式[,n]
```

使用局部变量应注意以下几点。

(1) 声明的变量名,其第一个字符必须是@。

(2) 必须指定变量的数据类型及长度。

(3) 默认情况下,系统将声明后的变量设置为 NULL。

局部变量的作用域从声明它的地方开始到声明它的批处理或存储过程的结尾。

6.4 流程控制语句

6.4.1 BEGIN…END 语句块

BEGIN…END 语句块用于将多个 T-SQL 语句组合在一个语句块中,其语法格式如下:

```
BEGIN
  语句 1
  语句 n
END
```

BEGIN…END 用来设定一个程序块,将在 BEGIN…END 内的所有程序视为一个单元执行,BEGIN…END 经常在条件语句如 IF…ELSE 中使用,在 BEGIN…END 中可嵌套另外的 BEGIN…END 来定义另一程序块。

6.4.2 IF…ELSE 语句

IF…ELSE 用来判断当某一条件成立时执行某段程序条件,不成立时执行另一段程序。如果不使用程序块 IF…ELSE 只能执行一条命令。IF…ELSE 可以进行嵌套,其语法格式如下:

```
IF <条件表达式>
    <命令行或程序块>
[ELSE[条件表达式]
    <命令行或程序块> ]
```

其中,〈条件表达式〉可以是各种表达式的组合,但表达式的值必须是逻辑值真或假。ELSE 子句是可选的,最简单的 IF 语句没有 ELSE 子句部分。

【例 6-8】 向 Course 表插入一条记录,如果插入成功则输出“记录添加成功”,否则输出“出现错误”。

```
USE "S-T"
GO
INSERT INTO Course(Cno,Cname,Cpoints,Csnum)
VALUES('1419','计算机导论',2,0)
IF @@error<>0
PRINT'出现错误'
ELSE
PRINT'记录添加成功'
```

```
GO
```

执行结果如图 6-8 所示。

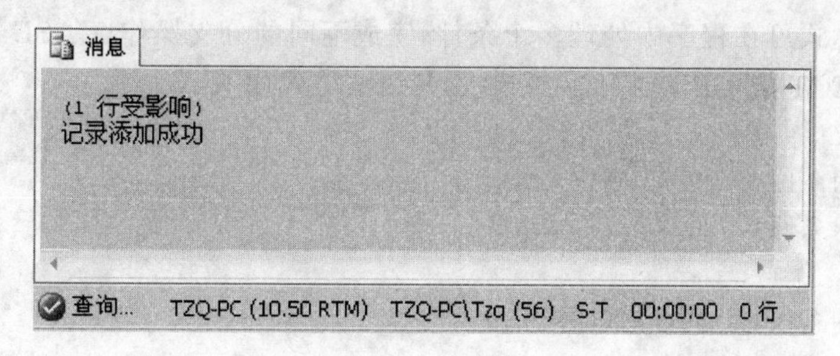

图 6-8 【例 6-8】执行结果

【例 6-9】 查看 Northwind 数据库 products 表中产品名为 Tofu 的单价是否低于 20 元,如果低于 20 元,则查看其订购量。

```
USE Northwind
GO
DECLARE @price money
DECLARE @productid int
DECLARE @sum_total int
SELECT @price=UnitPrice,@productid=ProductID
FROM products
WHERE productname='Tofu'
IF @price>20
BEGIN
  PRINT 'Tofu 的单价高于 20 元'
  SELECT @sum_total=sum([order details].Quantity)
  FROM [order details]
  WHERE [order details].ProductID=@productid
  PRINT '其订购数量为:'+CAST(@sum_total AS varchar(5))
  PRINT '总金额为'+CAST((@sum_total*@price)AS varchar(10))
END
```

执行结果如图 6-9 所示。

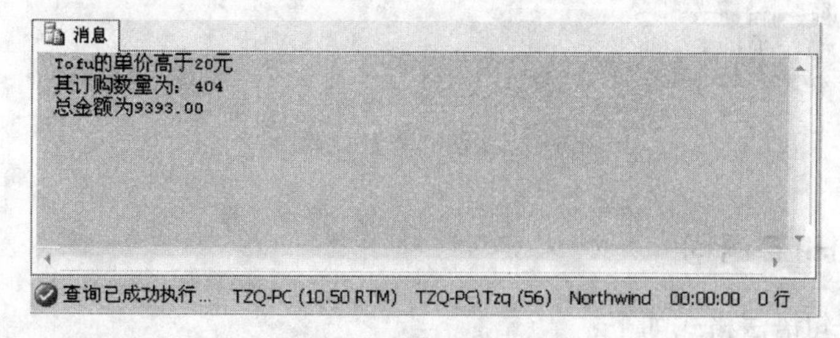

图 6-9 【例 6-9】执行结果

6.4.3 CASE 表达式

CASE 表达式可在程序中处理多个条件,完成不同的分支操作,CASE 表达式的结果可应用到 SELECT 或 UPDATE 等语句中,其语法格式如下:

```
CASE
    WHEN 条件 1  THEN  表达式结果 1
    WHEN 条件 2  THEN  表达式结果 2
    …
    WHEN 条件 n  THEN  表达式结果 n
END
```

【例 6-10】 对学生成绩表查询出所有学生的成绩情况:要求凡成绩为空者输出“缺考”,小于 60 分的输出“不及格”,60～69 分的输出“及格”,70～79 分的输出“中”,80～89 分的输出“良”,90 分以上的输出“优”。

```
USE "S-T"
GO
SELECT Sno 学号,Cno 课程号, grade 成绩,总评成绩=
CASE
  WHEN grade IS NULL THEN '缺考'
  WHEN grade<60  THEN'不及格'
  WHEN grade>=60  AND grade<70 THEN'及格'
  WHEN grade>=70  AND grade<80 THEN'中'
  WHEN grade>=80  AND grade<90 THEN'良'
  WHEN grade>=90  THEN'优'
END
FROM SC
```

执行结果如图 6-10 所示。

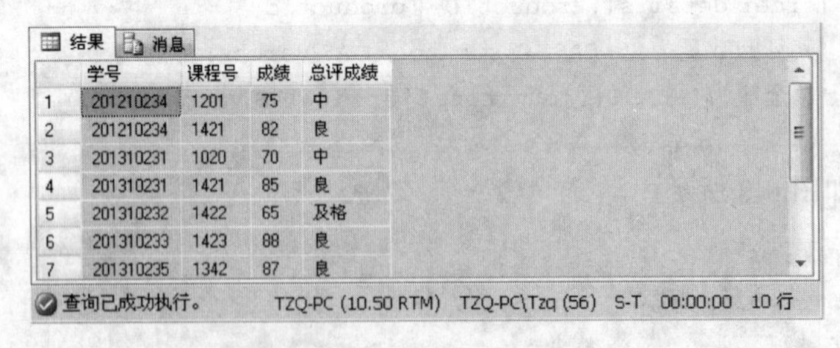

	学号	课程号	成绩	总评成绩
1	201210234	1201	75	中
2	201210234	1421	82	良
3	201310231	1020	70	中
4	201310231	1421	85	良
5	201310232	1422	65	及格
6	201310233	1423	88	良
7	201310235	1342	87	良

图 6-10 【例 6-10】执行结果

6.4.4 WHILE 语句

WHILE 语句语法格式如下:

```
WHILE 条件表达式
    BEGIN
```

```
        语句序列 1
    [BREAK]
        语句序列 2
    [CONTINUE]
        语句序列 3
END
```

其中,WHILE 命令在设定的条件成立时会重复执行命令行或程序块;CONTINUE 命令可以让程序跳过 CONTINUE 命令之后的语句回到 WHILE 循环的第一行命令;BREAK 命令则让程序完全跳出循环,结束 WHILE 命令的执行。WHILE 语句也可以嵌套。

【例 6-11】 输出 Northwind 数据库 Employees 表中编号为 10 以下(不含 10)的雇员姓名(名字和姓氏)。

```
USE Northwind
GO
DECLARE @id int
DECLARE @lastname varchar(50)
DECLARE @firstname varchar(30)
SET @id=1
WHILE @id<10
BEGIN
SELECT @firstname=FirstName, @lastname=LastName
FROM Employees
WHERE EmployeeID=@id
PRINT @firstname +'  '+@lastname
SET @id=@id+1
END
```

执行结果如图 6-11 所示。

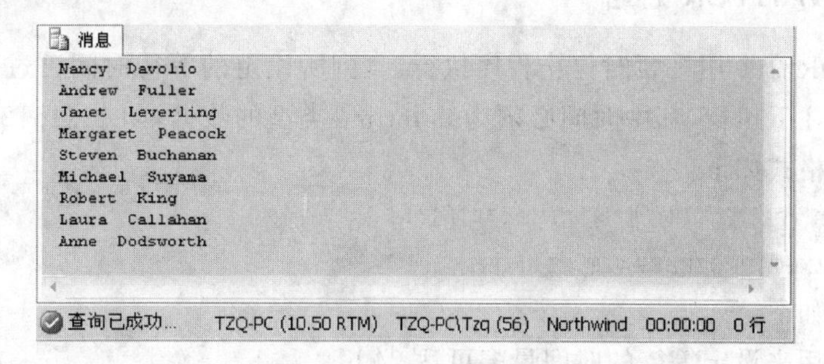

图 6-11 【例 6-11】执行结果

【例 6-12】 编程计算 1～100 所有能被 11 整除的数的个数和总和。

```
DECLARE @sum INT,@i SMALLINT,@nums SMALLINT
BEGIN
SET @sum=0
```

```
SET @i=1
SET @nums=0
WHILE(@i<=100)
BEGIN
IF(@i%11=0)
BEGIN
SET @sum=@sum+@i
SET @nums=@nums+1
PRINT @i
END
SET @i=@i+1
END
PRINT'个数是'+STR(@nums)
PRINT'总和是'+STR(@sum)
END
```

执行结果如图 6-12 所示。

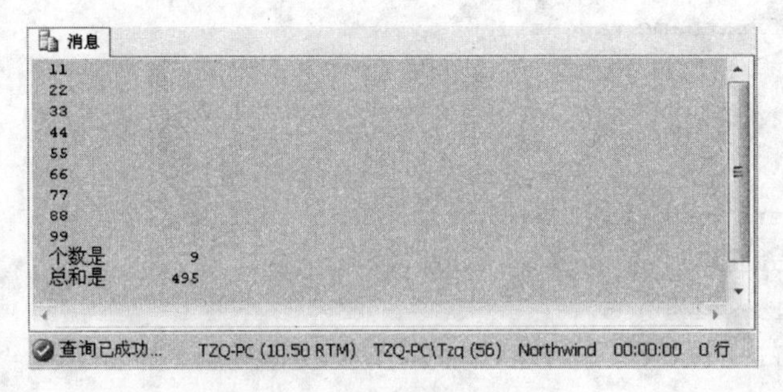

图 6-12 【例 6-12】执行结果

6.4.5 WAITFOR 语句

WAITFOR 命令用来暂时停止程序执行，直到所设定的等待时间已过或所设定的时间已到才继续往下执行，其中时间必须为 datetime 类型的数据，如 11:15:27，但不能包括日期。其语法格式如下：

```
WAITFOR {DELAY<'时间'>|TIME<'时间'>
|ERROREXIT|PROCESSEXIT|MIRROREXIT}
```

语法说明如下。

DELAY：用来设定等待的时间最多可达 24 h。

TIME：用来设定等待结束的时间点。

ERROREXIT：直到处理非正常中断。

PROCESSEXIT：直到处理正常或非正常中断。

MIRROREXIT：直到镜像设备失败。

【例 6-13】 等待 1 小时 2 分零 3 秒后才执行 SELECT 语句。

```
WAITFOR DELAY '01:02:03'
SELECT* FROM employees;
```

【例 6-14】　等到晚上 11 点零 8 分后才执行 SELECT 语句。

```
WAITFOR TIME '23:08:00'
SELECT* FROM employees
```

6.4.6　GOTO 语句

GOTO 命令用来改变程序执行的流程，使程序跳到标有标识符的指定的程序行再继续往下执行，其语法格式如下：

```
GOTO 标识符
```

作为跳转目标的标识符可为数字与字符的组合，但必须以":"结尾，如"12:"或"a_1:"，在 GOTO 命令行标识符后不必跟":"。

【例 6-15】　分行打印字符 1 2 3 4 5。

```
DECLARE @x int
SELECT @x=1
label:
PRINT @x
SELECT @x=@x+1
WHILE @x<=5
GOTO label
```

执行结果如图 6-13 所示。

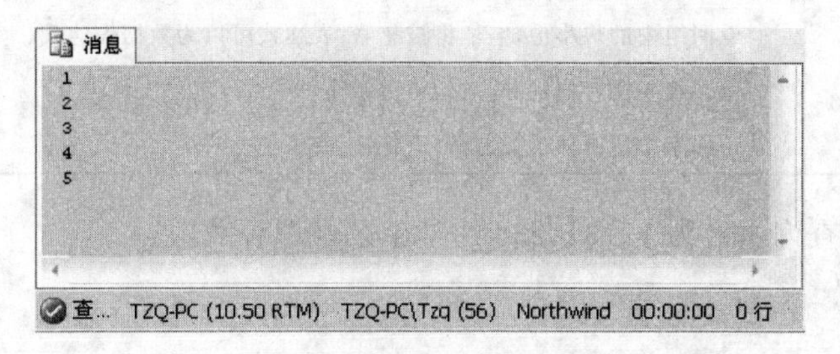

图 6-13　【例 6-15】输出结果

6.4.7　RETURN 语句

RETURN 语句会终止目前 T-SQL 语句的执行，从查询或过程中无条件地退出，并且可以返回一个整数值给调用该代码的程序。与 BREAK 不同，RETURN 可以在任何时候从过程、批处理或语句块中退出，而不是跳出某个循环或跳到某个位置。RETURN 语句的语法格式如下：

```
RETURN[integer_expression]
```

使用方法可以参考 6.5.6 用户自定义函数中的案例。

6.5　常用函数

SQL Server 2008 为 T-SQL 提供了大量功能强大的内置函数，利用该函数可以方便地进行数据的获取、计算和转换。SQL Server 2008 提供的内置函数包括聚合函数、数学函数、转换函数、字符串函数、日期和时间函数、用户自定义函数、元数据函数、安全函数、行集函数、游标函数等，这里主要介绍前六种常用函数。

6.5.1　聚合函数

聚合函数主要对一组值进行计算，并返回单个值。聚合函数常与 SELECT 语句的 GROUP BY 子句一起使用。聚集函数的语法格式如下：

```
函数名([all|distinct] 表达式)
```

all：默认值，对所有的值进行聚合函数运算，包含 NULL 值和重复值。

distinct：消除重复值后进行聚合函数运算。

表 6-1 列出了常用的聚合函数。

表 6-1　常用聚合函数

函数	说明
AVG(数值表达式)	返回数据表达式的平均值，空值将被忽略
COUNT(表达式)	返回组中的统计项数，忽略空值；若为 COUNT(*)则包括 NULL 值和重复项
MAX(表达式)	返回组中的最大值，空值将被忽略；表达式可以为数据表达式、字符串表达式、日期
MIN(表达式)	返回组中的最小值，空值将被忽略；表达式可以为数据表达式、字符串表达式、日期
SUM(数值表达式)	返回组中所有值的和，空值将被忽略
VAR(数值表达式)	返回组中所有值的方差，空值将被忽略

【例 6-16】　查询学号为 201310238 的学生已修课程总数。

```
USE "S-T"
GO
SELECT COUNT(Cno)AS '选修门数'
FROM SC
WHERE Sno='201310238';
```

【例 6-17】　查询姓名为“陈军”的学生已修课程的平均成绩。

```
USE "S-T"
GO
SELECT AVG(Grade)AS '平均分'
FROM Student,SC
WHERE Sname='陈军' and Student.Sno=SC.Sno;
```

6.5.2　数学函数

数学函数主要用于对数值表达式进行数学运算，包括三角函数的计算、求幂、求平方根和绝对值等，表6-2列出了常用的数学函数。

表6-2 常用数学函数

函数	说明
SIN(浮点表达式)	返回指定弧度的正弦值
COS(浮点表达式)	返回指定弧度的余弦值
TAN(浮点表达式)	返回指定弧度的正切值
COT(浮点表达式)	返回指定弧度的余切值
ASIN(浮点表达式)	返回指定数值表达式的反正弦弧度
ACOS(浮点表达式)	返回指定数值表达式的反余弦弧度
ATAN(浮点表达式)	返回指定数值表达式的反正切弧度
DEGREES(数值表达式)	返回指定弧度对应的角度数
RADIANS(数值表达式)	返回指定角度数的弧度值
PI()	返回π的值，即3.14159265358979
EXP(浮点表达式)	返回求e的指定次幂
LOG(浮点表达式)	返回以e为底的对数，求自然对数
FLOOR(数值表达式)	返回小于或等于指定数值表达式的最大整数
POWER(数值表达式1,数值表达式2)	返回数值表达式1的数值表达式2次幂
SQRT(数值表达式)	返回数值表达式的平方根
ROUND(数值表达式)	返回一个数值，舍入到指定的长度
ABS(数值表达式)	返回指定数值表达式的绝对值
SIGN(数值表达式)	返回数值表达式相应的数值：正(+1)、负(-1)、零(0)
RAND	返回0～1的随机float值

【例6-18】 求36的平方根的三次方。

```
SELECT POWER(SQRT(36),3);
```

运行结果为216。

【例6-19】 求半径为2的圆面积。

```
SELECT POWER(2,2)*PI(); --圆面积:*
```

运行结果为12.5663706143592。

6.5.3 转换函数

在一般情况下，SQL Server会自动完成数据类型的转换，例如，可以直接将字符数据类型或表达式与datatime数据类型或表达式比较；当表达式中用了integer smallint或tinyint时，SQL Server也可将integer数据类型或表达式转换为smallint数据类型或表达式，称为隐式转换。

如果不能确定SQL Server是否能完成隐式转换或者使用了不能隐式转换的其他数据类型，就需要使用数据类型转换函数作显式转换了，此类函数有两个。

(1) CAST函数语法格式如下：

```
CAST <expression>AS <data_ type>[length]
```

(2) CONVERT 函数语法格式如下：

```
CONVERT <data_ type>[length] <expression>[style]
```

【例 6-20】 将数值转换为字符串。

```
SELECT cast(12345 AS char)
```

运行结果:12345

【例 6-21】 将浮点数转换为整数。

```
SELECT convert(int,3.14)
```

运行结果为 3。

6.5.4 字符串函数

字符串函数用于计算、处理、查找字符串，字符串表达式可以是常量、变量、列或函数等与运算符的任意组合。表 6-3 列举了一些常用的字符串函数。

表 6-3 常用字符串函数

函数	说明
ASCII(字符串表达式)	返回字符串中最左侧字符的 ASCII 码
CHAR(整数表达式)	返回整数表达式对应 ASCII 码的字符
CHARINDEX(字符串表达式 1,字符串表达式 2[,整数表达式])	在字符串 2 中查找字符串 1,如果存在则返回第一个匹配的位置,如果不存在则返回 0,如果两个字符串中有一个为 NULL 则返回 NULL,整数表达式指定在字符串 2 中查找的起始位置
LEFT(字符串表达式,整数表达式)	返回字符串中从左边开始指定个数的字符
RIGHT(字符串表达式,整数表达式)	返回字符串中从右边开始指定个数的字符
LEN	返回指定字符串表达式的字符数,其中不包含尾随空格
LTRIM(字符串表达式)	返回删除了前导空格之后的字符表达式
RTRIM(字符串表达式)	返回删除了尾随空格之后的字符表达式
LOWER(字符串表达式)	将大写字符数据转换为小写字符数据后返回字符表达式
UPPER(字符串表达式)	将小写字符数据转换为大写字符数据后返回字符表达式
REVERSE(字符串表达式)	返回指定字符串反转后的新字符串
SPACE(整数表达式)	返回由指定数目的空格组成的字符串
STR(float 型小数[,总长度[,小数点后保留的位数]])	返回由数字转换成的字符串,若返回字符数不到总长度则前面补空格,若超过总长度则截断小数位,如果需要截断整数位则返回 * *
STUFF(字符串表达式 1,开始位置,长度,字符串表达式 2)	在字符串表达式中指定开始位置删除指定长度的字符,并在指定的开始位置插入字符串 2,返回新字符串
SUBSTRING(字符串表达式,开始位置,长度)	返回子字符串
REPLACE(字符串表达式 1,字符串表达式 2,字符串表达式 3)	用字符串 3 替换字符串 1 中出现的所有字符串 2 的匹配项,返回新字符串

【例 6-22】 使用字符串函数查找字符串 BTCabTabDTaF 中的字符串 Ta 的位置。

```
SELECT CHARINDEX('Ta','BTCabTabDTaF')
```

运行结果为 6。

6.5.5　日期和时间函数

日期和时间函数用来操作 datetime 和 smalldatetime 类型的数据执行算术运算，与其他函数一样可以在 SELECT 语句的 SELECT 和 WHERE 子句以及表达式中使用。

SQL Server 2008 提供了 9 个日期和时间函数，见表 6-4。

表 6-4　日期和时间函数

函数	说明
YEAR(日期)	返回表示指定日期的年份的整数
MONTH(日期)	返回表示指定日期的月份的整数
DAY(日期)	返回表示指定日期的天数
GETDATE()	返回系统当前日期和时间
GETUTCDATE()	返回系统当前的 UTC 时间
DATEADD(日期部分,数字,日期)	返回在指定的日期上再加一个时间间隔的新日期
DATEDIFF(日期部分,开始日期,结束日期)	返回跨两个指定日期的日期边界数和时间边界数
DATENAME(日期部分,日期)	返回表示指定日期的指定日期部分的字符串
DATEPART(日期部分,日期)	返回表示指定日期的指定日期部分的整数

【例 6-23】　查看今天的年月日，并以格式化的形式显示。

```
SELECT'今天是'+datename(YY,getdate())+'年'+datename(MM,getdate())+'月'+
datename(dd,getdate())+'日'
```

执行结果如图 6-14 所示。

图 6-14　【例 6-23】执行结果

6.5.6　用户自定义函数

SQL Server 2008 允许用户设计自己的函数，以补充和扩展系统提供(内置)函数的功能。用户自定义函数采用零或多个输入参数并返回标量值或表。

SQL Server 2008 支持三种用户定义函数：标量函数、内嵌表值函数和多语句表值函数。

1. 标量函数

标量函数返回一个标量(单值)结果。可在与标量函数返回的数据类型相同的值所能使用的任何位置使用该标量函数，包括 SELECT 语句中列的列表和 WHERE 子句、表达式、表定义中的约束表达式，甚至作为表中列的数据类型。

创建标量函数的语法格式如下：

```
CREATE FUNCTION 函数名
        (参数列表[,n…])
RETURNS  返回值数据类型
AS
BEGIN
    函数体
    RETURN 标量表达式
END
```

语法说明如下。

(1) 标量函数返回 RETURNS 子句中定义的数据类型的单个数据值。

(2) 在 BEGIN…END 块中定义了函数体，包含返回值的一系列 T-SQL 语句。

(3) 返回值可以是除了 text、ntext、image、cursor、table 或 timestamp 之外的任何数据类型。

函数调用的语法格式如下：

```
拥有者名.函数名([参数列表])
```

【例 6-24】 在 S-T 数据库中创建一个用户自定义标量函数 FiveLevelFun，该函数通过输入成绩来计算学生成绩的五级分。

```
--创建一个用户自定义标量函数 FiveLevelFun
USE "S-T"
GO
CREATE FUNCTION FiveLevelFun (@zz int)
RETURNS nvarchar(6)
AS
  BEGIN
    DECLARE @returnstr nvarchar(6)
    IF @zz>=60 AND @zz<70
        SET @returnstr='及格'
    ELSE IF @zz>=70 AND @zz<80
        SET @returnstr='中等'
    ELSE IF @zz>=80 AND @zz<90
        SET @returnstr='良好'
    ELSE IF @zz>=90 AND @zz<100
        SET @returnstr='优秀'
    ELSE
        SET @returnstr='不及格'
    RETURN @returnstr
  END
GO

--调用该标量函数试语句：
```

```
SELECT Sno, Cno, Grade, dbo. FiveLevelFun(Grade)AS '五级分制'
FROM SC
```

执行结果如图6-15所示。

	Sno	Cno	Grade	五级分制
1	201210234	1201	75	中等
2	201210234	1421	82	良好
3	201310231	1020	70	中等
4	201310231	1421	85	良好
5	201310232	1422	65	及格
6	201310233	1423	88	良好
7	201310235	1342	87	良好
8	201310238	1020	89	良好
9	201310238	1421	68	及格
10	201310238	1422	73	中等

图6-15　【例6-24】执行结果

2. 内嵌表值函数

内嵌表值函数返回一个单条SELECT语句产生的结果集,类似于视图。相对于视图,内嵌表值函数可使用参数,提供了更强的适应性,扩展了索引视图的功能。

创建内嵌表值函数的语法格式如下:

```
CREATE FUNCTION 函数名
        (参数列表[,n…])
RETURNS TABLE
AS
RETURN(SELECT 函数体)
```

语法说明如下。

(1) RETURNS子句仅包含关键字TABLE。

(2) BEGIN…END不包括在函数体中。

(3) RETURNS子句在括号汇总包含单个SELECT语句,其结果集构成其返回的表。

【例6-25】　在S-T数据库中建立一个内嵌表值函数SdeptFun,该函数通过输入所在系代码返回全部该系学生信息。

```
--创建一个内嵌表值函数 SdeptFun
USE "S-T"
GO
CREATE function SdeptFun(@Sdept char(8))
RETURNS TABLE
AS
RETURN(SELECT* FROM Student WHERE Sdept=@Sdept)
GO
--调用该标量函数的测试语句
```

```
SELECT* FROM dbo. SdeptFun('CS')
GO
```

执行结果如图 6-16 所示。

	Sno	Sname	Ssex	Sage	Sdept
1	201310232	李强胜	男	20	CS
2	201310233	刘晨	女	19	CS

图 6-16 【例 6-25】执行结果

【例 6-26】 在 S-T 数据库中创建一个内嵌表值函数 CourseFun，该函数通过输入课程号 Cno 返回所有选修此课程的学生的学号、姓名、课程名和成绩。

```
--创建一个内嵌表函数 CourseFun
USE "S-T"
GO
CREATE FUNCTION CourseFun(@Cno char(10))
RETURNS TABLE
AS
RETURN(SELECT A.Sno,A.Sname,C.Cname 课程名,B.Grade 成绩
FROM Student AS A JOIN SC AS B
ON A.Sno=B.Sno
JOIN Course AS C
on B.Cno=C.Cno
WHERE B.Cno=@Cno)
GO
--调用该标量函数的测试语句
SELECT* FROM dbo. CourseFun('1421')
GO
```

执行结果如图 6-17 所示。

	Sno	Sname	课程名	成绩
1	201310238	陈军	C++程序设计	68
2	201310231	陈立军	C++程序设计	85
3	201210234	张敏君	C++程序设计	82

图 6-17 【例 6-26】执行结果

3. 多语句表值函数

多语句表值函数返回一个由一条或多条 T-SQL 语句建立的表，类似于存储过程。与存储过程不同的是，多语句表值函数可以在 SELECT 语句的 FROM 子句中被引用，仿佛视图一样。

创建多语句表值函数的语法格式如下：

```
CREATE FUNCTION 函数名
        (参数列表[,n…])
```

```
    RETURNS  <表变量名>table
    (表结构)
  AS
    BEGIN
        函数体
        RETURN
    END
```

语法说明如下。

(1) BEGIN…END 分隔了函数体。

(2) RETURNS 子句指定 table 作为返回的数据类型。

(3) RETURNS 子句定义了返回表的名字和格式,返回变量名的使用域限定于函数局部。

【例 6-27】 在 S-T 数据库中建立一个多语句表值函数 GradeFun,该函数通过输入课程名称返回选修该课程的学生姓名与成绩。

```
--创建一个多语句表值函数 GradeFun
USE "S-T"
GO
CREATE FUNCTION GradeFun(@ Cname AS varchar(20))
RETURNS @cj TABLE
(
课程名 varchar(20),
姓名 char(8),
成绩 tinyint
)
AS
BEGIN
INSERT @cj
SELECT C.Cname 课程名,S.Sname 姓名,SC.Grade 成绩
FROM Student AS S JOIN SC ON S.Sno=SC.Sno
    JOIN Course AS C  ON C.Cno=SC.Cno
WHERE C.Cname=@Cname
RETURN
END
GO
--调用该标量函数的测试语句
SELECT* FROM dbo.GradeFun('体育')
GO
```

执行结果如图 6-18 所示。

【例 6-28】 在 S-T 数据库中建立一个多语句表值函数 FLGrade,该函数通过输入课程名称返回选修该课程的学生姓名、成绩与五级分。

```
--创建一个多语句表值函数 FLGrade
```

	课程名	姓名	成绩
1	体育	陈立军	70
2	体育	陈军	89

图 6-18 【例 6-27】执行结果

```
USE "S-T"
GO
CREATE FUNCTION FLGrade(@Cname AS varchar(20))
RETURNS @cj TABLE
(
课程名 varchar(20),
姓名 char(8),
成绩 tinyint,
五级分 char(20)
)
AS
BEGIN
INSERT @cj
SELECT C.Cname, S.Sname, SC.Grade, dbo.FiveLevelFun(Grade)
FROM Student AS S JOIN SC
    ON S.Sno=SC.Sno JOIN Course AS C ON C.Cno=SC.Cno
WHERE C.Cname=@Cname
RETURN
END
GO
--调用该标量函数的测试语句
SELECT* FROM dbo.FLGrade('数据结构')
```

执行结果如图 6-19 所示。

	课程名	姓名	成绩	五级分
1	数据结构	李强胜	65	及格
2	数据结构	陈军	73	中等

图 6-19 【例 6-28】执行结果

6.6 注释

在 T-SQL 程序里加入注释语句，可以增加程序的可读性。SQL Server 不会对注释的内容进行编辑和执行，在 T-SQL 中支持两种注释方式。

(1) "--"注释。"--"注释的有效范围只能到该行结束的地方，也就是说，从"--"开始，到本行结束为止，都可以是注释的内容，如果有多行注释内容，则每一行的最前面都必须加上“--”。

(2) /*…*/注释。当要进行比较长的注释时,可以使用/*…*/注释,/*…*/可以对多行语句进行注释,其有效范围是从“/*”开始,到“*/”结束,中间可以跨越多行。

6.7 批处理

在 SQL Server 2008 中,可以一次执行多个 T-SQL 语句,这多个 T-SQL 语句称为批。SQL Server 2008 会将一批 T-SQL 语句当成一个执行单元,将其编译后一次执行,而不是将一个个 T-SQL 语句编译后再一个个执行。

在 SQL Server 2008 中同样允许一次使用多个批,不同的批之间用 GO 来分隔。查询编辑器会自动根据 GO 指令来将 T-SQL 语句分为多个批来编译执行。

批处理过程中应注意以下两点。

(1) GO 并不是 T-SQL 语句,只有查询编辑器才能识别并处理,编写其他应用程序就不能使用 GO 指令。

(2) 由于批与批之间是独立的,所以当其中一个批出现错误时,不会影响其他批的运行。

6.8 本章习题

1. 使用变量和 WHILE 语句,输出 S-T 数据库 Student 表中年龄在 20 岁以下的学生信息。

2. 计算表达式“1+2+3+…+10”的值并输出。

3. 获取数据库当前时间并输出。

4. 创建函数 mysum()计算传入的两个参数之和并输出。

第 7 章　数据操作

数据的正确性和完整性是数据库存在价值的重要体现，在实际应用中常常需要查看数据以及对数据库中的数据进行更改等操作，这也是数据库最常用的功能之一。本章主要介绍几种数据查询的方法以及数据的添加、修改和删除操作。

7.1　数据查询

数据查询通过 SELECT 语句来实现，是 SQL 编程中使用频率最高的操作。SELECT 语句的作用是数据库服务器根据客户端的要求搜索出用户需要的信息资料，并按用户规定的格式进行整理后返回客户端。使用 SELECT 语句可以查看普通数据库中的表格、视图信息以及 SQL Server 的系统信息。

SELECT 语句的语法格式如下：

```
SELECT [ALL|DISTINCT] column_list
[INTO new_table]
FROM table_list
[WHERE search_condition]
[GROUP BY group_expression]
[HAVING search _condition]
[ORDER BY order_condition [ASC|DESC]]
```

语法说明如下。

[ALL|DISTINCT]：指定查询返回结果集中对相同记录行的处理方式。关键字 ALL 表示返回所有的结果集，包括重复行；关键字 DISTINCT 表示对于出现重复行的情况只保留一行记录，默认为 ALL。

column_list：指定结果集需要显示的列，若要显示多个列，则用逗号“,”隔开，若需要显示所有列则用“*”表示。

[INTO new_table]：指定插入数据的另外的数据表，表的数据为查询的结果集。

table_list：指定查询的数据源，可以为表名列表或视图名列表。

[WHERE search_condition]：指定查询结果的搜索条件表达式。

[GROUP BY group_expression]：指定查询结果的分组条件表达式。

[HAVING search_condition]：指定组或聚合的搜索条件表达式。

[ORDER BY order_condition [ASC|DESC]]：指定结果集的排序方式，ASC 表示结果集以升序排列，DESC 表示结果集以降序排列，默认为 ASC。

7.1.1　单表查询

以各种方式查询同一个表内的数据都称为单表查询，包括查询表内的若干列、若干元组、根据查询结果的某字段值排序、使用聚集函数对表内记录进行计算等方式。

1. 查询表中的若干列

【例 7-1】 查询数据库 Northwind 的表 Employees 中的全体雇员姓名和生日。

```
USE Northwind
GO
SELECT EmployeeID, LastName, FirstName, BirthDate
FROM Employees
```

执行结果如图 7-1 所示，共有 9 行记录被查询显示。

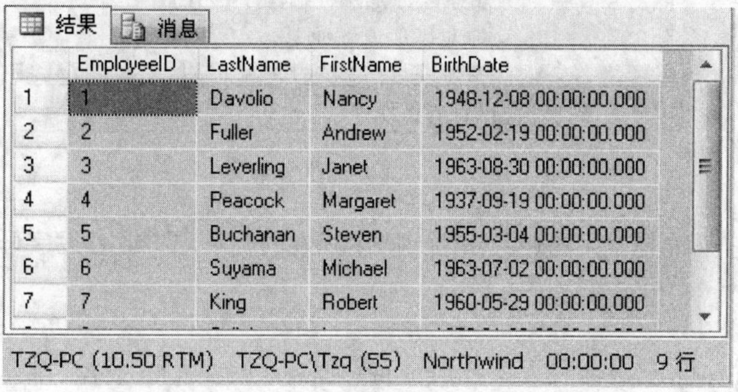

结果　消息

	EmployeeID	LastName	FirstName	BirthDate
1	1	Davolio	Nancy	1948-12-08 00:00:00.000
2	2	Fuller	Andrew	1952-02-19 00:00:00.000
3	3	Leverling	Janet	1963-08-30 00:00:00.000
4	4	Peacock	Margaret	1937-09-19 00:00:00.000
5	5	Buchanan	Steven	1955-03-04 00:00:00.000
6	6	Suyama	Michael	1963-07-02 00:00:00.000
7	7	King	Robert	1960-05-29 00:00:00.000

TZQ-PC (10.50 RTM)　TZQ-PC\Tzq (55)　Northwind　00:00:00　9 行

图 7-1 【例 7-1】执行结果

【例 7-2】 查询 Northwind 数据库中的顾客信息，输出顾客编号、公司名、联系人名和联系方式。

```
USE Northwind
GO
SELECT CustomerID, CompanyName, ContactName, Phone
FROM Customers
```

执行结果如图 7-2 所示，共有 91 行数据被查询显示。

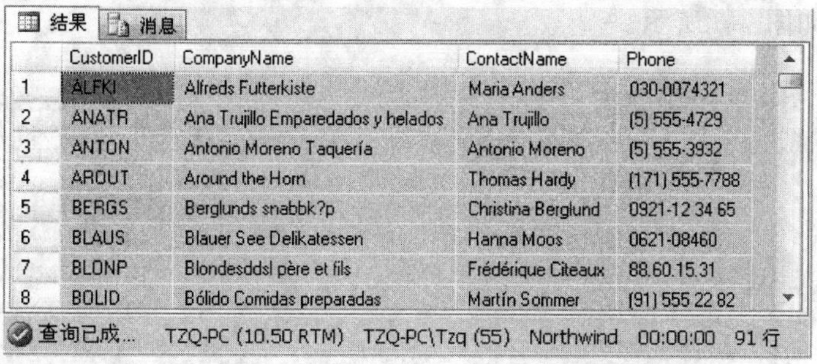

结果　消息

	CustomerID	CompanyName	ContactName	Phone
1	ALFKI	Alfreds Futterkiste	Maria Anders	030-0074321
2	ANATR	Ana Trujillo Emparedados y helados	Ana Trujillo	(5) 555-4729
3	ANTON	Antonio Moreno Taquería	Antonio Moreno	(5) 555-3932
4	AROUT	Around the Horn	Thomas Hardy	(171) 555-7788
5	BERGS	Berglunds snabbk?p	Christina Berglund	0921-12 34 65
6	BLAUS	Blauer See Delikatessen	Hanna Moos	0621-08460
7	BLONP	Blondesddsl père et fils	Frédérique Citeaux	88.60.15.31
8	BOLID	Bólido Comidas preparadas	Martín Sommer	(91) 555 22 82

查询已成...　TZQ-PC (10.50 RTM)　TZQ-PC\Tzq (55)　Northwind　00:00:00　91 行

图 7-2 【例 7-2】执行结果

【例 7-3】 查询数据库 Northwind 中产品的编号、产品名称和售价信息。

```
USE "Northwind"
GO
SELECT ProductID, ProductName, UnitPrice
```

```
FROM Products
```

执行结果如图 7-3 所示，共有 77 行数据被查询显示。

结果　消息

	ProductID	ProductName	UnitPrice
1	1	Chai	18.00
2	2	Chang	19.00
3	3	Aniseed Syrup	10.00
4	4	Chef Anton's Cajun Seasoning	22.00
5	5	Chef Anton's Gumbo Mix	21.35
6	6	Grandma's Boysenberry Spread	25.00
7	7	Uncle Bob's Organic Dried Pears	30.00
8	8	Northwoods Cranberry Sauce	40.00

(10.50 RTM)　TZQ-PC\Tzq (55)　Northwind　00:00:00　77 行

图 7-3　【例 7-3】执行结果

【例 7-4】　查询全体学生的姓名、出生年份和所在的院系，要求用小写字母表示所有系名。

```
USE "S-T"
GO
SELECT Sname,2013-Sage AS '出生年份',lower(Sdept)AS 系名
FROM Student
```

执行结果如图 7-4 所示。

2. 查询表中的若干元组

【例 7-5】　查询选修了课程的学生学号。

```
--取消重复行查询
USE "S-T"
GO
SELECT DISTINCT Sno As 学生编号
FROM SC
```

执行结果如图 7-5 所示。

结果　消息

	Sname	出生年份	系名
1	陈好	1993	ma
2	陈军	1993	ma
3	陈立军	1994	is
4	陈明	1992	ma
5	李强胜	1993	cs
6	刘晨	1994	cs
7	张敏君	1995	ma

图 7-4　【例 7-4】执行结果

结果　消息

	学生编号
1	201210234
2	201310231
3	201310232
4	201310233
5	201310235
6	201310238

图 7-5　【例 7-5】执行结果

【例 7-6】　查询所有年龄在 20 岁及以下的学生姓名及年龄。

```
USE "S-T"
GO
```

```
SELECT Sname, Sage
FROM Student
WHERE Sage <=20
```

执行结果如图 7-6 所示。

【例 7-7】 查询年龄不在 20～23 岁的学生姓名、系别和年龄。

```
USE "S-T"
GO
SELECT Sname, Sdept, Sage
FROM Student
WHERE Sage not between 20 and 23
```

执行结果如图 7-7 所示。

结果　消息

	Sname	Sage
1	陈立军	19
2	刘晨	19
3	张敏君	18

图 7-6 【例 7-6】执行结果

结果　消息

	Sname	Sdept	Sage
1	陈立军	IS	19
2	刘晨	CS	19
3	张敏君	MA	18

图 7-7 【例 7-7】执行结果

【例 7-8】 查询计算机科学系(CS)、数学系(MA)和信息系(IS)学生的姓名和性别。

```
USE "S-T"
GO
SELECT Sname, Ssex
FROM Student
WHERE Sdept in('CS','MA','IS')
```

执行结果如图 7-8 所示。

【例 7-9】 查询不是计算机科学系和数学系的学生的姓名、性别和年龄。

```
USE "S-T"
GO
SELECT Sname, Ssex, Sage
FROM Student
WHERE Sdept not in('CS','MA')
```

执行结果如图 7-9 所示。

结果　消息

	Sname	Ssex
1	陈好	女
2	陈军	男
3	陈立军	男
4	陈明	男
5	李强胜	男
6	刘晨	女
7	张敏君	女

图 7-8 【例 7-8】执行结果

结果　消息

	Sname	Ssex	Sage
1	陈立军	男	19

图 7-9 【例 7-9】执行结果

【例 7-10】 查询所有姓“陈”的学生的姓名、学号和性别。

```
USE "S-T"
GO
SELECT Sname, Sno, Ssex
FROM Student
WHERE Sname like '陈%'
```

执行结果如图 7-10 所示。

3. ORDER BY 子句

ORDER BY 子句指定了返回查询结果集的排列规则，ASC 表示升序，DESC 表示降序，一般默认为 ASC。

【例 7-11】 查询选修了课程编号为 1020 的学生的学号及成绩，查询结果按分数降序排列。

```
USE "S-T"
GO
SELECT Sno, Grade
FROM SC
WHERE Cno='1020'
ORDER BY Grade DESC
```

执行结果如图 7-11 所示。

结果 消息

	Sname	Sno	Ssex
1	陈好	201310237	女
2	陈军	201310238	男
3	陈立军	201310231	男
4	陈明	201310235	男

图 7-10 【例 7-10】执行结果

	Sno	Grade
1	201310238	94
2	201310231	75

图 7-11 【例 7-11】执行结果

【例 7-12】 查询全体学生情况，查询结果按所在系升序排列(按系名字母排序排列)，同一系中的学生按年龄降序排列。

```
USE "S-T"
GO
SELECT*
FROM Student
ORDER BY Sdept, Sage DESC
```

执行结果如图 7-12 所示。

	Sno	Sname	Ssex	Sage	Sdept
1	201310232	李强胜	男	20	CS
2	201310233	刘晨	女	19	CS
3	201310231	陈立军	男	19	IS
4	201310235	陈明	男	21	MA
5	201310238	陈军	男	20	MA
6	201210234	张敏君	女	18	MA

图 7-12 【例 7-12】执行结果

4. 聚集函数

通过使用系统自带的聚集函数(aggregate function)可以对数据进行简单的统计计算,然后将结果输出,如求某列值的最大值、平均值、计算总数等,具体的函数可以参考6.5.1节。

【例 7-13】 查询选修了课程编号为1421的学生最高分数。

```
USE "S-T"
GO
SELECT MAX(Grade)
FROM SC
WHERE Cno='1421'
```

执行结果如图7-13所示。

【例 7-14】 查询学生编号为201310238的学生选修课程的总学分数。

```
USE "S-T"
GO
SELECT SUM(Csnum)
FROM SC, Course
WHERE Sno='201310238'and SC.Cno=Course.Cno
```

执行结果如图7-14所示。

	(无列名)
1	90

图 7-13 【例 7-13】执行结果

	(无列名)
1	7

图 7-14 【例 7-14】执行结果

5. GROUP BY 子句

GROUP BY 子句指定返回的查询结果集的分组规则,能够根据某列进行分组,将该列中值相同的记录放在同一组中。

【例 7-15】 查询所有的课程选修情况。

```
--根据学号、课程编号、分数的顺序对结果集进行分组
USE "S-T"
GO
SELECT Sno,Cno,Grade
FROM SC
GROUP BY Sno,Cno,Grade
```

	Sno	Cno	Grade
1	201210234	1201	80
2	201210234	1421	87
3	201310231	1020	75
4	201310231	1421	90
5	201310232	1422	70
6	201310233	1423	93
7	201310235	1201	92
8	201310238	1020	94
9	201310238	1421	73
10	201310238	1422	78

图 7-15 【例 7-15】执行结果

执行结果如图7-15所示。

【例 7-16】 查询所有学生信息。

```
--根据学生的专业、学号、姓名的顺序对结果进行分组
USE "S-T"
GO
SELECT Sno,Sname,Sdept
FROM Student
GROUP BY Sdept,Sno,Sname
```

执行结果如图 7-16 所示。

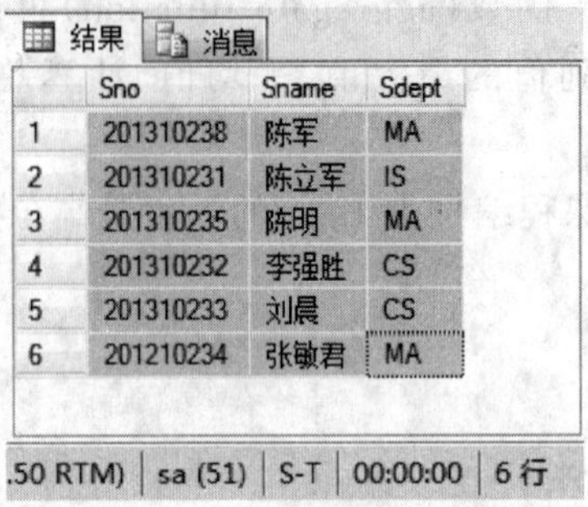

	Sno	Sname	Sdept
1	201310238	陈军	MA
2	201310231	陈立军	IS
3	201310235	陈明	MA
4	201310232	李强胜	CS
5	201310233	刘晨	CS
6	201210234	张敏君	MA

.50 RTM) | sa (51) | S-T | 00:00:00 | 6 行

图 7-16 【例 7-16】执行结果

7.1.2 连接查询

连接查询通过运算符可以实现同时涉及两个或两个以上的表的查询,用户可以将数据放在不同的表中通过连接查询来获得相应数据。需要注意的是,连接查询不能对 text、ntext 和 image 数据类型进行直接连接,但可以对这三种数据类型进行间接连接。

在连接查询中用于连接两个表的条件称为连接条件或连接谓词,其语法格式如下:

```
[<表名 1.>][<列名 1>]=[<表名 2.>][<列名 2>]
```

其中,两个表的列必须是可比的。

连接操作的执行过程是:首先取表 1 中的第 1 个元组,然后从头开始扫描表 2,逐一查找满足连接条件的元组,找到后就将表 1 中的第 1 个元组与该元组拼接起来,形成结果表中的一个元组。表 2 全部查找完毕后,再取表 1 中的第 2 个元组,再从头开始扫描表 2……重复这个过程,直到表 1 中的全部元组都处理完毕。

连接查询包括内连接、外连接和交叉连接等。

1. 内连接

内连接查询操作列出与连接条件匹配的数据行,它使用比较运算符比较被连接列的列值。内连接的语法格式如下。

SQL-92 格式:

```
SELECT [ALL|DISTINCT] select_list
FROM 表 1 [ INNER ] JOIN 表 2
  ON <连接条件>
[WHERE <查询条件>]
```

SQL-89 格式:

```
SELECT [ALL|DISTINCT] select_list
FROM 表 1,表 2
WHERE <连接条件>and <查询条件>
```

内连接可以分为等值连接、不等值连接、自然连接。

1) 等值连接

等值连接是在连接条件中使用等于号(=)比较运算符来比较被连接列的列值,其查询结果中列出被连接表中的所有列，包括其中的重复列。

【例 7-17】 查询数学系学生的修课情况，要求列出所有的学生信息以及成绩情况。

```
SELECT*
FROM Student JOIN SC
ON Student.Sno=SC.Sno
WHERE Sdept='MA'
```

执行结果如图 7-17 所示。

	Sno	Sname	Ssex	Sage	Sdept	Sno	Cno	Grade
1	201310238	陈军	男	20	MA	201310238	1020	89
2	201310238	陈军	男	20	MA	201310238	1421	68
3	201310238	陈军	男	20	MA	201310238	1422	73
4	201310235	陈明	男	21	MA	201310235	1342	87
5	201210234	张敏君	女	18	MA	201210234	1201	75
6	201210234	张敏君	女	18	MA	201210234	1421	82

图 7-17　【例 7-17】等值连接查询结果

从图 7-17 的查询结果集中可以看到，出现了重复列 Sno，这是由于在表 Student 和表 SC 中都存在名为 Sno 的列，使用等值连接不会对重复列进行处理。

2）不等值连接

不等值连接是在连接条件中使用了除等于号运算符以外的比较运算符来比较被连接列的列值，这些运算符包括>、>=、<=、<、!>、!<和<>。

3）自然连接

在连接条件中使用等于运算符比较被连接列的列值，但它使用选择列表指出查询结果集合中所包含的列，并删除连接表中的重复列。

这里还是以【例 7-17】进行介绍，使用自然连接的方法进行实现。

【例 7-18】 查询数学系学生的修课情况，要求列出所有的学生信息以及成绩情况。

```
SELECT Student.*,SC.Cno,SC.Grade
FROM Student JOIN SC
ON Student.Sno=SC.Sno
WHERE Sdept='MA'
```

执行结果如图 7-18 所示。

	Sno	Sname	Ssex	Sage	Sdept	Cno	Grade
1	201310238	陈军	男	20	MA	1020	89
2	201310238	陈军	男	20	MA	1421	68
3	201310238	陈军	男	20	MA	1422	73
4	201310235	陈明	男	21	MA	1342	87
5	201210234	张敏君	女	18	MA	1201	75
6	201210234	张敏君	女	18	MA	1421	82

图 7-18　【例 7-18】自然连接查询结果

与图 7-17 的结果相比，图 7-18 中没有出现重复的列，这是因为在确定目标列时将重复列进行了过滤,除此之外,自然连接和等值连接没有什么本质上的区别。

这里还有一种特殊的情况——自连接,是指相互连接的表实际上是同一张表,只是使用了不同的逻辑名进行区分。

【例 7-19】 查询与陈军在同一个系学习的学生的姓名和所在的系。

```
SELECT S2.Sname, S2.Sdept
FROM Student S1 JOIN Student S2
ON S1.Sdept=S2.Sdept
WHERE S1.Sname='陈军'
AND S2.Sname! ='陈军'
```

执行结果如图 7-19 所示。

	Sname	Sdept
1	陈好	MA
2	陈明	MA
3	张敏君	MA

图 7-19 【例 7-19】自连接查询结果

可以看到,表 S1 和表 S2 物理上实际是同一张表,只是用了两个不同的逻辑名,这就是自连接,自连接是一种特殊的内连接方式。

2. 外连接

外连接查询是指只限制一张表中的数据必须满足连接条件,而另一张表中的数据可以不满足连接条件的查询方式。与内连接不同的是,它返回查询结果集合中的不仅包含符合连接条件的行,而且包括左表(左外连接时)、右表(右外连接时)或两个边接表(全外连接)中的所有数据行。这种方式避免了内连接可能产生的信息缺失,在查询时保持使用的表有主次之分。

外连接的语法格式如下:

```
SELECT [ALL|DISTINCT] select_list
FROM 表 1  LEFT|RIGHT|FULL  [OUTER]
JOIN 表 2  ON  <连接条件>
[WHERE <查询条件>]
```

语法说明如下。

LEFT:指明进行外连接的方式为左外连接。

RIGHT:指明进行外连接的方式为右外连接。

OUTER:指明进行外连接的方式为全外连接。

根据查询结果集列的主从形式的不同,外连接可以分为左外连接、右外连接和全外连接。

1) 左外连接

左外连接也称为左连接,以关键字 JOIN 左边的表为主表,右边的表为从表,返回所有的匹配项,并从关键字 JOIN 左边的表中返回所有的不匹配行。

【例 7-20】 查询所有学生的修课情况,包括学生的编号、姓名、所在系、课程号和成绩。

```
SELECT Student.Sno,Sname,Sdept,Cno,Grade
FROM Student LEFT OUTER JOIN SC
ON Student.Sno=SC.Sno
```

执行结果如图 7-20 所示。

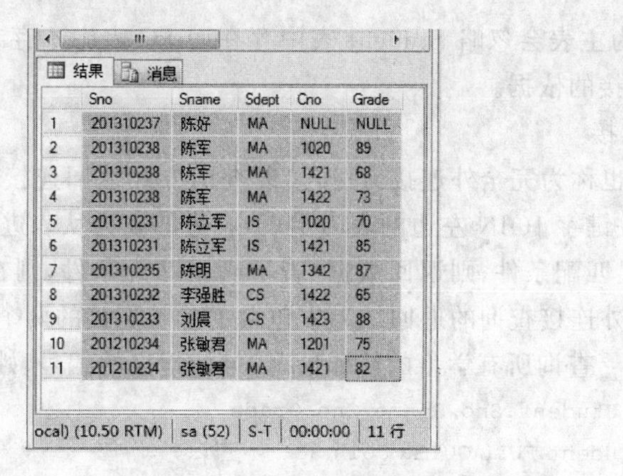

结果　消息

	Sno	Sname	Sdept	Cno	Grade
1	201310237	陈好	MA	NULL	NULL
2	201310238	陈军	MA	1020	89
3	201310238	陈军	MA	1421	68
4	201310238	陈军	MA	1422	73
5	201310231	陈立军	IS	1020	70
6	201310231	陈立军	IS	1421	85
7	201310235	陈明	MA	1342	87
8	201310232	李强胜	CS	1422	65
9	201310233	刘晨	CS	1423	88
10	201210234	张敏君	MA	1201	75
11	201210234	张敏君	MA	1421	82

ocal) (10.50 RTM) | sa (52) | S-T | 00:00:00 | 11 行

图 7-20　【例 7-20】左外连接查询结果

在图 7-20 可以看到，学生陈好在 Student 表中有记录，但是在 SC 表中没有选课记录，使用左外连接会以左边的 Student 表为主，右边没有记录的行以 NULL 填充返回。

2）右外连接

右外连接也称为右连接，以关键字 JOIN 右边的表为主表，左边的表为从表，返回所有的匹配项，并从关键字 JOIN 右边的表中返回所有的不匹配行。

【例 7-21】　查询所有学生的修课情况，包括学生的编号、姓名、所在系、课程号和成绩。

```
SELECT Student.Sno,Sname,Sdept,Cno,Grade
FROM SC RIGHT OUTER JOIN Student
ON Student.Sno=SC.Sno
```

运行以上代码的结果与图 7-20 左外连接查询结果实际上是一样的，将 Student 表放在关键字 JOIN 右边实际上依然以 Student 表作为主表进行查询。

如果采用下面的 SQL 语句，以 SC 表为主表进行查询会产生截然不同的结果。

```
SELECT Student.Sno,Sname,Sdept,Cno,Grade
FROM Student RIGHT OUTER JOIN SC
ON Student.Sno=SC.Sno
```

执行结果如图 7-21 所示。

	Sno	Sname	Sdept	Cno	Grade
1	201210234	张敏君	MA	1201	75
2	201210234	张敏君	MA	1421	82
3	201310231	陈立军	IS	1020	70
4	201310231	陈立军	IS	1421	85
5	201310232	李强胜	CS	1422	65
6	201310233	刘晨	CS	1423	88
7	201310235	陈明	MA	1342	87
8	201310238	陈军	MA	1020	89
9	201310238	陈军	MA	1421	68
10	201310238	陈军	MA	1422	73

图 7-21　右外连接查询结果

以 SC 表为主表会忽略 Student 表中存在而 SC 表中不存在的数据，以 SC 表中存在的 Sno 作为连接的依据。

3）全外连接

全外连接也称为完全外连接，该连接以查询方式返回连接表中的所有数据。与左外连接相同，以关键字 JOIN 左边的表为主表，右边的表为从表进行查询。根据匹配条件进行查询，若满足匹配条件，则返回数据，若不满足匹配条件，则在相应列以 NULL 填充返回数据。在全外连接查询的返回结果中包含了参与连接的两个表的所有数据。

【例 7-22】 查询所有学生的修课情况，包括学生的编号、姓名、课程号和成绩。

```
SELECT Student.Sno,Sname,Cno,Grade
FROM Student FULL OUTER JOIN SC
ON Student.Sno=SC.Sno
```

执行结果如图 7-22 所示。

	Sno	Sname	Cno	Grade
1	201310237	陈好	NULL	NULL
2	201310238	陈军	1020	89
3	201310238	陈军	1421	68
4	201310238	陈军	1422	73
5	201310231	陈立军	1020	70
6	201310231	陈立军	1421	85
7	201310235	陈明	1342	87
8	201310232	李强胜	1422	65
9	201310233	刘晨	1423	88
10	201210234	张敏君	1201	75
11	201210234	张敏君	1421	82

图 7-22　【例 7-22】全外连接结果

图 7-22 实际上列出了 Student 表和 SC 表的全部行数据。

3. 交叉连接

使用交叉连接查询，对于没有 WHERE 子句的交叉连接将产生连接所涉及的表的一个笛卡儿乘积，即第一个表中的每一行数据与第二个表中的每一行数据进行连接的结果，其语法格式如下：

```
SELECT [ALL|DISTINCT] select_list
FROM 表 1 CROSS JOIN 表 2
[WHERE <查询条件>]
```

交叉连接的结果一般没有什么实际意义。如果在交叉连接中有 WHERE 子句，则交叉连接的作用将同内连接一样，例如：

```
SELECT* FROM Student CROSS JOIN SC WHERE Student.sno=SC.sno
```

与内连接

```
SELECT* FROM Student INNER JOIN SC ON Student.sno=SC.sno
```

的结果一样。

7.1.3　嵌套查询

SQL中，一个SELECT…FROM…WHERE语句称为一个查询块，一个查询嵌套在另一个查询块的WHERE子句或HAVING短语的条件中的查询称为嵌套查询。嵌套在其他查询条件中的查询块称为子查询，子查询可以嵌套多层，但是子查询中不能有ORDER BY等分组语句。当嵌套有多层子查询时，从最内层的子查询开始执行查询。

1. 带有IN谓词的子查询

带有IN谓词的子查询能够查询满足IN谓词后的数据集合中某一数据的记录，也可以使用NOT IN查询在数据集合内容之外的记录。

【例7-23】　查询与陈军在同一个系学习的学生。

```
USE "S-T"
GO
SELECT *
FROM Student
WHERE Sdept IN
(
  SELECT Sdept
  FROM Student
  WHERE Sname='陈军'
)
```

执行结果如图7-23所示。

【例7-24】　查询没有选修"数据结构"课程的学生。

```
SELECT Sno, Sname
FROM Student
WHERE Sno not in
  (
    SELECT Sno
    FROM SC
    WHERE Cno in
    (
      SELECT Cno
      FROM Course
      WHERE Cname='数据结构'
    )
  )
```

执行结果如图7-24所示。

	Sno	Sname	Sdept
1	201310238	陈军	MA
2	201310235	陈明	MA
3	201210234	张敏君	MA

图7-23　【例7-23】执行结果

	Sno	Sname
1	201310231	陈立军
2	201310235	陈明
3	201310233	刘晨
4	201210234	张敏君

图7-24　【例7-24】执行结果

2. 带有比较运算符的子查询

SQL Server 中的比较运算符主要有=、<、<=、>、>=、<>、!=，分别表示等于、小于、小于等于、大于、大于等于、不等于(<>和!=)，可使用这些比较运算符对列值进行限制，一般用于子查询返回值为单值的情况。

【例 7-25】 找出每个学生超过他选修课程平均成绩的课程号。

```
USE "S-T"
GO
SELECT Sno, Cno
FROM SC x
WHERE Grade >=
  (
    SELECT avg(Grade)
    FROM SC y
    WHERE y.Sno=x.Sno
  )
```

	Sno	Cno
1	201210234	1421
2	201310231	1421
3	201310232	1422
4	201310233	1423
5	201310235	1201
6	201310238	1020

图 7-25　【例 7-25】执行结果

执行结果如图 7-25 所示。

【例 7-26】 查询所有男生的信息。

```
USE "S-T"
GO
SELECT* FROM Student
WHERE Ssex='男'
```

或者

```
USE "S-T"
GO
SELECT* FROM Student
WHERE Ssex <>'女'
```

执行结果如图 7-26 所示。

	Sno	Sname	Ssex	Sage	Sdept
1	201310238	陈军	男	20	MA
2	201310231	陈立军	男	19	IS
3	201310235	陈明	男	21	MA
4	201310232	李强胜	男	20	CS

图 7-26　【例 7-26】执行结果

3. 带有 ANY(SOME)或 ALL 谓词的子查询

带有 ANY(SOME)或 ALL 谓词的子查询多用于子查询返回多值的情况。ANY(SOME)表示满足多值集合中的任意一个值，ALL 表示满足多值集合中的所有值，需要配合使用比较运算符进行查询，可能的搭配如下。

>ANY：大于子查询结果中的某个值。

>ALL：大于子查询结果中的所有值。

＜ANY：小于子查询结果中的某个值。

＜ALL：小于子查询结果中的所有值。

＞＝ANY：大于等于子查询结果中的某个值。

＞＝ALL：大于等于子查询结果中的所有值。

＜＝ANY：小于等于子查询结果中的某个值。

＜＝ALL：小于等于子查询结果中的所有值。

＝ANY：等于子查询结果中的某个值。

＝ALL：等于子查询结果中的所有值(通常没有实际意义)。

！＝(或＜＞)ANY：不等于子查询结果中的某个值(通常没有实际意义)。

！＝(或＜＞)ALL：不等于子查询结果中的任何一个值。

【例 7-27】 查询其他系中比计算机科学系某一学生年龄小的学生的姓名和年龄。

```
USE "S-T"
GO
SELECT Sname, Sage
FROM Student
WHERE Sage <ANY
  (
    SELECT Sage
    FROM Student
    WHERE Sdept='CS'
  )
AND Sdept <>'CS'
```

	Sname	Sage
1	陈军	20
2	陈立军	19
3	陈明	21
4	张敏君	18

图 7-27 【例 7-27】执行结果

执行结果如图 7-27 所示。

【例 7-28】 查询其他系中比计算机科学系所有学生年龄都小的学生的姓名及年龄。

```
USE "S-T"
GO
SELECT Sname, Sage
FROM Student
WHERE Sage <ALL
  (
    SELECT Sage
    FROM Student
    WHERE Sdept='CS'
  )
AND Sdept<>'CS'
```

	Sname	Sage
1	张敏君	18

图 7-28 【例 7-28】执行结果

执行结果如图 7-28 所示。

4. 带有 EXISTS 谓词的子查询

带有 EXISTS 谓词的子查询不返回任何数据，只产生逻辑真值 TRUE 或逻辑假值 FALSE。若子查询结果非空，则返回 TRUE，否则返回 FALSE。由 EXISTS 引出的子查询，其目标列名列表通常都用“*”表示，因为带 EXISTS 的子查询只返回真值或假值，给出列名无实际意义。

【例 7-29】 查询所有选修了课程编号为 1201 课程的学生姓名。

```
USE "S-T"
GO
SELECT Sname
FROM Student
WHERE EXISTS
  (
    SELECT*
    FROM SC
    WHERE Sno=Student.Sno and Cno='1201'
  )
```

	Sname
1	陈明
2	张敏君

图 7-29 【例 7-29】执行结果

执行结果如图 7-29 所示。

【例 7-30】 查询没有选修课程编号为 1201 的课程的学生姓名。

```
USE "S-T"
GO
SELECT Sname
FROM Student
WHERE NOT EXISTS
  (
    SELECT*
    FROM SC
    WHERE Sno=Student.Sno and Cno='1201'
  )
```

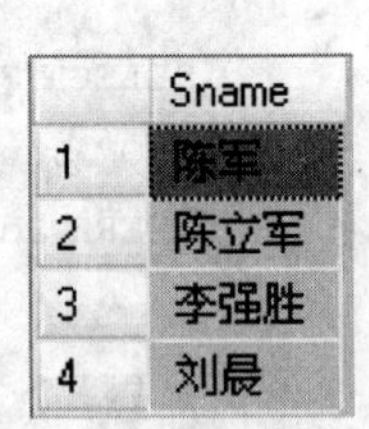

	Sname
1	陈军
2	陈立军
3	李强胜
4	刘晨

图 7-30 【例 7-30】执行结果

执行结果如图 7-30 所示。

7.1.4 集合查询

集合查询用于两个查询结果集进行集合运算，要求两个查询结果集的各列数必须相同，对应项的数据类型也必须相同。集合查询包含三种运算：并(UNION)、交(INTERSECT)、差(EXCEPT)。

UNION：用于获得两个查询结果集的并集，在默认情况下会自动在并集中去掉重复值，若要保留重复值可以使用 UNION ALL。

INTERSECT：用于获得两个查询结果集的交集。

EXCEPT：用于获得两个查询结果集的差集。

【例 7-31】 查询计算机科学系的学生及年龄不大于 19 岁的学生。

```
USE "S-T"
GO
SELECT*FROM Student
WHERE Sdept='CS'
UNION  --计算机科学系学生与年龄不大于19岁的学生的并集
```

```
SELECT* FROM Student
WHERE Sage <=19
```

执行结果如图 7-31 所示。

	Sno	Sname	Ssex	Sage	Sdept
1	201210234	张敏君	女	18	MA
2	201310231	陈立军	男	19	IS
3	201310232	李强胜	男	20	CS
4	201310233	刘晨	女	19	CS

图 7-31　【例 7-31】执行结果

【例 7-32】　查询选修了课程 1020 或者选修了课程 1201 的学生。

```
USE "S-T"
GO
SELECT Sno,Cno FROM SC
WHERE Cno='1201'
UNION --选修了课程 1020 与课程 1201 的学生的并集
SELECT Sno,Cno FROM SC
WHERE Cno='1020'
```

执行结果如图 7-32 所示。

	Sno	Cno
1	201210234	1201
2	201310235	1201
3	201310231	1020
4	201310238	1020

图 7-32　【例 7-32】执行结果

【例 7-33】　查询数学系的学生与年龄不大于 19 岁的学生的交集。

```
USE "S-T"
GO
SELECT* FROM Student
WHERE Sdept='MA'
INTERSECT  --数学系的学生与年龄不大于 19 岁的学生的交集
SELECT* FROM Student
WHERE Sage <=19
```

执行结果如图 7-33 所示。

	Sno	Sname	Ssex	Sage	Sdept
1	201210234	张敏君	女	18	MA

图 7-33　【例 7-33】执行结果

【例 7-34】　查询同时选修了课程 1201 和课程 1421 的学生编号。

```
USE "S-T"
GO
SELECT Sno FROM SC
WHERE Cno='1201'
INTERSECT  --选修课程的学生与选修课程的学生的交集
SELECT Sno FROM SC
WHERE Cno='1421'
```

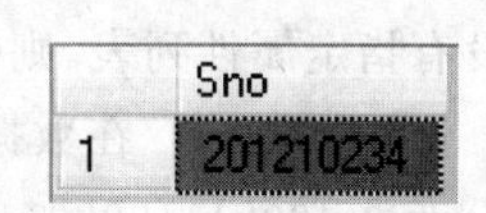

图 7-34　【例 7-34】执行结果

执行结果如图 7-34 所示。

【例 7-35】　查询计算机科学系的学生与年龄不大于 19 岁的学生的差集。

```
USE "S-T"
GO
SELECT* FROM Student
WHERE Sdept='CS'
```

```
EXCEPT  --计算机科学系的学生与年龄不大于19岁的学生的差集
SELECT* FROM Student
WHERE Sage <=19
```

执行结果如图 7-35 所示。

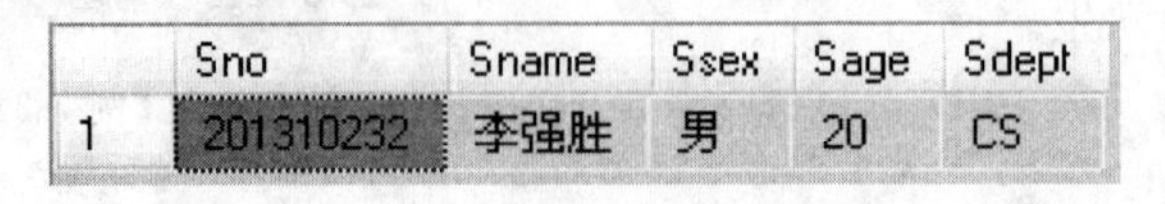

	Sno	Sname	Ssex	Sage	Sdept
1	201310232	李强胜	男	20	CS

图 7-35 【例 7-35】执行结果

7.2 添加数据

INSERT 语句是 SQL 语句中常用来向表中添加数据的语句,用于新增一个符合表结构的数据行。可以一次性插入单条或者多条数据行,这些数据可以是新添加的,也可以是从已存在的表或视图中查询得到的。

7.2.1 插入元组

插入元组常使用 INSERT…VALUES 语句,它可以一次性向表中插入部分数据,也可以整行插入,在没有指定列时,默认为整行插入。数据的赋值是将子表数据根据表中列定义顺序(或列名表顺序)赋给对应列名,插入单行记录的 INSERT 语句的语法格式如下:

```
INSERT[INTO] table_or_view [(<column_list>)]
VALUES(value_list)
```

语法说明如下。

table_or_view:插入数据的表名或者视图名。

column_list:插入目标表的列名列表,其中列名必须在表中已定义,值可取常量或 NULL。

value_list:数据赋值列表,数据值需按列名顺序对应排列,数据值类型应与列数据类型一致,且数据值应在列规定的范围内,语句中无值对应列名时赋 NULL。如果表名后没有指定属性列表,则待插入的值顺序必须与表中定义属性列的顺序一致。

【例 7-36】 在数据库 MyDB 中插入一条雇员新元组(编号 20120501,姓名陈连双,身份证号 430211199205130563)到 employees 表中。

执行语句如下:

```
USE MyDB
GO
INSERT INTO employees(emp_id, emp_name, emp_cardid)
VALUES('20120501','陈连双','430211199205130563')
```

执行结果如图 7-36 所示。

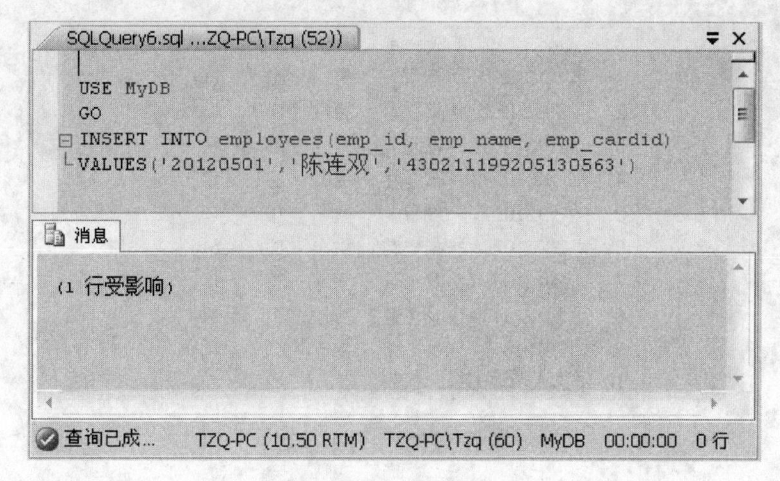

图 7-36　【例 7-36】执行结果

对 MyDB 的 employees 表执行查询,查询结果见图 7-37,在表中相应地添加了一条新记录。

	emp_id	emp_name	emp_cardid
1	20120501	陈连双	430211199205130563

图 7-37　查询结果

7.2.2　插入多条元组

SQL Server 支持通过在多条 SELECT 语句间使用关键字 UNION 来实现一次增加多行数据,其语法格式如下:

```
INSERT [INTO] <table_name>[column_list]
SELECT <value_list>UNION
…
SELECT<value_list>
```

通过在 SELECT 语句后添加关键字 UNION 连接下一条 SELECT 语句来新增多条数据行。需要注意的是,在使用 UNION 增加数据时,不能使用 DEFAULT 来增加带有默认值的列。

【例 7-37】　向学生表 Student 中添加多条记录。

```
USE "S-T"
GO
insert into Student
SELECT '201310451','蒋盈盈','男',22,'CS' UNION
SELECT '201210452','黄建民','女',20,'IS' UNION
SELECT '201210453','吴江豪','男',20,'MA' UNION
SELECT '201210454','吕小布','男',21,'MA'
```

执行结果如图 7-38 所示。

	Sno	Sname	Ssex	Sage	Sdept
1	201310238	陈军	男	20	MA
2	201310231	陈立军	男	19	IS
3	201310235	陈明	男	21	MA
4	201310232	李强胜	男	20	CS
5	201310233	刘晨	女	19	CS
6	201210234	张敏君	女	18	MA
7	201210360	黄小英	女	20	IS
8	201210453	吴江豪	男	20	MA
9	201210454	吕小布	男	21	MA
10	201310451	蒋盈盈	男	22	CS

图 7-38 【例 7-37】执行结果

7.2.3 插入子查询结果

SQL Server 提供通过在 INSERT 语句中嵌套一个 SELECT 语句,将查询结果集插入某个表中,这样能一次插入多条记录,很大程度上方便了已有数据以及数据处理结果集的存储,比单独使用 INSERT 语句效率要高得多。

插入子查询结果的 SQL 语句基本语法格式如下:

```
INSERT [INTO] <table_or_view>[(<column_list>)]
SELECT column_list
FROM table_list
WHERE search_condition
```

【例 7-38】 对每个系求学生的平均年龄,并把结果存入数据库。

```
--在数据库中建立一个新表 Dept_age 来存放系对应的学生平均年龄
USE "S-T"
GO
CREATE TABLE Dept_age
(
Sdept char(15), --系名
Avg_age smallint  --平均年龄
)

--对 Student 表按系分组求平均年龄,再把系名和平均年龄存入新表中
INSERT INTO Dept_age(Sdept, Avg_age)
  SELECT Sdept,avg(Sage)
  FROM Student
  GROUP BY Sdept
```

执行结果如图 7-39 所示。

对新建的 Dept_age 表执行查询,查询结果如图 7-40 所示,在图中展示了对 Student 表中的三个系 CS、IS、MA 进行了分组计算各自系的平均年龄的结果。

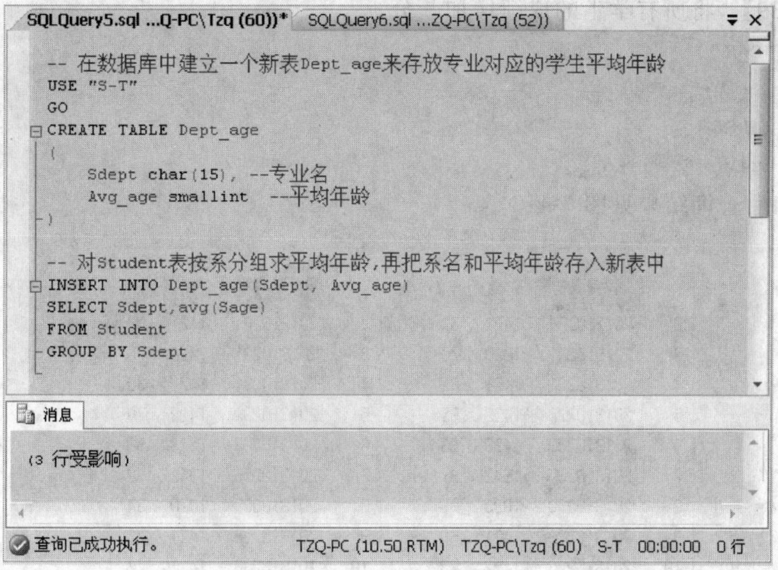

```
SQLQuery5.sql ...Q-PC\Tzq (60))*    SQLQuery6.sql ...ZQ-PC\Tzq (52))
-- 在数据库中建立一个新表Dept_age来存放专业对应的学生平均年龄
USE "S-T"
GO
CREATE TABLE Dept_age
(
    Sdept char(15), --专业名
    Avg_age smallint  --平均年龄
)

-- 对Student表按系分组求平均年龄，再把系名和平均年龄存入新表中
INSERT INTO Dept_age(Sdept, Avg_age)
SELECT Sdept,avg(Sage)
FROM Student
GROUP BY Sdept

消息
(3 行受影响)

查询已成功执行。  TZQ-PC (10.50 RTM)  TZQ-PC\Tzq (60)  S-T  00:00:00  0 行
```

图 7-39　【例 7-38】执行结果

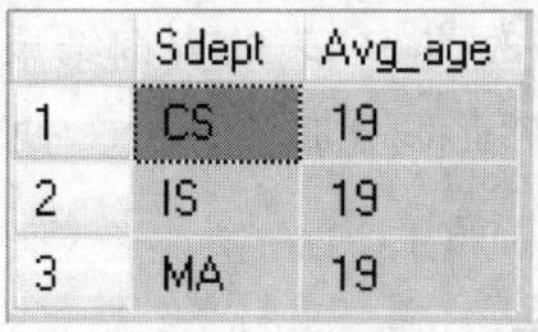

	Sdept	Avg_age
1	CS	19
2	IS	19
3	MA	19

图 7-40　表 Dept_age 查询结果

7.3　修改数据

当数据录入数据库后，发现数据存在错误或者数据由于变化等原因需要对原有数据进行更新时，可以使用 SQL 语句提供的 UPDATE 语句来实现数据的修改。UPDATE 语句的语法格式如下：

```
UPDATE <table_name>
SET <column=value>[,<column=value>]
[WHERE <search_condition>]
```

在 UPDATE 语句中通过 SET 语句将值赋给某一列来修改数据，如果没有 WHERE 语句，则对该列所有的值进行修改，如果有 WHERE 语句，则对该列中满足条件的值进行修改。

7.3.1　修改元组集

在 UPDATE 语句中使用 SET 语句可以对指定列的值进行赋值操作，当没有 WHERE 语句时，即对所有元组集进行修改。

【例 7-39】 将所有学生的成绩增加 5 分。

```
USE "S-T"
GO
UPDATE SC
SET Grade=Grade+5
```

运行前后查询结果见图 7-41。

	Sno	Cno	Grade
1	201210234	1201	75
2	201210234	1421	82
3	201310231	1020	70
4	201310231	1421	85
5	201310232	1422	65
6	201310233	1423	88
7	201310235	1342	87
8	201310238	1020	89
9	201310238	1421	68
10	201310238	1422	73

	Sno	Cno	Grade
1	201210234	1201	80
2	201210234	1421	87
3	201310231	1020	75
4	201310231	1421	90
5	201310232	1422	70
6	201310233	1423	93
7	201310235	1342	92
8	201310238	1020	94
9	201310238	1421	73
10	201310238	1422	78

图 7-41 修改元组集

图 7-41 中左边的图为执行修改前 SC 表的查询结果，右边为执行修改后的查询结果，通过对比可以发现，所有学生的成绩都增加了 5 分。使用 UPDATE 语句可以实现对某列数据进行统改。

7.3.2 修改特定的元组值

在 UPDATE 语句中通过使用 WHERE 语句可以对满足某条件的单个或多个元组进行修改。

【例 7-40】 将学生 201310237 的年龄改为 21 岁。

```
USE "S-T"
GO
UPDATE Student
SET Sage=21
WHERE Sno='201310237'
```

运行前后查询修改结果见图 7-42。

	Sno	Sname	Ssex	Sage	Sdept
1	201310237	陈好	女	20	MA
2	201310238	陈军	男	20	MA
3	201310231	陈立军	男	19	IS
4	201310235	陈明	男	21	MA
5	201310232	李强胜	男	20	CS
6	201310233	刘晨	女	19	CS
7	201210234	张敏君	女	18	MA

	Sno	Sname	Ssex	Sage	Sdept
1	201310237	陈好	女	21	MA
2	201310238	陈军	男	20	MA
3	201310231	陈立军	男	19	IS
4	201310235	陈明	男	21	MA
5	201310232	李强胜	男	20	CS
6	201310233	刘晨	女	19	CS
7	201210234	张敏君	女	18	MA

图 7-42 修改特定元组值

图7-42中左边的图为执行修改前Student表的查询结果，右边为执行修改后的查询结果，通过对比不难发现，只有满足WHERE语句中的编号为201310237的学生的年龄才更改为21岁。通过对WHERE语句的控制也可以实现具有某一特征的单个或多个元组值的更改。

7.3.3 修改带子查询的数据

SQL Server中支持通过在UPDATE语句中嵌入SELECT语句，通过满足条件查询结果产生的临时数据来修改目的表的列值。UPDATE SELECT语句常用于根据其他表的数据对目的表进行数据修改，其语法格式如下：

```
UPDATE <table_name>
SET(<column_name>[,<column_name>])
=(
  SELECT(<column_name>[,<column_name>])
  FROM <table_list>
  [WHERE <search_condition1>]
  <column_name> [,<column_name>]
)
[WHERE <search_condition2>]
```

语法说明如下。

SELECT(〈column_name〉[,〈column_name〉])FROM 〈table_list〉：用于生成满足查询条件的临时表来更新数据。

[WHERE 〈search_condition1〉]：SELECT子句的查询条件。

[WHERE 〈search_condition2〉]：UPDATE语句的修改条件，可以包含对table_list中表数据的引用。

【例7-41】 将课程选修表SC中编号为1342的课程改为数学课所对应的编号。

```
USE "S-T"
GO
UPDATE SC
SET Cno=(
SELECT Cno FROM Course
WHERE Cname='数学')
WHERE Cno='1342'
```

运行前后对比如图7-43所示。

在图7-43中，左边为执行修改前的数据，右边为执行修改后的数据，第7行Sno为201310235的行记录中Cno由1342更改为数学课所对应的编号1201。使用UPDATE SELECT语句可以根据满足某个条件的其他表数据来批量更改目的表的数据。

	Sno	Cno	Grade
1	201210234	1201	80
2	201210234	1421	87
3	201310231	1020	75
4	201310231	1421	90
5	201310232	1422	70
6	201310233	1423	93
7	201310235	1342	92
8	201310238	1020	94
9	201310238	1421	73
10	201310238	1422	78

	Sno	Cno	Grade
1	201210234	1201	80
2	201210234	1421	87
3	201310231	1020	75
4	201310231	1421	90
5	201310232	1422	70
6	201310233	1423	93
7	201310235	1201	92
8	201310238	1020	94
9	201310238	1421	73
10	201310238	1422	78

图 7-43　修改带子查询的数据

7.4　删除数据

数据库中的数据随着时间的推移，有的已经失去了使用意义，这些数据的累积会导致磁盘占用空间的不断扩大以及数据操作效率的下降等问题，需要对这些没有存储价值的数据进行清理删除。SQL Server 中可以使用 DELETE 语句来实现数据的删除。

DELETE 语句的语法格式如下：

```
DELETE FROM <table_name>
[WHERE <search_condition>]
```

DELETE 语句可以删除满足 WHERE 语句条件的数据，当没有 WHERE 子句时执行对该表所有数据的删除。

7.4.1　删除特定的元组值

在 DELETE 语句中使用 WHERE 语句可以删除满足要求的数据，还可以使用关键字 TOP 根据记录的百分比或者记录的前几条进行数据的删除。

【例 7-42】　删除学生陈好的信息。

```
USE "S-T"
GO
DELETE FROM Student
WHERE Sname='陈好'
```

执行结果如图 7-44 所示。

【例 7-43】　删除学生选课表 SC 中的前 3 条数据。

```
USE "S-T"
GO
DELETE TOP(3) SC
```

执行结果如图 7-45 所示。

	Sno	Sname	Ssex	Sage	Sdept
1	201310238	陈军	男	20	MA
2	201310231	陈立军	男	19	IS
3	201310235	陈明	男	21	MA
4	201310232	李强胜	男	20	CS
5	201310233	刘晨	女	19	CS
6	201210234	张敏君	女	18	MA

图 7-44　删除特定的元组

	Sno	Cno	Grade
1	201310231	1421	90
2	201310232	1422	70
3	201310233	1423	93
4	201310235	1201	92
5	201310238	1020	94
6	201310238	1421	73
7	201310238	1422	78

图 7-45　删除前 3 条记录

删除表的前一定数量的记录可以使用 TOP()，在括号中输入需要删除的记录行数。通过图 7-45 可以发现，原先 SC 表中的数据为 10 条，在执行删除后剩下 7 条选课记录。

【例 7-44】　删除学生选课表 SC 中前 30%的记录数据。

```
USE "S-T"
GO
DELETE TOP(30) PERCENT SC
```

执行结果如图 7-46 所示。

删除表的前一定百分比的记录可以在 TOP()之后添加关键字 PERCENT 以表示百分比来删除数据，原先的数据为 7 条，执行删除后的图 7-46 中只剩下 4 条记录。

【例 7-45】　删除所有的学生选课数据。

```
USE "S-T"
GO
DELETE FROM SC
```

在执行删除命令后对 SC 表进行查询，查询结果如图 7-47 所示，SC 表中的数据已经被清空。

	Sno	Cno	Grade
1	201310235	1201	92
2	201310238	1020	94
3	201310238	1421	73
4	201310238	1422	78

图 7-46　删除前 30%的记录

	Sno	Cno	Grade

图 7-47　删除 SC 表查询

7.4.2　删除所有元组

SQL Server 支持使用 DELETE 语句来执行所有元组的删除，支持使用 TRUNCATE TABLE 语句来快速删除表中的所有数据。DELETE 语句执行删除需要对每行修改都记录日志，而 TRUNCATE TABLE 语句不记录日志，只记录整个数据页的释放操作，因此比 DELETE 语句的执行效率高，但是使用 TRUNCATE TABLE 语句不能删除视图索引的表，删除后的数据不能恢复。

TRUNCATE TABLE 语句语法格式如下：

```
TRUNCATE TABLE [[database.] owner.] table_name
```

【例 7-46】 删除 Student 表中的所有数据。

```
TRUNCATE TABLE  [S-T].[dbo].[Student]
```

7.5 本章习题

基于数据库 S-T 使用 T-SQL 语句根据要求进行以下相关数据操作。

(1) 查询所有成绩都合格的学生及其选修课程的情况。

(2) 向表 SC 中添加一条学号为 201310238，选修课程号为 1020，成绩为 89 的选课记录。

(3) 修改表 SC 中的选课记录，将学号为 201310221 的学生选修的课程 1422 成绩改为 70。

(4) 查询所有选择了体育课的学生信息。

(5) 查询所有成绩在 80 分以上的学生信息。

(6) 删除表 SC 中所有选修了“软件工程导论”的选课信息，然后删除表 Course 中的“软件工程导论”这门课程。

(7) 删除表 SC 中的所有选课信息。

第 8 章　存储过程与触发器

在 SQL Server 2008 中存储过程和触发器是两个重要的数据库对象，它们实际上都是使用 T-SQL 编写的程序，可以通过编译保存到服务器端。存储过程需要显式调用，而触发器在满足条件的时候自动执行。本章主要介绍存储过程的类型、使用、系统存储过程及触发器的使用。

8.1　存储过程概述

存储过程是为了实现某个特定任务，由一组预先编译好的 SQL 语句组成，将其放在服务器上，由用户通过指定存储过程的名称来执行的一种数据库对象。

1. 存储过程的分类

1）系统存储过程

系统存储过程以 sp_为前缀，是由 SQL Server 2008 自己创建、管理和使用的一种特殊的存储过程，不能对其进行修改或删除，如 sp_helpdb、sp_renamedb 等。

2）扩展存储过程

扩展存储过程允许使用编程语言（如 C 语言）创建自己的外部例程。扩展存储过程是指 SQL Server 的实例可以动态加载和运行的 DLL。扩展存储过程直接在 SQL Server 实例的地址空间中运行，也可以使用 SQL Server 扩展存储过程 API 完成编程。

后续版本的 SQL Server 将删除该功能，用户应避免在新的开发工作中使用该功能，并应着手修改当前还在使用该功能的应用程序，改用 CLR 集成，CLR 集成提供了更为可靠和安全的替代方法来编写扩展存储过程。

3）用户自定义存储过程

用户自定义存储过程是指由用户自行创建的存储过程，可以输入参数、向客户端返回表格或结果、消息等，也可以返回输出参数。

2. 存储过程的作用

(1) 允许模块化程序设计：①标准的编写规范；②多次调用而不必重新编写该存储过程的 SQL 语句；③对存储过程进行修改但对应用程序源代码毫无影响；④提高了程序的可移植性。

(2) 改善性能，执行速度快。存储过程是预编译好的，而批处理的 SQL 语句在每次运行时都要进行编译和优化，因此速度相对慢一些。

(3) 减少网络流量。客户计算机上调用该存储过程时，网络中传送的只是该调用语句，否则将是多条 SQL 语句，从而大大增加了网络流量，降低网络负载。

(4) 可作为安全机制使用。系统管理员通过对执行某一存储过程的权限进行限制，从而能够实现对相应的数据访问权限的限制，避免非授权用户对数据的访问，保证数据的安全。

8.2 存储过程的使用

8.2.1 创建存储过程

创建存储过程的语法格式如下：

```
CREATE PROC [EDURE] procedure_name
[{@parameter data_type}
[=default][OUTPUT][,…n]
[WITH{RECOMPILE|ENCRYPTION|RECOMPILE, ENCRYPTION}]
AS
sql_statement
```

语法说明如下。

procedure_name：新建存储过程的名称，其名称必须符合标识符命名规则，且对于数据库及其所有者必须唯一。

parameter：存储过程中的输入和输出参数。

data_type：参数的数据类型。

OUTPUT：表明参数是返回参数，该选项的值可以返回给 EXEC[UTE]。

sql_statement：指存储过程中的任意数目和类型的 T-SQL 语句。

创建存储过程的注意事项包括以下几点。

(1) 只能在当前数据库中创建存储过程。

(2) 数据库的所有者可以创建存储过程，也可以授权其他用户创建存储过程。

(3) 存储过程是数据库对象，其名称必须遵守标识符命名规则。

(4) 不能将 CREATE PROCEDURE 语句与其他 SQL 语句组合到单个批处理中。

(5) 创建存储过程时，应指定所有输入参数和向调用过程或批处理返回的输出参数、执行数据库操作的编程语句和返回至调用过程或批处理，以表明成功或失败的状态值。

1. 创建无参存储过程

创建无参存储过程的基本语法格式如下：

```
CREATE PROC[EDURE]procedure_name
AS
sql_statement[…n]
```

语法说明如下。

procedure_name：新建存储过程的名称，其名称必须符合标识符命名规则，且对于数据库及其所有者必须唯一。

sql_statement：指存储过程中的任意数目和类型的 T-SQL 语句。

【例 8-1】 在 pubs 数据库中创建一个名称为 pr_searchorddate 的存储过程，该存储过程将查询出 sales 表中订购日期 ord_date 在 1994 年以后的记录信息。

```
--创建无参存储过程 pr_searchorddate
USE pubs
GO
```

```
CREATE PROC pr_searchorddate
AS
SELECT*
FROM sales
WHERE ord_date>='1994-1-1'
GO
```

2. 创建带参存储过程

创建带参存储过程的基本语法格式如下：

```
CREATE PROC[EDURE]存储过程名
[{@parameter data_type}
[=default][OUTPUT][,…n]
[WITH{RECOMPILE|ENCRYPTION|RECOMPILE, ENCRYPTION}]
AS
SQL语句
```

语法说明如下。

parameter：存储过程中的输入和输出参数。

data_type：参数的数据类型。

OUTPUT：表明参数是返回参数，该选项的值可以返回给EXEC[UTE]。

【例8-2】 在pubs数据库中创建一个存储过程pr_searchempl，查询出authors表中state字段为某个州，且姓中包含某字符串的所有的员工信息，并执行该存储过程。

```
--创建一个带参的存储过程pr_searchempl
USE pubs
GO
CREATE PROC pr_searchempl
    @state char(2),@str varchar(40)
As
SELECT*
FROM authors
WHERE state=@state and au_lname like'%'+@str+'%'
```

【例8-3】 创建存储过程p_getEmployee，查询出northwind数据库中城市值为某值并且雇佣时间在某日期之后的所有员工的基本信息。

```
--创建一个带参的存储过程p_getEmployee
USE northwind
GO
CREATE PROC p_getEmployee
    @city nvarchar(15),
    @hiredate datetime
AS
SELECT* FROM employees
WHERE city=@city AND hiredate>=@hiredate
```

【例8-4】 在pubs数据库中创建一个存储过程pr_titleprice，统计出titles表中pub_

id 字段为某编号的书籍总价格。

```
USE pubs
GO
CREATE PROC pr_titleprice
    @pub_id char(4),@sprice money OUTPUT
AS
SELECT @sprice=sum(price)
FROM titles
    WHERE pub_id=@pub_id
```

【例 8-5】 创建一个存储过程 p_getCountEmployees,用于统计 northwind 数据库员工表中雇佣日期在某时间之后的员工的个数。

```
USE northwind
GO
CREATE PROC p_getCountEmployees
    @hiredate datetime='1990-1-1',
    @count int OUTPUT
AS
SELECT @count=count(*)FROM employees WHERE  hiredate>=@hiredate
```

8.2.2 执行存储过程

1. 执行无参存储过程

对于存储在服务器上的存储过程,可以使用 EXECUTE 命令或其名称执行它,执行无参存储过程的基本语法格式如下:

```
EXEC[UTE]存储过程名
```

【例 8-6】 对【例 8-1】中已创建的存储过程 pr_searchorddate 执行如下语句操作。

```
USE pubs
GO
EXECUTE pr_searchorddate
```

执行结果如图 8-1 所示。

	stor_id	ord_num	ord_date	qty	payterms	title_id
1	6380	6871	1994-09-14 00:00:00.000	25	Net 60	BU1032
2	6380	722a	1994-09-13 00:00:00.000	3	Net 60	PS2091
3	7066	QA7442.3	1994-09-13 00:00:00.000	75	ON invoice	PS2091
4	7067	D4482	1994-09-14 00:00:00.000	10	Net 60	PS2091
5	7131	N914008	1994-09-14 00:00:00.000	20	Net 30	PS2091
6	7131	N914014	1994-09-14 00:00:00.000	25	Net 30	MC3021
7	8042	423LL922	1994-09-14 00:00:00.000	15	ON invoice	MC3021
8	8042	423LL930	1994-09-14 00:00:00.000	25	ON invoice	BU1032

图 8-1 【例 8-6】执行结果

2. 执行带输入参数的存储过程

执行带输入参数的存储过程的基本语法格式如下：

```
[EXEC[UTE]]存储过程名][实参[,…n]]
```

【例 8-7】 执行【例 8-2】创建的存储过程 pr_searchempl。

```
USE pubs
GO
EXECUTE pr_searchempl 'CA','hi'
```

执行结果如图 8-2 所示。

	au_id	au_lname	au_fname	phone	address	city	state	zip	contract
1	172-32-1176	White	Johnson	408 496-7223	10932 Bigge Rd.	Menlo Park	CA	94025	1

图 8-2　【例 8-7】执行结果

执行带输入参数的存储过程的注意事项如下。

(1) 按位置传递参数值。在执行存储过程的语句中,直接给出参数的值。当有多个参数时,给出的参数的顺序与创建执行存储过程的语句中的参数顺序一致,即参数传递的顺序就是参数定义的顺序。

(2) 通过参数名传递参数值。在执行存储过程的语句中,使用“参数名＝参数值”的形式给出参数值,其优点是参数可以以任意顺序给出。

(3) 在输入参数中使用默认值。在执行存储过程 p_getEmployee 时,如果没有指定参数,系统运行就会出错。此时如果希望在执行时不给出参数也能正确运行,则在创建存储过程时给输入参数指定默认值。

【例 8-8】 基于【例 8-3】创建的存储过程按位置传递参数值。

```
USE northwind
GO
EXEC p_getEmployee 'london','1994-1-1'
```

执行结果如图 8-3 所示。

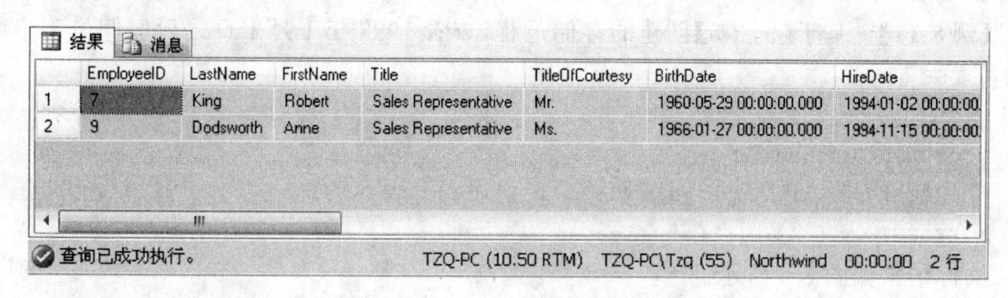

	EmployeeID	LastName	FirstName	Title	TitleOfCourtesy	BirthDate	HireDate
1	7	King	Robert	Sales Representative	Mr.	1960-05-29 00:00:00.000	1994-01-02 00:00:00.
2	9	Dodsworth	Anne	Sales Representative	Ms.	1966-01-27 00:00:00.000	1994-11-15 00:00:00.

图 8-3　【例 8-8】执行结果

【例 8-9】 基于【例 8-3】创建的存储过程,通过参数名传递参数值。

```
USE northwind
go
EXEC p_getEmployee @city='london',@hiredate='1994-1-1'
```

执行结果如图 8-4 所示。

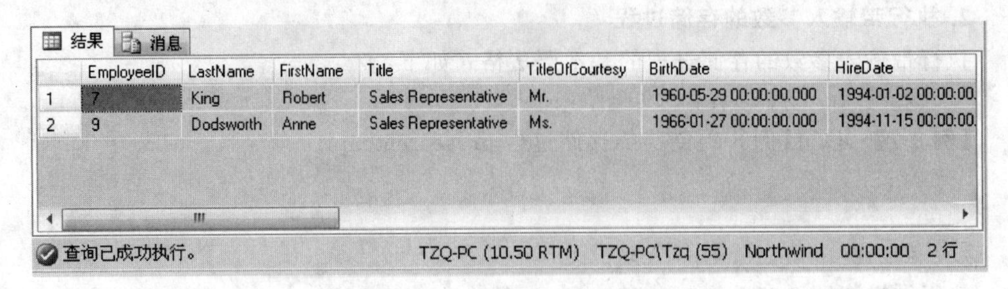

结果
消息
EmployeeID
LastName
FirstName
Title
TitleOfCourtesy
BirthDate
HireDate
1　7　King　Robert　Sales Representative　Mr.　1960-05-29 00:00:00.000　1994-01-02 00:00:00.
2　9　Dodsworth　Anne　Sales Representative　Ms.　1966-01-27 00:00:00.000　1994-11-15 00:00:00.
查询已成功执行。
TZQ-PC (10.50 RTM)　TZQ-PC\Tzq (55)　Northwind　00:00:00　2 行

图 8-4　【例 8-9】执行结果

3. 执行带输出参数的存储过程

执行带输出参数的存储过程的基本语法格式如下：

```
[[EXEC [UTE]]
{[@return_status=]
{存储过程名}
[[@parameter_name=]{value|@variable[OUTPUT]|[DEFAULT]]  [,…n]
[WITH RECOMPILE]
```

语法说明如下。

[@parameter_name=]{value|@variable}：输入参数传递值。

[@parameter_name=]@variable OUTPUT：传递给该输出参数的变量。@variable 用来存放返回参数的值。

【例 8-10】　基于【例 8-4】创建的存储过程，查看编号为 0877 的书籍总价格。

```
USE pubs
GO
DECLARE @ss money
EXEC pr_titleprice '0877',@ss OUTPUT
SELECT @ss AS 总价格
```

执行结果如图 8-5 所示。

【例 8-11】　基于【例 8-5】创建的存储过程，查看 1993 年 1 月 1 日之后雇佣员工个数。

```
USE northwind
GO
DECLARE @ecount int
EXEC p_getCountEmployees '1993-1-1',@ecount OUTPUT
SELECT '员工个数为:'+str(@ecount)
```

执行结果如图 8-6 所示。

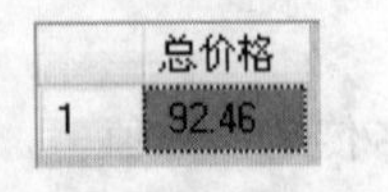

总价格
1　92.46

图 8-5　【例 8-10】执行结果

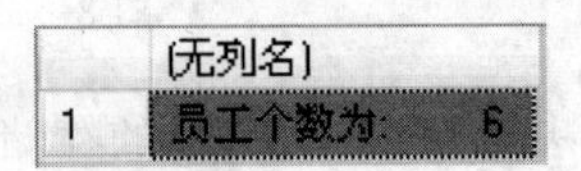

(无列名)
1　员工个数为:　6

图 8-6　【例 8-11】执行结果

4. 存储过程的返回值

存储过程在执行后都会返回一个整型值。如果执行成功，则返回 0，否则返回－99～

－1 的随机数，也可以使用 RETURN 语句来指定一个存储过程的返回值。

【例 8-12】 在 northwind 数据库创建一个存储过程，返回产品表中的所有产品的库存量。

```
--创建存储过程 pr_lier
USE northwind
GO
CREATE PROC pr_lier
AS
BEGIN
DECLARE @fanhuizhi int
SELECT @fanhuizhi=sum(unitsinstock)
FROM products
RETURN @fanhuizhi
END
--执行存储过程 pr_lier,查看产品表中所有产品的库存量
USE northwind
GO
DECLARE @num int
EXEC @num=pr_lier
PRINT @num
```

执行结果如图 8-7 所示。

图 8-7　【例 8-12】执行结果

【例 8-13】 在 pubs 数据库中创建一个带参数的存储过程 selectuser，查询出用户表 usermember 中是否存在某用户，如果不存在，则返回值为 1，否则查询该用户的密码是否正确，如不正确则返回值为 2，否则返回值为 0。

```
USE pubs
GO
CREATE PROC selectuser
    @username varchar(20),
    @pass varchar(20)
AS
IF @username NOT IN(
      SELECT username FROM usermember)
      RETURN(1)
ELSE IF exists(
```

```
        SELECT* FROM usermember
        WHERE username=@username and Pwd=@pass)
      RETURN(0)
    ELSE
    RETURN(2)
```

【例 8-14】 建立一个带参的存储过程，用于向 pubs 数据库中的 publishers 表中添加一条记录，在添加记录前先查看是否存在此出版社编号(pub_id)，如不存在则插入该条记录信息，存储过程返回值为 0，如已存在此出版社编号，则不进行插入记录操作，存储过程返回值为－1。测试记录为：('9903','科学出版社','北京','TX','中国')。

```
USE pubs
GO
CREATE PROC InsertPublishers
  @Pub_Id char(4),
  @pub_name varchar(40),
  @city varchar(20),
  @state char(2),
  @country varchar(30)
AS
IF EXISTS(
    SELECT* FROM publishers
    WHERE pub_id=@pub_id)
  RETURN-1
ELSE
  BEGIN
    INSERT Publishers(Pub_Id, pub_name, city, state, country)
    VALUES(@Pub_Id,@pub_name,@city,@state,@country)
IF @@ERROR=0
  RETURN 0
ELSE
  RETURN-9
END
GO

--存储过程的执行如下
DECLARE @result int
Exec @result=InsertPublishers '9903','科学出版社','北京','TX',
'中国'
IF @result=0
  PRINT '记录插入成功'
IF @result=-1
  PRINT '出版社编号已存在,记录重复！'
```

```
IF @result=-9
  PRINT '出版社编号违反检查约束,请重新输入！'
GO
```

执行结果如图 8-8 所示。

图 8-8　【例 8-14】执行结果

对 publishers 表执行查询的结果如图 8-9 所示,在第 7 行中插入了该条记录。

	pub_id	pub_name	city	state	country
1	0736	New Moon Books	Boston	MA	USA
2	0877	Binnet & Hardley	Washington	DC	USA
3	1389	Algodata Infosystems	Berkeley	CA	USA
4	1622	Five Lakes Publishing	Chicago	IL	USA
5	1756	Ramona Publishers	Dallas	TX	USA
6	9901	GGG&G	M吏chen	NULL	Germany
7	9903	科学出版社	北京	TX	中国
8	9952	Scootney Books	New York	NY	USA
9	9999	Lucerne Publishing	Paris	NULL	France

查... | (local) (10.50 RTM) | sa (53) | master | 00:00:00 | 9 行

图 8-9　publishers 表查询结果

【例 8-15】　在 pubs 数据库中创建一个带参数的存储过程 InsertUserMember,接受用户注册信息,首先查询出用户表 UserMember 中是否存在该用户,如果存在,则返回值为−1,否则将该信息插入该表中,如果插入记录成功则返回值为 0,否则返回值为−2。

```
USE pubs
GO
CREATE PROC InsertUserMember
      @username varchar(50),
      @pwd varchar(50),
      @sex char(2)='男',
      @phone varchar(50)=null,
      @email varchar(50)=null,
      @address varchar(50)=null
AS
IF exists(
    SELECT* FROM UserMember WHERE username=@username)
  RETURN -1
```

```
ELSE
BEGIN
  INSERT INTO UserMember
  VALUES(@username,@pwd,@sex,@phone,@email,@address)
  IF @@error=0
    RETURN 0
  ELSE
    RETURN -2
END
GO
--存储过程的执行语句如下：
DECLARE @fan int
EXEC @fan=InsertUserMember 'cc','cc',DEFAULT,'86822555',
          'a@ 126.com','长春'
IF @fan=-1
  PRINT '用户名已经存在'
IF @fan=0
  PRINT '插入数据成功'
IF @fan=-2
  PRINT '插入数据失败'
```

执行结果如图 8-10 所示。

图 8-10 【例 8-15】执行结果

【例 8-16】 建立一个带参的存储过程 updatesales，用于修改 pubs 数据库 sales 表中 ord_date 的值为某值(如 1994-9-14)，并且 title_id 为某值(如 BU1032)的 qty 字段值，修改其值为输入的数值(如 25)。

```
--建立一个带参的存储过程 updatesales
USE pubs
GO
CREATE PROC updatesales
    @ord_date datetime,
    @title_id varchar(6),
    @qty smallint
AS
UPDATE sales
```

```
SET qty=@qty
WHERE ord_date=@ord_date AND title_id=@title_id
GO
--存储过程的执行如下
Exec updatesales '1994-9-14','BU1032', 25
```

【例 8-17】 在 pubs 数据库中创建一个带参的存储过程 updateusermember,接受用户的信息修改,首先查询出用户表 usermember 中是否存在该用户名,并且密码是否正确,如果不正确,则返回-1,否则可以修改用户的信息(用户名不可以修改)。

```
--创建一个带参的存储过程 updateusermember
USE pubs
GO
CREATE PROC updateusermember
      @username varchar(50),
      @pwd varchar(50),
      @sex char(2),
      @telephone varchar(50),
      @address varchar(50)
AS
IF exists(
          SELECT* FROM usermember
          WHERE username=@username and Pwd=@pwd)
   UPDATE usermember
   SET Sex=@sex,Phone=@telephone,Address=@address
   WHERE username=@username
ELSE
   RETURN(-1)
GO
--执行存储过程
Exec updateusermember 'yp','456123','女','121212','beijing'
```

【例 8-18】 建立一个带参的存储过程 p_getTotal,用于查询 northwind 数据库 order details 表中某产品的总销量和总销售金额,并将其值返回。

```
--建立一个带参的存储过程 p_getTotal
USE northwind
GO
CREATE PROC p_getTotal
      @prod_id int,
      @total_quantity INT OUTPUT,
      @total_money money OUTPUT
AS
SELECT @total_quantity=sum(quantity),
      @total_money=sum(quantity*unitprice*(1-discount))
```

```
FROM[order details]WHERE productid=@prod_id
GO
--存储过程的执行如下
DECLARE @t_quantity int,@t_money money
EXEC p_getTotal 10,@t_quantity output,@t_money output
PRINT '该产品总销量为'+str(@t_quantity)
PRINT '该产品总金额为'+str(@t_money)
GO
```

执行结果如图 8-11 所示。

图 8-11 【例 8-18】执行结果

8.2.3 查看存储过程

在 SQL Server 中,可以使用 sp_helptext、sp_depends、sp_help 等系统存储过程来查看存储过程的不同信息。

(1) 使用 sp_helptext 查看存储过程的文本信息,其语法格式如下:

```
sp_helptext 存储过程名
```

(2) 使用 sp_depends 查看存储过程的相关性,其语法格式如下:

```
sp_depends 存储过程名
```

(3) 使用 sp_help 查看存储过程的一般信息,其语法格式如下:

```
sp_help 存储过程名
```

【例 8-19】 使用 sp_helptext 查看【例 8-1】创建的存储过程 pr_searchorddate 的文本信息。

```
USE pubs
GO
sp_helptext pr_searchorddate
```

执行结果如图 8-12 所示。

	Text
1	
2	create proc pr_searchorddate
3	as
4	select *
5	from sales
6	where ord_date>='1994-1-1'

图 8-12 【例 8-19】执行结果

【例 8-20】 使用 sp_depends 查看【例 8-1】创建的存储过程 pr_searchorddate 的相关性。

```
USE pubs
GO
sp_depends pr_searchorddate
```

执行结果如图 8-13 所示。

	name	type	updated	selected	column
1	dbo.sales	user table	no	yes	stor_id
2	dbo.sales	user table	no	yes	ord_num
3	dbo.sales	user table	no	yes	ord_date
4	dbo.sales	user table	no	yes	qty
5	dbo.sales	user table	no	yes	payterms
6	dbo.sales	user table	no	yes	title_id

图 8-13 【例 8-20】执行结果

【例 8-21】 使用 sp_help 查看【例 8-1】创建的存储过程 pr_searchorddate 的一般信息。

```
USE pubs
GO
sp_help pr_searchorddate
```

执行结果如图 8-14 所示。

	Name	Owner	Type	Created_datetime
1	pr_searchorddate	dbo	stored procedure	2013-06-30 10:52:55.937

图 8-14 【例 8-21】执行结果

8.2.4 重编译存储过程

在使用了一次存储过程后，可能会出于某些原因，必须向表中新增加数据列或者为表新添加索引，从而改变了数据库的逻辑结构。这时，需要对存储过程进行重新编译，SQL Server 提供了三种重新编译存储过程的方法。

(1) 在建立存储过程时设定重新编译，其语法格式如下：

```
CREATE PROCEDURE 存储过程名
WITH RECOMPILE
ASSQL 语句
```

(2) 在执行存储过程时设定重编译，其语法格式如下：

```
EXECUTE 存储过程名
WITH RECOMPILE
```

(3) 通过使用系统存储过程设定重编译，其语法格式如下：

```
EXEC sp_recompile OBJECT
```

8.2.5 修改和删除存储过程

1. 修改存储过程

在需要对存储过程的语句或参数进行修改时，可以通过删除原有的存储过程再重新创建，但是这种方式会导致与原有存储过程相关联的权限丢失，SQL Server 提供了 ALTER 语句来修改存储过程，其基本语法格式如下：

```
ALTER PROC[EDURE]存储过程名[;number]
[{@参数 类型}
[VARYING][=default][OUTPUT]
][,……n]
[WITH{RECOMPILE|ENCRYPTION|RECOMPILE,ENCRYTION}]
[FOR REPLICATION]
AS
SQL 语句
```

语法说明如下。

number：将名称相同的存储过程编组。

参数：参数包含输入/输出参数。

default：为输入/输出参数指定的默认值，必须为一个常量。

WITH RECOMPILE：为存储过程指定重编译选项。

WITH ENCRYPTION：对包含创建存储过程文本的 syscomments 表中的项进行加密。

【例 8-22】 对【例 8-3】创建的存储过程 p_getEmployee 进行修改，指定城市默认值为 london，指定雇佣日期为 1990 年 1 月 1 日。

```
USE northwind
GO
ALTER PROC p_getEmployee
    @city nvarchar(15)='london',
    @hiredate datetime='1990-1-1'
AS
SELECT* FROM employees
WHERE city=@city AND hiredate>=@hiredate
GO
EXEC p_getEmployee
```

执行结果如图 8-15 所示。

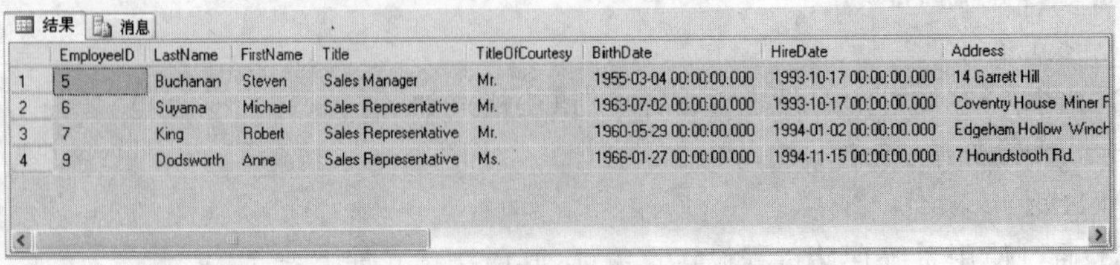

结果 | 消息

	EmployeeID	LastName	FirstName	Title	TitleOfCourtesy	BirthDate	HireDate	Address
1	5	Buchanan	Steven	Sales Manager	Mr.	1955-03-04 00:00:00.000	1993-10-17 00:00:00.000	14 Garrett Hill
2	6	Suyama	Michael	Sales Representative	Mr.	1963-07-02 00:00:00.000	1993-10-17 00:00:00.000	Coventry House Miner R
3	7	King	Robert	Sales Representative	Mr.	1960-05-29 00:00:00.000	1994-01-02 00:00:00.000	Edgeham Hollow Winch
4	9	Dodsworth	Anne	Sales Representative	Ms.	1966-01-27 00:00:00.000	1994-11-15 00:00:00.000	7 Houndstooth Rd.

图 8-15 【例 8-22】执行结果

2. 删除存储过程

删除存储过程可以使用 DROP 命令实现，DROP 命令可以将一个或者多个存储过程或者存储过程组从当前数据库中删除，其语法格式如下：

```
DROP  PROCEDURE 存储过程名称[,n]
```

【例 8-23】 删除存储过程 p_getTotal。

```
USE northwind
GO
DROP PROCEDURE p_getTotal
```

8.3　系统存储过程

系统存储过程是指由系统创建的存储过程，目的在于能够方便地从系统表中查询信息或完成与更新数据库表相关的管理任务或其他的系统管理任务。系统存储过程主要存储在 master 数据库中，是以"sp_"开头的存储过程。这些系统存储过程虽然被创建在 master 数据库中，但可以被其他数据库调用。有一些系统存储过程会在创建新的数据库的时候被自动创建在当前数据库中。

更加详细的系统存储过程及其使用语法可以参见相关帮助文档，这里仅列出一些常用的系统存储过程，如表 8-1 所示。

表 8-1　常用系统存储过程

存储过程	描　述
sp_databases	查看数据库
sp_tables	查看表
sp_columns	查看列
sp_helpIndex	查看索引
sp_helpConstraint	查看约束
sp_stored_procedures	列出所有存储过程
sp_helptext	查看存储过程创建、定义语句
sp_rename	更改表、索引、列名
sp_renamedb	更改数据库名
sp_defaultdb	更改登录名关联的默认数据库
sp_helpdb	数据库帮助，查询数据库信息

8.4　触发器概述

1. 触发器的概念

触发器是一类特殊的存储过程，被定义为在对特定表或视图发出 UPDATE、INSERT 或 DELETE 语句命令时自动执行，完成比 CHECK 约束更复杂的数据约束，通常用于实现强制业务规则和数据完整性规则约束。触发器具有以下三个特点。

(1) 它与表紧密相关,可以看做表定义的一部分。

(2) 它不能通过名称被直接调用,更不允许带参数,而是当用户对表中的数据进行编辑时,自动激活执行。

(3) 它可以用于 SQL Server 约束、默认值和规则的完整性检查,实施更为复杂的数据完整性约束。

2. 触发器的作用

触发器的主要作用是实现由主键和外键所不能保证的复杂的参照完整性和数据一致性。除此之外,触发器还具有以下作用。

(1) 在数据库中的相关表上实现级联更改。在数据库的相关表上使用触发器可实现级联更新或删除。

(2) 强制比 CHECK 约束更复杂的数据完整性。和 CHECK 约束不同,触发器可以引用其他表中的列。可以通过这几种方法使用触发器来强制复杂的引用完整性,根据情况确定是否级联更新与删除、创建多行触发器、在数据库间强制引用完整性。

(3) 维护非标准数据。触发器可以用来在非标准数据库环境中维护底层的数据完整性,非标准数据常常是人为得出的或冗余的数据值。

(4) 比较数据修改前后的状态。大部分触发器提供了引用被修改数据的能力,这样就允许用户在触发器中引用正被修改语句所影响的行。

3. 触发器的分类

(1) DML 触发器。DML 触发器在数据库中发生数据操作语言事件时将启用。DML 事件包括在指定表或视图中修改数据的 INSERT 语句、UPDATE 语句或 DELETE 语句。DML 触发器可以查询其他表,还可以包含复杂的 T-SQL 语句,将触发器和触发它的语句作为可在触发器内回滚的单个事务对待。如果检测到错误(如磁盘空间不足),则整个事务自动回滚。DML 触发器按照被激活的时机,可分为 AFTER 触发器和 INSTEAD OF 两种触发器。

注意:SELECT 语句不能激活触发器操作,因为 SELECT 语句并没有修改表中的数据。

(2) DDL 触发器。DDL 触发器是一种特殊的触发器,当服务器或数据库中发生数据定义语句事件,如 CREATE、ALTER、DROP 数据库对象等操作时将调用这些触发器,它们可以用于在数据库中执行管理任务,如审核以及规范数据库操作。

4. INSERTED 表和 DELETED 表

SQL Server 为每个触发器语句都创建两个特殊的逻辑表,即 INSERTED 表和 DELETED 表,它们是由系统创建和维护的专用临时表。这两个表的结构总是与被该触发器作用的表的结构相同,触发器执行完成后,与该触发器相关的这两个表也会被删除。

(1) INSERTED 表用于存放由 INSERT 或 UPDATE 语句要向表中插入的所有数据行。在执行 INSERT 或 UPDATE 事务中,新的行同时会添加到定义触发器的表和 INSERTED 表中,INSERTED 表中的内容是新插入触发表的数据行的副本。

(2) DELETED 表用于存放由 DELETE 或 UPDATE 语句而要从表中删除的所有数

据行。在执行 DELETE 或 UPDATE 事务中,被删除的行从定义触发器的表中被移动到 DELETED 表中,DELETED 表中的内容是被删除的触发表的数据行的副本。

注意:一个 UPDATE 事务可以看做先执行一个 DELETE 操作,再执行一个 INSERT 操作,执行 DELETE 操作所删除的行首先被移动到 DELETED 表中,执行 INSERT 操作插入的新行会同时插入 INSERTED 表及触发表中。

8.5　触发器的使用

8.5.1　创建触发器

1. DML 触发器

在 SQL Server 2008 中,DML 触发器有三种类型。

(1) AFTER 触发器。AFTER 触发器又称为后触发器,该触发器是在 INSERT、UPDATE 或 DELETE 语句修改数据成功之后执行的。

(2) INSTEAD OF 触发器。INSTEAD OF 触发器又称为替代触发器,当引起触发器执行的修改语句停止执行时,该类触发器代替触发操作执行。

(3) CLR 触发器。CLR 触发器将执行在托管代码中编写的方法,而不用执行 T-SQL 存储过程。

创建一个触发器的基本语法格式如下:

```
CREATE TRIGGER trigger_name
ON{table_name|view_name}
{{FOR|AFTER|INSTEAD OF}{[INSERT][,][DELETE][,][UPDATE]}
AS
[IF UPDATE(column_name)][{AND|OR}UPDATE(column_name)…]
sql_statement
}
```

语法说明如下。

trigger_name:要创建的触发器的名称。

table_name|view_name:在其上执行触发器的表名或视图名。

FOR|AFTER|INSTEAD OF:指定触发器的时机,其中 FOR 与 AFTER 相同。

INSERT, DELETE, UPDATE:指定在表或视图上执行哪些数据修改语句时将触发触发器的关键字,必须至少指定一个选项。在触发器的定义中允许使用以任意顺序组合的这些关键字,中间用逗号分隔。

IF UPDATE(column_name):指如果更新表的某列将进行的操作。

sql_statement:指定触发器执行的 T-SQL 语句。

创建 DML 触发器前需注意以下事项。

(1) CREATE TRIGGER 语句必须是批处理中的第一条语句,该语句后面的所有其他语句被解释为触发器语句定义的一部分。

(2) 创建 DML 触发器的权限默认分配给表的所有者,且不能将该权限转给其他用户。

(3) DML 触发器是数据库对象,其名称必须遵循标识符的命名规则。

(4) 虽然 DML 触发器可以引用当前数据库以外的对象,但只能在当前数据库中创建 DML 触发器。

(5) TRUNCATE TABLE 语句不会触发 DELETE 触发器。

(6) 在 CREATE TRIGGER 语句定义中不能包含以下语句:CREATE | ALTER | DROP DATABASE、DISK INIT、DISK RESIZE、LOAD DATABASE、LOAD LOG、RESTORE DATABASE、RESTORE LOG。

1) 创建 INSERT 触发器

在定义了 INSERT 触发器的表上执行 INSERT 语句,INSERT 语句插入的行被记录下来,触发器动作被执行。

触发 INSERT 触发器时,新行被同时增加到触发器表和 INSERTED 表中。

INSERTED 表是保存了插入行的副本的逻辑表,它并不实际存在于数据库中。

INSERTED 表允许用户引用 INSERT 语句所插入的数据,这样触发器可以根据具体数据决定是否执行以及如何执行特定语句。

【例 8-24】 在 Northwind 数据库中的 Order Details 表上创建一个触发器,使得无论何时向 Order Details 表中插入一条记录,都将更新 Products 表中的 UnitsInStock 列,即用原来的数量减去订购的数量。

```
USE Northwind
GO
CREATE TRIGGER OrdDet_Insert
ON [Order Details]
FOR INSERT
AS
UPDATE P
SET UnitsInStock=(P.UnitsInStock-I.Quantity)
FROM Products AS P INNER JOIN Inserted AS I
    ON P.ProductID=I.ProductID
```

2) 创建 DELETE 触发器

(1) DELETE 触发器的工作过程。

在定义了 DELETE 触发器的表上执行 DELETE 语句,DELETE 语句删除的行被记录下来,触发器动作被执行。

(2) 对 DELETED 表的说明有以下几点:①触发 DELETE 触发器时,被删除的行放入 DELETED 表中;②DELETED 表是保存了被删除行的副本的逻辑表;③DELETED 表允许用户引用 DELETE 语句所删除的数据。

(3) 使用 DELETE 触发器应注意:①当行添加到 DELETED 表后,将不再存在于数据库表中;②从内存中分配空间创建 DELETED 表,DELETED 表总在缓存中;③DELETE 触发器不会被 TRUNCATE TABLE 语句触发。

【例 8-25】 在 Northwind 数据库中的 Categories 表上创建一个 DELETE 触发器,

以保证当将某一个类别删除的同时将 Products 表对应 CategoryID 的 Discontinued 列的值设置为1。

```
USE Northwind
go
CREATE TRIGGER Category_Delete
ON Categories
FOR DELETE
AS
UPDATE P
SET Discontinued=1
FROM Products AS P INNER JOIN deleted AS d
ON P.CategoryID=d.CategoryID
```

【例 8-26】 用触发器实现在 pubs 数据库中的 titleauthor 表一次只能从该表中删除一条记录。

```
USE pubs
GO
Create TRIGGER tr_delete1
ON titleauthor
AFTER DELETE
AS
DECLARE @num int
SELECT @num=count(*) FROM DELETED
IF @num>=2
BEGIN
   PRINT('不能删除两条以上记录')
   ROLLBACK TRANSACTION
END
GO
--测试语句
DELETE titleauthor
WHERE au_ord=1
GO
SELECT* FROM  titleauthor
WHERE au_ord=1
GO
```

执行结果如图 8-16 和图 8-17 所示。

3）UPDATE 触发器

(1) UPDATE 触发器的工作过程。执行 UPDATE 语句可以考虑为两个步骤：DELETE 步骤捕获数据的修改前值，INSERT 步骤捕获数据的修改后值。当在定义了触发器的表上执行 UPDATE 语句的时候，原行被移到 DELETED 表中，而更新的行则插入 INSERTED 表中。触发器可以检索 DELETED 和 INSERTED 表以及被更新的表，来确

结果　消息

	au_id	title_id	au_ord	royaltyper
1	172-32-1176	PS3333	1	100
2	213-46-8915	BU2075	1	100
3	238-95-7766	PC1035	1	100
4	274-80-9391	BU7832	1	100
5	409-56-7008	BU1032	1	60
6	427-17-2319	PC8888	1	50
7	486-29-1786	PC9999	1	100
8	486-29-1786	PS7777	1	100
9	648-92-1872	TC4203	1	100
10	672-71-3249	TC7777	1	40
11	712-45-1867	MC2222	1	100
12	722-51-5454	MC3021	1	75
13	724-80-9391	BU1111	1	60
14	756-30-7391	PS1372	1	75

C (10.50 RTM)　TZQ-PC\Tzq (58)　pubs　00:00:00　17 行

图 8-16　【例 8-26】执行结果

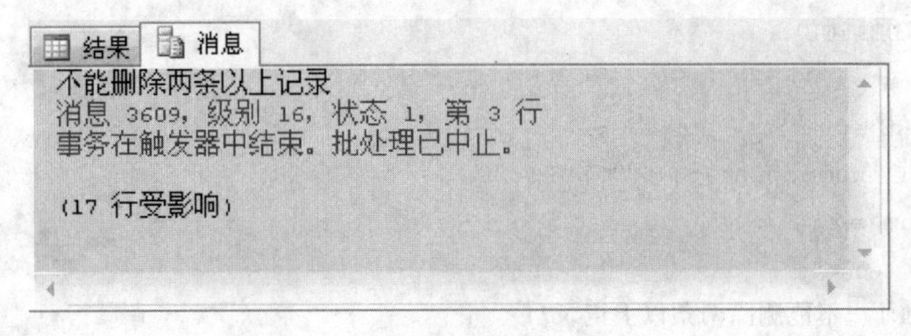

图 8-17　【例 8-26】执行消息

定是否更新了多行以及如何执行触发器动作。

（2）监视对特定列的更新的语法格式如下：

```
IF UPDATE(<列名>)
```

允许触发器监测特定列，以对特定列的更新作出反应。例如，发出不允许对列更新的错误信息，或者对新更新的列值进行处理。

【例 8-27】　禁止用户修改员工表中的 employeeid 列的值。

```
USE northwind
GO
CREATE TRIGGER employee_update
ON employees FOR UPDATE
AS
IF UPDATE(employeeid)
BEGIN
  ROLLBACK TRAN
```

```
END
```

4）INSTEAD OF 触发器

可以在表和视图上定义 INSTEAD OF 触发器。INSTEAD OF 触发器代替原触发动作执行，增加了视图上所能进行的更新的种类，INSTEAD OF 触发器的使用规则如下。

(1) 每个表上对每个触发动作（INSERT、UPDATE 或 DELETE）只能定义一个 INSTEAD OF 触发器。

(2) 不能在具有 WITH CHECK OPTION 选项的视图上创建 INSTEAD OF 触发器。

(3) INSTEAD OF 触发器可使一般不支持更新的视图能够支持修改。

(4) 在 INSTEAD OF DELETE 触发器中，通过 DELETED 表访问欲删除的行；在 INSTEAD OF UPDATE 或 INSTEAD OF INSERT 触发器中，通过 INSERTED 表访问新增加的行。

【例 8-28】 在 northwind 数据库中应用客户表 customers 分别生成一个德国客户表 customerGer 和一个墨西哥客户表 customerMex，并将这两个表的数据集形成一个视图 view_custpmersView。在视图 view_customersView 上创建一个触发器，当对该视图进行更新客户电话时，如果被更新客户的国家是德国，则更新德国客户表 customerGer 的数据，如果被更新客户的国家是墨西哥，则更新墨西哥客户表 customerMex 的数据。

```
USE northwind
GO
SELECT* INTO customerGer  FROM customers WHERE country='germany'
SELECT* INTO customerMex  FROM customers WHERE country='mexico'
GO
CREATE VIEW view_customersView
AS
SELECT* FROM customerGer
UNION
SELECT* FROM customerMex
GO
CREATE TRIGGER tr_customers_update
ON view_customersView
INSTEAD OF UPDATE
AS
DECLARE @country nvarchar(15)
SET @country=(SELECT country FROM INSERTED)
IF  @country='germany'
BEGIN
UPDATE customerGer
SET customerGer.phone=INSERTED.phone
FROM customerGer JOIN INSERTED
ON customerGer.customerid=INSERTED.customerid
```

```
END
ELSE
BEGIN
UPDATE customerMex
SET customerMex.phone=INSERTED.phone
FROM customerMex JOIN INSERTED
ON customerMex.customerid=INSERTED.customerid
END
GO

--测试语句
UPDATE view_customersView
SET phone='030- 007xxxx'
WHERE customerid='ALFKI'
GO
```

使用触发器的注意事项如下。

(1) 大部分触发器在动作后执行,约束和 INSTEAD OF 触发器是在动作前执行的。大部分触发器在所定义的表上执行 INSERT、UPDATE 或 DELETE 语句之后执行,而约束是在语句执行前检查的。

(2) 约束最先被检查。如果触发器表上存在约束,则它们在触发器执行之前被检查。如果违反了约束,则触发器不执行。

(3) 表对同一动作可以有多个触发器。SQL Server 2008 允许在单个表上进行多个触发器的嵌套。一个表上可以有多个触发器,每个触发器可以定义为单个动作或多个动作。

(4) 表的拥有者可以指定表上第一个和最后一个执行的触发器。当表上有多个触发器时,表的拥有者可以使用系统存储过程 sp_settriggerorder 指定第一个和最后一个执行的触发器。

(5) 必须具有执行触发器内所有语句的权限。只有表的拥有者、sysadmin 固定服务器角色、db_owner 与 db_ddladmin 固定数据库角色的成员能创建和删除对应表的触发器,权限不能被转让。

(6) 表的拥有者不能在视图或临时表上创建 AFTER 触发器,但触发器可以引用视图和临时表。

(7) 表的拥有者可以在表和视图上创建 INSTEAD OF 触发器,INSTEAD OF 触发器极大地延伸了视图所能支持的更新类型。

(8) 触发器不应该返回结果集。触发器可以包含返回结果集的语句,但不建议这么做,因为当 UPDATE、INSERT 或 DELETE 语句执行的时候,用户或开发者往往并不需要什么结果集。

2. DDL 触发器

创建 DDL 触发器的语法格式如下:

```
CREATE TRIGGER trigger_name
ON{ALL SERVER|DATABASE}
[WITH ENCRYPTION]
FOR{event_type|event_group}[,…n]
AS{sql_statement[;]}
```

语法说明如下。

DATABASE:将 DDL 触发器的作用域应用于当前数据库。

ALL SERVER:将 DDL 触发器的作用域应用于当前服务器。

WITH ENCRYPTION:标识是否对触发器使用加密。

event_type:执行之后将导致激发 DDL 触发器的 T-SQL 事件的名称。

event_group:预定义的 T-SQL 语言事件分组的名称。

sql_statement:指定触发器执行的 T-SQL 语句。

【例 8-29】 每当数据库中发生 DROP TABLE 事件或 ALTER TABLE 事件时,都将触发 DDL 触发器 safety。

```
CREATE TRIGGER safety
ON DATABASE
FOR DROP_TABLE, ALTER_TABLE
AS
PRINT 'You must disable Trigger "safety" to drop or alter tables!'
ROLLBACK
```

【例 8-30】 每当服务器上发生 CREATE DATABASE 事件时,都会触发为响应 CREATE DATABASE 事件创建的服务器范围 DDL 触发器 TR_CREATEDATABASE。

```
CREATE TRIGGER TR_CREATEDATABASE
ON ALL SERVER
FOR CREATE_DATABASE
AS
PRINT 'Database Created'
PRINT CONVERT(nvarchar(1000),EventData())
GO
--创建数据库 db1
CREATE DATABASE db1;
```

8.5.2 查看触发器

1. 使用图形界面查看触发器

在 SQL Server Management Studio 的对象资源管理器中,展开【数据库】项及其下要查看的数据库中的表,展开表下的【触发器】项,选中需要查看的触发器并右击,出现如图 8-18 所示的菜单项,可以创建、修改、启用/禁用、删除触发器。

2. 使用系统存储过程

可以使用以下系统存储过程查看触发器信息。

(1) 使用 sp_help 查看触发器的一般信息。

图 8-18　使用图形界面查看触发器

(2) 使用 sp_helptext 查看未加密的触发器的定义信息。

(3) 使用 sp_depends 查看触发器的依赖关系。

(4) 专门用于查看表的触发器信息的系统存储过程 sp_helptrigger 的语法格式如下：

```
sp_helptrigger 表名
```

【例 8-31】 用系统存储过程 sp_help 查看 tr_customers_update 触发器。

```
USE northwind
GO
sp_help tr_customers_update
```

执行结果如图 8-19 所示。

	Name	Owner	Type	Created_datetime
1	tr_customers_update	dbo	trigger	2013-06-30 11:48:41.773

图 8-19 【例 8-31】执行结果

【例 8-32】 使用系统存储过程 sp_helptext 查看未加密的触发器 tr_customers_update 的定义信息。

```
USE northwind
GO
sp_helptext tr_customers_update
```

执行结果如图 8-20 所示。

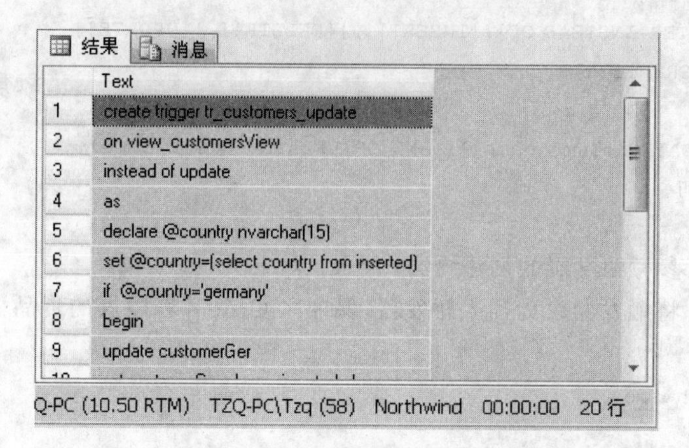
结果　消息

	Text
1	create trigger tr_customers_update
2	on view_customersView
3	instead of update
4	as
5	declare @country nvarchar(15)
6	set @country=(select country from inserted)
7	if @country='germany'
8	begin
9	update customerGer

Q-PC (10.50 RTM)　TZQ-PC\Tzq (58)　Northwind　00:00:00　20 行

图 8-20　【例 8-32】执行结果

【例 8-33】　使用系统存储过程 sp_depends 查看 tr_customers_update 触发器的依赖关系。

```
USE northwind
GO
sp_depends tr_customers_update
```

执行结果如图 8-21 所示。

	name	type	updated	selected	column
1	dbo.customerGer	user table	no	yes	CustomerID
2	dbo.customerGer	user table	yes	no	Phone
3	dbo.customerMex	user table	no	yes	CustomerID
4	dbo.customerMex	user table	yes	no	Phone

图 8-21　【例 8-33】执行结果

【例 8-34】　使用系统存储过程 sp_helptrigger 查看 order details 表上存在的触发器的信息。

```
USE northwind
GO
sp_helptrigger[order details]
```

执行结果如图 8-22 所示。

	trigger_name	trigger_owner	isupdate	isdelete	isinsert	isafter	isinsteadof	trigger_schema
1	OrdDet_Insert	dbo	0	0	1	1	0	dbo

图 8-22　【例 8-34】执行结果

8.5.3　修改触发器

修改现有的触发器的定义可以使用 ALTER TRIGGER 语句实现，其语法格式如下：

```
ALTER TRIGGER<触发器名>
ON  {<表名>|<视图名>}
```

```
{{FOR|AFTER|INSTEAD OF}{[INSERT][,][DELETE][,][UPDATE]}
[WITH ENCRYPTION]
AS
  [IF UPDATE(column_name)][{AND|OR}UPDATE(column_name)…]
  SQL 语句
}
```

语法说明请参考触发器的创建语法。

【例 8-35】 将触发器改为插入触发器,保证向 Orders 表插入的货品信息要在 Order 表中添加。

```
USE Northwind
GO
ALTER TRIGGER trigger addOrder
ON Orders
FOR INSERT
AS
INSERT INTO Order
SELECT inserted.Id, inserted.goodName,inserted.Number
FROM inserted
```

8.5.4 删除触发器

使用 DROP TRIGGER 语句可以删除当前数据库中的一个或多个触发器,如果删除多个触发器,则各触发器名之间用逗号分隔,其语法格式如下:

```
DROP TRIGGER trigger_name [, trigger_name…]
```

注意:①删除了触发器后,它所基于的表和数据不会受到影响;②删除表将自动删除其上的所有触发器。

【例 8-36】 删除 employee_update 触发器。

```
--删除 employee_update 触发器
USE northwind
GO
DROP TRIGGER employee_update
```

8.5.5 禁用和启用触发器

禁用和启用触发器的语法格式如下:

```
ALTER TABLE 表名
{ENABLE|DISABLE}trigger 触发器名称
```

语法说明如下。

ENABLE:该选项为启用触发器。

DISABLE:该选项为禁用触发器。

【例 8-37】启用触发器 Category_Delete。

```
USE northwind
```

```
GO
ALTER TABLE categories
ENABLE TRIGGER Category_Delete
```

【例 8-38】 禁用触发器 Category_Delete。

```
USE northwind
GO
ALTER TABLE Categories
DISABLE TRIGGER Category_Delete
```

8.6 本章习题

1. 创建带有 SELECT 查询语句的无参存储过程：查询 S-T 数据库中所有成绩在 80 分及以上的学生信息，并执行该存储过程。

2. 创建带有输入参数的存储过程：查询 S-T 数据库中指定学生的选课情况，并执行该存储过程。

3. 创建触发器：当向数据库 S-T 的 SC 表中插入数据时，若成绩为空则设置为 0。

4. 创建触发器：当向数据库 S-T 的 SC 表中插入数据时，相应地修改 Course 表中该课程的选修总人数。

第 9 章　事务、锁、游标

事务、锁和游标是数据库更高层次的应用。事务和锁为维护数据的完整性提供了保障,事务为用户存储、修改数据完整性提供了解决办法,而锁为数据库的并发操作提供了解决方式,防止多用户操作导致的数据不一致等问题。游标常应用在结果集中,用于进行结果集的定位与控制。本章主要介绍事务、锁和游标的原理与使用方法。

9.1　事务

9.1.1　事务概述

1. 事务的概念

事务是一种机制,是一个操作序列,它包含了一组数据库操作命令,所有的命令作为一个整体一起向系统提交或撤销操作请求,即要么都执行要么都不执行。当使用DELETE 命令或 UPDATE 命令对数据库进行更新时,一次只能操作一个表,这会带来数据库的数据不一致问题,使用事务则可以有效地解决这一问题。

事务具有四个特性:原子性(atomic)、一致性(consistency)、独立性(isolated)、持久性(durable)。

2. 事务的运行模式

(1) 显式事务:显示事务是手工配置的事务,用保留字标识显式事务的开始和结束。

开始显式事务,使用 BEGIN TRAN。结束显示事务,使用 COMMIT TRAN。取消事务,使用 ROLL BACK TRAN 命令。

(2) 隐式事务:在前一个事务完成时新事务隐式启动,但每个事务仍以 COMMIT 或ROLLBACK 语句显示完成。

(3) 自动提交事务:每条单独的 SQL 语句都是一个事务,这是 SQL 默认的事务管理模式,每条 T-SQL 语句完成时,都被(成功)提交或(失败)回滚。

(4) 批处理级事务:只能应用于多个活动结果集(MARS),在 MARS 会话中启动的T-SQL 显式或隐式事务变为批处理集事务。当批处理完成时没有提交或回滚的批处理级事务将自动由 SQL Server 进行回滚。

9.1.2　事务管理

1. BEGIN 语句

使用 BEGIN TRAN 语句主要是显示地命令 SQL Server 开始一个新事务,如果遇上错误,在 BEGIN TRAN 之后的所有数据改动都能进行回滚,以将数据返回已知的一致状态。该语句主要用于显式事务中,其语法格式如下:

```
BEGIN{TRAN|TRANSACTION}
```

```
[{transaction_name|@tran_name_variable}
[WITH MARK['description']]
]
```

语法说明如下。

TRANSACTION：可简写为 TRAN。

transaction_name：事务的名称，其命名必须符合标识符命名规则，也可以省略不写。

@tran_name_variable：指用户定义的含有有效事务名称的变量名称。

WITH MARK ['description']：用于指定在日志中标记事务。

2. COMMIT 语句

COMMIT TRAN 语句用于提交事务的操作结果，如果执行事务直到它无误地完成，则可以使用该语句对数据库作永久的改动，其语句格式如下：

```
COMMIT{TRAN|TRANSACTION}
[{transaction_name|@tran_name_variable}]
```

语法说明参考 BEGIN 语句的语法说明。

3. ROLLBACK 语句

ROLLBACK TRAN 语句用于当事务中的 T-SQL 语句发生错误时进行回滚操作，从而恢复数据库至事务开始之前的状态，其语法格式如下：

```
ROLLBACK{TRAN|TRANSACTION}
[{transaction _ name | @ tran _ name _ variable | savepoint _ name | @ savepoint _
variable}
]
```

语法说明如下。

savepoint_name：SAVE TRANSACTION 语句中设置的保存点，当条件回滚只影响事务的一部分时，可使用 savepoint_name。

@savepoint_variable：用户定义的、包含有效保存点名称的变量名。

4. SAVE 语句

SAVE TRAN 语句能在事务内设置保存点，允许部分地提交一个事务，同时仍能回滚这个事务的其余部分，其语法格式如下：

```
SAVE{TRAN|TRANSACTION}
[{|savepoint_name|@savepoint_variable }]
```

语法说明参考 ROLLBACK 语句的语法说明。

【例 9-1】 请用事务在 pubs 数据库中创建一个存储过程 pr_auth_user，当向 authors 表中插入一个作者信息时，同时将该作者的姓名插入用户表中的 username 列，pwd 列的初始值为用户名。

```
USE pubs
GO
CREATE TABLE usermember
(
username varchar(80),
```

```
Pwd varchar(50),
Email varchar(50),
Phone char(12)
)
GO
CREATE PROC pr_auth_user
    @au_id varchar(11),
    @au_lname varchar(40),
    @au_fname varchar(40),
    @phone char(12),
    @contract bit,
---一般将具有默认值的参数放在后边定义,便于调用时省略
    @address varchar(50)=null,
    @city varchar(20)=null,
    @state char(2)=null,
    @zip char(5)=null
AS
BEGIN TRAN
INSERT authors
VALUES(@au_id,@au_lname,@au_fname,@phone,@address,@city,@state,@zip,
@contract)
IF @@ERROR<>0
BEGIN
  ROLLBACK TRANSACTION
  RETURN
END
INSERT usermember(username,pwd)VALUES(@au_fname+' '+@au_lname,@au_fname+'
'+@au_lname)
IF @@ERROR<>0
BEGIN
  ROLLBACK TRANSACTION
  RETURN
END
COMMIT TRAN
GO
--测试语句
Exec pr_auth_user  '111-11-1112','wen','hui','101 110-0001',1,'hfdjfdjk
fdjkfd','changchun','CA','12345'
GO
```

9.2 锁

9.2.1 锁概述

1. 锁的概念

锁是在多用户环境下对资源访问的一种限制机制，当对一个数据源加锁后，此数据源就有了一定的访问限制，此时就称对此数据源进行了锁定。

锁是 SQL Server 数据库引擎用来同步多个用户同时对同一个数据块的访问的一种机制，通过锁机制可以防止脏读、不可重复读和幻觉读。在 SQL Server 中可以对以下对象进行锁定：①数据行(row)，数据页中的单行数据；②索引行(key)，索引页中的单行数据即索引的键值；③页(page)：页是 SQL Server 存取数据的基本单位，其大小为 8 KB；④盘区(extent)：一个盘区由 8 个连续的页组成；⑤表(table)；⑥数据库(database)。

2. 锁的类别

SQL Server 数据库引擎提供了多粒度锁定，允许一个事务锁定不同类型的资源。为了尽量减少锁定的开销，数据库引擎自动将资源锁定在适合任务的级别。锁定在较小的粒度(如行)可以提高并发度，但开销较高，因为如果锁定了许多行，则需要持有更多的锁。锁定在较大的粒度(如表)可以降低并发度，因为锁定整个表限制了其他事务对表中任意部分的访问，其开销较低，因为需要维护的锁较少。

从数据库系统的角度来看，锁分为独占锁、共享锁、更新锁、意向锁、架构锁、大容量更新锁、键范围锁。

(1) 独占锁。独占锁也称为 X 锁，它可以防止并发事务对资源进行访问。独占锁锁定的资源只允许进行锁定操作的程序使用，其他任何对它的操作均不会被接受执行。当执行数据更新命令时，即 INSERT、UPDATE 或 DELETE 命令时，SQL Server 会自动使用独占锁。当对象上有其他锁存在时，无法对其加独占锁。独占锁一直到事务结束才能被释放。

(2) 共享锁。共享锁也称为 S 锁，允许并行事务读取同一种资源，这时的事务不能修改访问的数据。当使用共享锁锁定资源时，不允许修改数据的事务访问数据。共享锁锁定的资源可以被其他用户读取，但其他用户不能修改。在 SELECT 命令执行时，SQL Server 通常会对对象进行共享锁锁定。通常加共享锁的数据页被读取完毕后共享锁就会立即被释放。

(3) 更新锁。更新锁也称为 U 锁，它可以防止常见的死锁。更新锁用来预定要对资源施加 X 锁，它允许其他事务读，但不允许再施加 U 锁或 X 锁。当 SQL Server 准备更新数据时，它首先对数据对象作更新锁锁定，这样数据将不能被修改，但可以读取。等到 SQL Server 确定要进行更新数据操作时，它会自动将更新锁换为独占锁，但当对象上有其他锁存在时无法对其作更新锁锁定。

(4) 意向锁。数据库引擎使用意向锁来保护共享锁或独占锁，放置在锁层次结构的底层资源上。

(5) 架构锁。在执行表的数据定义语言操作(如添加列或删除列)时使用架构锁(Sch-M 锁)。在架构锁起作用的期间，会防止对表的并发访问。

(6) 大容量更新锁。当将数据大容量复制到表,且指定了 TABLOCK 提示或者使用 sp_tableoption 设置了 table lock on bulk 表选项时,将使用大容量更新锁(BU 锁)。

(7) 键范围锁。在使用可序列化事务隔离级别时,对于 T-SQL 语句读取的记录集,键范围锁可以隐式保护该记录集中包含的行范围。

从程序员的角度看,锁分为乐观锁和悲观锁。

(1) 乐观锁。乐观锁假定在处理数据时,不需要在应用程序的代码中做任何事情就可以直接在记录上加锁,即完全依靠数据库来管理锁的工作。一般情况下,当执行事务处理时 SQL Server 会自动对事务处理范围内更新到的表进行锁定。

(2) 悲观锁。悲观锁具有强烈的独占和排他特性,其对数据被外界修改持保守态度,需要程序员直接管理数据或对象上的加锁处理,并负责获取、共享和放弃正在使用的数据上的任何锁。

9.2.2 查看锁

SQL Server 提供了 sys.dm_tran_locks 视图来查看当前数据库中锁的详细情况。默认情况下,任何一个拥有 VIEW SERVER STATE 权限的用户都可以使用该视图进行查询。sys.dm_tran_locks 视图所提供的信息可以分为两类:一类是以 resource 开头的字段,描述锁所在资源的信息;另一类是以 request 开头的字段,描述申请锁本身的信息。

在查询窗口中输入以下语句:

```
select* from sys.dm_tran_locks;
```

执行该语句,运行结果如图 9-1 所示。

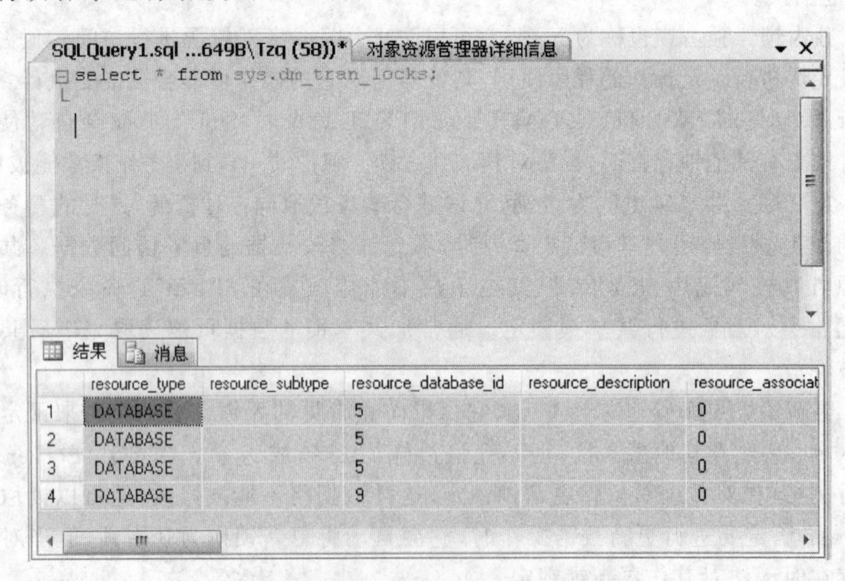

图 9-1 使用 sys.dm_tran_locks 视图查看锁

9.2.3 防止死锁

在 SQL Server 中解决死锁的原则是以牺牲一个进程为代价换取两个进程相互等待

问题的解决，即挑出一个进程作为牺牲者，将其事务回滚并向执行此进程的程序发送编号为1205的错误信息。防止死锁的途径就是不能让满足死锁条件的情况发生。

为此，用户需要遵循以下原则。

(1) 尽量避免并发地执行涉及修改数据的语句。

(2) 要求每个事务一次就将所有要使用的数据全部加锁，否则就不予执行。

(3) 预先规定一个封锁顺序，所有的事务都必须按这个顺序对数据执行封锁，例如，不同的过程在事务内部对对象的更新执行顺序应尽量保持一致。

(4) 每个事务的执行时间不可太长，对程序段长的事务可考虑将其分割为几个事务。

9.3 游标

9.3.1 游标概述

游标提供了一种对从表中检索出的数据进行操作的灵活手段，实际上，游标是一种能从包括多条数据记录的结果集中每次提取一条记录的机制。游标总是与一条T-SQL选择语句相关联，因为游标由结果集（可以是零条、一条或由相关的选择语句检索出的多条记录）和结果集中指向特定记录的游标位置组成。当决定对结果集进行处理时，必须声明一个指向该结果集的游标。

游标具有以下几个特点。

(1) 允许定位在结果集的特定行。

(2) 从结果集的当前位置检索一行或多行。

(3) 支持对结果集中当前位置的行进行数据修改。

(4) 提供在脚本、存储过程和触发器中使用的访问结果集中数据的T-SQL语句。

SQL Server 2008提供了以下三种类型的游标。

(1) T-SQL游标，由DECLARE CURSOR语法定义，主要用在T-SQL脚本、存储过程和触发器中。T-SQL游标主要用在服务器上，由客户端发送给服务器的T-SQL语句或是批处理、存储过程、触发器中的T-SQL进行管理。

(2) API游标，支持在OLE DB、ODBC以及DB_library中使用游标函数，主要用在服务器上。每一次客户端应用程序调用API游标函数，SQL Server的OLE DB提供者、ODBC驱动器或DB_library的动态链接库(DLL)都会将这些客户请求传送给服务器以对API游标进行处理。

(3) 客户游标，主要在客户机上缓存结果集时才使用。在客户游标中，有一个缺省的结果集被用来在客户机上缓存整个结果集。客户游标仅支持静态游标而非动态游标。由于服务器游标并不支持所有的T-SQL语句或批处理，所以客户游标常常仅被用做服务器游标的辅助。一般情况下，服务器游标能支持绝大多数的游标操作。

9.3.2 游标基本操作

使用游标有四个基本的步骤：声明游标、打开游标、提取数据、关闭和释放游标。这四个操作完整地覆盖了游标的整个操作过程。

1. 声明游标

声明游标使用 DECLARE 语句实现,其语法格式如下:

```
DECLARE cursor_name[INSENSITIVE][SCROLL]CURSOR
FOR select_statement
[FOR{READ ONLY|UPDATE[OF column_name[,…n]]}]
```

语法说明如下。

cursor_name:表明需要创建的游标名称。

INSENSITIVE:表明创建存放游标的数据记录的临时副本。

SCROLL:表明创建为滚动式游标,即所有的提取项(FIRST、LAST、PRIOR、NEXT、RELATIVE、ABSOLUTE)均可用。

select_statement:查询表达式。

READ ONLY:表明该游标对数据只能进行读取不能进行更改。

UPDATE[OF column_name[,…n]]:定义游标中可更新的列。

【例 9-2】 声明一个名为 CustomerCursor 的游标,用以查询家庭住址在上海的客户的姓名、电话、所在单位。

```
DECLARE CustomerCursor CURSOR FOR
SELECT name,telephone,unit
FROM customer
WHERE province='上海';
```

2. 打开游标

声明了游标后在进行其他操作之前必须打开它,打开游标是执行与其相关的一段 SQL 语句,打开游标的语法格式如下:

```
OPEN cursor_name
```

【例 9-3】 打开【例 9-2】声明的游标 CustomerCursor。

```
OPEN CustomerCursor;
```

3. 提取数据

打开游标并在数据库中执行了查询后,不能立即使用在查询结果集中的数据,而必须用 FETCH 语句来取得数据。一条 FETCH 语句一次可以将一条记录放入程序员指定的变量中。提取数据的语法格式如下:

```
FETCH [[NEXT|PRIOR|FIRST|LAST]
FROM cursor_name
[INTO @ variable_name [,…n ] ]
```

语法说明如下。

NEXT:表示每次取紧跟当前行的下一行记录数据。

PRIOR:表示取当前一行的数据。

FIRST:表示将查询结果集中的第一行作为当前行。

LAST:表示将查询结果集中的最后一行作为当前行。

【例 9-4】 提取【例 9-2】声明的游标中的查询记录数据,向下逐行提取数据。

```
FETCH NEXT FROM CustomerCursor
```

4. 关闭和释放游标

当游标使用完毕后需要关闭游标，关闭游标的语法格式如下：

```
CLOSE cursor_name
```

【例 9-5】 关闭【例 9-2】声明的游标。

```
CLOSE CustomerCursor
```

当游标关闭后，系统并没有完全释放其所占用的资源。此时如果需要打开可以直接使用 OPEN 语句打开，否则进行释放操作。释放游标之后与该游标有关的一切资源都释放了，包括游标的声明，释放以后不能再使用 OPEN 语句打开此游标。释放游标的语法格式如下：

```
DEALLOCATE cursor_name
```

【例 9-6】 释放【例 9-2】声明的游标。

```
DEALLOCATE CustomerCursor
```

9.3.3 利用游标修改数据

SQL Server 中的 UPDATE 语句和 DELETE 语句也支持游标操作，它们可以通过游标修改或删除游标基表中的当前数据行。

UPDATE 语句的语法格式如下：

```
UPDATE table_name SET 列名=表达式}[,…n]WHERE CURRENT OF cursor_name
```

DELETE 语句的语法格式如下：

```
DELETE FROM table_name WHERE CURRENT OF cursor_name
```

语法说明如下。

CURRENT OF cursor_name：表示当前游标指针所指的当前行数据，CURRENT OF 只能在 UPDATE 和 DELETE 语句中使用。

使用游标时需注意以下两点。

(1) 使用游标修改基表数据的前提是声明的游标是可更新的。

(2) 对相应的数据库对象(游标的基表)有修改和删除权限。

9.4 本章习题

1. 使用事务机制实现：当向数据库 S-T 中的 SC 表中添加数据时，同时更新 Course 表中该课程的选课人数，当插入数据失败时进行回滚。

2. 使用系统视图来查看数据库中锁的情况。

第三篇

客户端编程

本篇主要介绍目前 SQL Server 数据库应用程序开发中的主流客户端编程知识，包括 ADO 编程、.NET 框架下的 ADO.NET 编程以及 JDBC 编程，并通过实例讲解让读者更清楚地理解这三种访问数据库的方式。

第 10 章　ADO 编程

ADO 技术为用户提供了访问各种数据类型的连接机制，不仅适用于 SQL Server、Access 等数据库类型的应用程序，也适合于 Excel 表格、文本文件等文件型数据源。本章主要介绍 ADO 编程中常用的三个对象以及如何使用 ADO 技术来访问 SQL Server 数据库。

10.1　ADO 概述

ADO 是目前在 Windows 环境中比较流行的客户端数据库编程技术，它是 Microsoft 为最新和最强大的数据访问范例 OLE DB 而设计的，是一个便于使用的应用程序层编程接口。ADO 使用户应用程序能够通过 OLE DB 提供者高性能地访问和操作数据库服务器中的数据，这些数据源包括关系和非关系数据库、电子邮件、文件系统、文本和图形以及自定义业务对象等。由于它兼具强大的数据处理功能（处理各种不同类型的数据源、分布式的数据处理等）和极其简单易用的编程接口，因而得到了广泛应用。

ADO 技术基于组件对象模型（Component Object Model，COM），具有 COM 组件的许多优点，可以用来构造可复用应用框架，被多种语言支持，能够访问包括关系数据库、非关系数据库及所有的文件系统。另外，ADO 还支持各种 B/S 与基于 Web 的应用程序，具有远程数据服务（Remote Data Service，RDS）的特性，是远程数据存取的发展方向。ADO 在关键的 Internet 方案中使用最少的网络流量，并且在前端和数据源之间使用最少的层数，所有这些都是为了提供高性能的访问接口。同时利用 ADO 可以编写简洁和可扩展的脚本，易于开发者学习。

ADO 是对当前微软所支持的数据库进行操作的最有效和最简单直接的方法之一，它是一种功能强大的数据访问编程模式，从而使得大部分数据源可编程的属性得以直接扩展到 Active Server 页面上，它具有以下特性。

（1）易于使用。ADO 是高层数据库访问技术，所以相对 ODBC 来说，具有面向对象的特点。同时 ADO 对象结构中，对象与对象之间的层次结构不是非常明显，这会给编写数据库程序带来很多便利，开发者不必特别关心对象的层次结构和构造顺序。

(2) 支持多种数据源访问。与 OLE DB 相似,使应用程序具有很好的通用性和灵活性。

(3) 访问数据源效率高。ADO 本身是基于 OLE DB 的接口,因此直接继承了 OLE DB 性能高的优点。

(4) 方便的 Web 应用。ADO 可以以 ActiveX 控件的形式出现,因此很大程度上方便了 Web 应用程序的编制。

(5) 技术编程接口丰富。ADO 支持 VC、VB、VJ 以及 VBScript 和 JavaScript 脚本语言等。

10.2　ADO 常用对象

ADO 中涉及的对象有以下几种。

1) Connection 对象

Connection 对象用于表示与数据源的连接,以及处理一些命令和事务。通过它可以从应用程序访问数据源,是交换数据所必需的环境,连接时必须指定要连接的数据源以及连接所使用的用户名和用户口令。

2) Command 对象

Command 对象可以通过已建立的连接发出命令,从而对数据源进行指定操作。一般情况下,命令可以对数据源进行添加、修改或删除数据,也可以检索数据。

3) Parameter 对象

Parameter 对象用于对传递给数据源的命令赋参数值,参数可以在命令发布之前进行更改。例如,可以重复发出相同的数据检索命令,但是每一次指定的检索条件不同。

4) Recordset 对象

Recordset 对象用于处理数据源的映像集,修改检索数据。

5) Field 对象

Field 对象用于描述数据集中的列信息,包含名称、数据类型和值的属性。要修改数据源中的数据,可以在记录集中修改 Field 对象的值,对记录集的更改最终送给数据库。

6) Error 对象

Error 对象用于承载所产生错误的详细信息,如无法建立连接、执行命令或对某些状态的对象进行操作等。

7) Property 对象

通过属性,每个 ADO 对象借此来让用户描述和控制自身的行为,Property 对象分为内置和动态两种类型。内置对象是 ADO 对象的一部分并且随时可用,动态对象则由特别的数据提供者添加到 ADO 对象的属性集合中,仅在提供者被使用时才能存在。

8) 集合

集合是一种可以方便地包含其他特殊类型对象的对象类型,ADO 提供四种类型的集合。

(1) Connection 对象具有 Errors 集合,包含为响应与数据源有关的单一错误而创建的所有 Error 对象。

(2) Command 对象具有 Parameters 集合，包含应用于 Command 对象的所有 Parameter 对象。

(3) Recordset 对象具有 Fields 集合，包含 Recordset 对象中所有列的 Field 对象。

(4) Connection 对象、Command 对象、Recordset 对象和 Field 对象都具有 Properties 集合，它包含各个对象的 Property 对象。

9) 事件

事件模型是异步操作的基础，这是 ADO 2.0 引进的新特性。事件由事件处理程序例程处理，该例程在某个操作开始之前或结束之后被调用，某些事件是成对出现的。开始操作前调用的事件名格式为 WillEvent(Will 事件)，而操作结束后调用的事件名格式为 EventComplete(Complete 事件)，其余的不成对事件只在操作结束后发生。事件处理程序由状态参数控制，附加信息由错误和对象参数提供。

ADO 事件是由某些操作在开始之前或结束之后发出的通知，所谓通知，实质上是对预定义的事件处理回调函数的调用。ADO 事件分为两类：ConnectionEvent 和 RecordsetEvent。前者出现在打开连接、切断连接、事务开始提交或命令被执行等与 Connection 对象有关的操作。后者出现在与记录集对象有关的操作。若按时间性质来分，ADO 事件又可以分为 WILL 事件、COMPLETE 事件和其他事件 3 类。顾名思义，WILL 发生在某个操作之前，COMPLETE 发生在某个操作完成之后。

在进行数据库访问的应用中，ADO 中有三个核心对象：Connection 对象、Command 对象、RecordSet 对象。

10.2.1 Connection 对象

Connection 对象表示到数据库的连接，它管理应用程序和数据库之间的通信。

1. 属性

Connection 对象有以下几种主要属性，见表 10-1。

表 10-1　Connection 对象主要属性

属性	说明
ConnectionString	连接字符串，指定用于建立连接数据源的信息
ConnectionTimeout	指示在终止尝试和产生错误之前执行命令需等待的时间，默认值为 30 s
Attributes	设置或返回 Connection 对象的属性
Mode	设置或返回 provider 的访问权限，只能在关闭 Connection 对象时设置，有以下几种类型 AdModeUnknown：默认值，表明权限尚未设置或无法确定 AdModeRead：表明权限为只读 AdModeWrite：表明权限为只写 AdModeReadWrite：表明权限为读/写 AdModeShareDenyRead：防止其他用户使用读权限打开连接 AdModeShareDenyWrite：防止其他用户使用写权限打开连接 AdModeShareExclusive：防止其他用户打开连接 AdModeShareDenyNone：防止其他用户使用任何权限打开连接

2. 方法

(1) Open():创建数据库连接。

函数原型:Open(_bstr_t ConnectionString,_bstr_t UID,_bstr_t PWD,Long option)。

参数说明如下。

ConnectionString:有关连接的信息的字符串值。

UID:建立连接时要使用的用户名称。

PWD:包含建立连接时要使用的密码。

option:确定在建立连接之后(同步)或者之前(异步)返回本方法。

(2) Close():用于关闭数据库的连接。

(3) Execute():执行指定的查询、SQL 语句、存储过程或特定提供者的文本等内容。

函数原型:Execute(_bstr_t CommandText, VARIANT * RecordsAffected,LONG option)。

参数说明如下。

CommandText:执行的 SQL 语句、表名、存储过程或特定提供者的文本。

RecordsAffected:提供者向其返回操作所影响的记录数目。

option:指示提供者应如何计算 CommandText 参数。

使用 Connection 对象的 Execute 方法可执行任何在指定连接的 CommandText 参数中传送给方法的查询。如果 CommandText 参数指定按行返回的查询,则执行产生的任何结果将存储在新的 Recordset 对象中。如果命令不是按行返回的查询,则提供者返回关闭的 Recordset 对象。返回的 Recordset 对象始终为只读、仅向前的游标。如需要具有更多功能的 Recordset 对象,应首先用所需的属性设置创建 Recordset 对象,然后使用 Recordset 对象的 Open 方法执行查询并返回所需游标类型。

CommandText 参数的内容对提供者是特定的,并可以是标准的 SQL 语法或任何提供者支持的特殊命令格式。

CommandText 参数赋值可为下列值之一。

adCmdText:指示提供者应将 CommandText 赋值为命令的文本定义。

adCmdTable:指示 ADO 应生成 SQL 查询,以便从 CommandText 命名的表中返回所有行。

adCmdTableDirect:指示提供者应从 CommandText 命名的表中返回所有行。

adCmdTable:指示提供者应将 CommandText 赋值为表名。

adCmdStoredProc:指示提供者应将 CommandText 赋值为存储过程。

adCmdUnknown:指示 CommandText 参数中的命令类型未知。

adAsyncExecute:指示命令应该异步执行。

adAsyncFetch:指示 CacheSize 属性指定的初始数量之后的行应异步提取。

3. 使用事务

在数据库中,事务的概念可以把多个操作作为单一的基本活动来进行。在所有的操作开始之前调用 Connection 对象的 BeginTrans 方法来开始一个事务。所有的操作成功之后，调用 Connection 对象的 CommitTrans 方法提交事务。这时数据库的内容才有了实质性的改变；如果中途出现异常，则在异常处理处使用 RollBackTrans 取消这次事务，数据库将回滚到事务前的一致性状态。

10.2.2 Command 对象

Command 对象用于执行面向数据库的一次简单查询，此查询可执行诸如创建、添加、取回、删除或更新记录等动作。如果该查询用于取回数据，此数据将以一个 Recordset 对象返回，这意味着被取回的数据能够被 Recordset 对象的属性、集合、方法或事件进行操作。

1. 属性

Command 对象的主要特性是有能力使用存储查询和带有参数的存储过程，其主要属性如表 10-2 所示。

表 10-2　Command 对象主要属性

属性	说明
ActiveConnection	设置或返回包含了定义连接或 Connection 对象的字符串
CommandText	定义命令（如 SQL 语句）的可执行文本
CommandTimeout	设置或返回长整型值，指示等待命令执行的时间，默认为 30s

2. 方法

(1) CreateParameter()：创建一个新的 Parameter 对象。

函数原型：CreateParameter(name, type, direction, size, value)。

参数说明如下。

name：Parameter 对象的名称。

type：指定 Parameter 对象的数据类型，是一个 DataTypeEnum 值，可以为 adInteger（整型）、adDouble（浮点型）、adChar（字符/字符串型）等。

direction：定义 Parameter 对象的类型，是一个 ParameterDirectionEnum 值，其取值为 adParamInput、adParamInputOutput、adParamOutput、adParamReturnValue、adParamUnknown。

size：规定可变数据类型的长度。

value：Parameter 对象的值。

(2) Cancel()：取消一个方法的一次执行。

(3) Execute()：执行 CommandText 属性中的查询、SQL 语句或存储过程。

函数原型：Execute(recordaffected, parameters, options)。

参数说明如下。

recordaffected：返回受查询影响的记录数目。

parameters：用 SQL 语句传递的参数值。

options：指示计算 Command 对象的 CommandText 属性的方式。

如果 CommandText 属性指定按行返回查询，执行所产生的结果将存储在新的 Recordset 对象中；如果该命令不是按行返回查询，则返回关闭的 Recordset 对象。

可以使用 Command 对象的集合、方法、属性进行下列操作。

(1) 使用 CommandText 属性定义命令的可执行文本。

(2) 通过 Parameter 对象和 Parameters 集合定义参数化查询或存储过程参数。

(3) 可使用 Execute 方法执行命令并在适当的时候返回 Recordset 对象，执行前应使用 CommandType 属性指定命令类型以优化性能。

(4) 使用 Prepared 属性决定提供者是否在执行前保存准备好(或编译好)的命令版本。

(5) 使用 CommandTimeout 属性设置提供者等待命令执行的秒数，通过设置 ActiveConnection 属性使打开的连接与 Command 对象关联。

(6) 设置 Name 属性将 Command 标识为与 Connection 对象关联的方法。

(7) 将 Command 对象传送给 Recordset 的 Source 属性，以便获取数据。

(8) 使用 Command 对象查询数据库并返回 Recordset 对象中的记录，以便执行大量操作或处理数据库结构。有时提供者的功能存在特殊性，某些 Command 集合、方法或属性被引用时可能会产生错误。

(9) 如果不想使用 Command 对象执行查询，可将查询字符串传送给 Connection 对象的 Execute 方法或 Recordset 对象的 Open 方法。但当需要使命令文本具有持久性并重新执行它，或使用查询参数时，则必须使用 Command 对象。

(10) 要独立于先前已定义 Connection 对象创建 Command 对象，请将它的 ActiveConnection 属性设置为有效的连接字符串。ADO 仍将创建 Connection 对象，但它不会将该对象赋给对象变量。如果正在将多个 Command 对象与同一个连接关联，则必须显式创建并打开 Connection 对象，这样即可将 Connection 对象赋给对象变量。如果没有将 Command 对象的 ActiveConnection 属性设置为该对象变量，则即使使用相同的连接字符串，ADO 也将为每个 Command 对象创建新的 Connection 对象。

(11) 要执行 Command，只需通过它所关联的 Connection 对象的 Name 属性将其简单调用即可。必须将 Command 的 ActiveConnection 属性设置为 Connection 对象。如果 Command 带有参数，则将这些参数的值作为参数传送给方法。

10.2.3 Recordset 对象

Recordset 对象可用来获取数据。Recordset 对象存放查询的结果，这些结果由数据的行(记录)和列(字段)组成。每一列都存放在 Recordset 的 Fields 集合中的一个 Field 对象中。

1. 属性

记录集对象是 ADO 中最常用的对象，表示来自基本表或命令执行结果的记录全集，其主要属性如表 10-3 所示。

表 10-3　RecordSet 对象主要属性

属性	说明
ActiveConnection	通过设置 ActiveConnection 属性使打开的连接与 Command 对象关联
AbsolutePosition	指定 Recordset 对象当前记录的序号位置
EOF	若记录指针位于最后一条记录之后，则为 TRUE，否则为 FALSE
BOF	若记录指针位于第一条记录之前，则为 TRUE，否则为 FALSE
MaxRecord	指定通过查询返回的记录最大数目
RecordCount	返回 RecordSet 对象中记录的当前数目
Move	在记录集中移动指针，可以使用 MoveFirst、MoveLast、MoveNext 和 MovePrevious 方法以及 Move 方法，仅向前 Recordset 对象只支持 MoveNext 方法

2. 方法

(1) Open()：打开结果集。

函数原型：Open(Source, ActiveConnection, CursorType, LockType, Options)。

参数说明如下。

Source：变体型，可以是 Command 对象的变量名、SQL 语句、表名、存储过程调用或持久文件名。

ActiveConnection：变体型，可以是有效 Connection 对象变量名或字符串，指明连接目标的字符串 ConnectionString 参数。

CursorType：CursorTypeEnum 值，确定提供者打开 Recordset 时应该使用的游标类型。在打开 Recordset 之前设置 CursorType 属性来选择游标类型，或使用 Open 方法传递 CursorType 参数。CursorType 可为下列常量之一。

① adOpenForwardOnly(默认值)打开仅向前类型游标。除仅允许在记录中向前滚动之外，其行为类似动态游标。这样，当需要在 Recordset 中单程移动时就可提高性能。

② adOpenKeyset 打开键集类型游标。其行为类似动态游标，不同的只是禁止查看其他用户添加的记录，并禁止访问其他用户删除的记录，其他用户所作的数据更改将依然可见。它始终支持书签，因此允许 Recordset 中各种类型的移动。

③ adOpenDynamic 打开动态类型游标。用于查看其他用户所作的添加、更改和删除，并用于不依赖书签的 Recordset 中各种类型的移动。如果提供者支持，可使用书签。

④ adOpenStatic 打开静态类型游标。提供记录集合的静态副本，以查找数据或生成报告。它始终支持书签，因此允许 Recordset 中各种类型的移动，其他用户所作的添加、更改或删除将不可见。这是打开客户端 Recordset 对象时唯一允许使用的游标类型。

LockType：确定提供者打开 Recordset 时应该使用的锁定(并发)类型的 LockTypeEnum 值，可为下列常量之一。

① adLockReadOnly(默认值)只读，不能改变数据。

② adLockPessimistic 保守式锁定(逐个)，提供者完成确保成功编辑记录所需的工作，通常通过在编辑时立即锁定数据源的记录来完成。

③ adLockOptimistic 开放式锁定(逐个)，提供者使用开放式锁定，只在调用 Update

方法时才锁定记录。

④ adLockBatchOptimistic 开放式批更新，用于批更新模式(与立即更新模式相对)。

Options：长整型值，用于指示提供者如何识别 Source 参数，如果在 Source 参数中传送的不是 Command 对象，那么可以使用 Options 参数优化 Source 参数的计算。如果没有定义 Options 则性能将会降低，原因是 ADO 必须调用提供者以确定参数为 SQL 语句、存储过程或是表名。如果确知所用的 Source 类型，则可以设置 Options 参数以指示 ADO 直接跳转到相关的代码。如果 Options 参数与 Source 类型不匹配，则产生错误。Options 的参数类型有以下几种。

① adCmdText 指示提供者应该将 Source 作为命令的文本定义来计算。

② adCmdTable 指示 ADO 生成 SQL 查询以便从 Source 命名的表返回所有行。

③ adCmdTableDirect 指示提供者更改从 Source 命名的表返回的所有行。

④ adCmdStoredProc 指示提供者应该将 Source 视为存储的过程。

⑤ adCmdUnknown 指示 Source 参数中的命令类型为未知。

⑥ adCommandFile 指示应从 Source 命名的文件中恢复持久(保存的)Recordset。

⑦ adExecuteAsync 指示应异步执行 Source。

⑧ adFetchAsync 指示在提取 CacheSize 属性中指定的初始数量后，应该异步提取所有剩余的行。

如果不存在与记录集关联的连接，Options 参数的默认值将为 adCommandFile，这是持久 Recordset 对象的典型情况。如果数据源没有返回记录，那么提供者将 BOF 和 EOF 属性同时设置为 TRUE，并且不定义当前记录位置。如果游标类型允许，则可以将新数据添加到该空 Recordset 对象。在结束对打开的 Recordset 对象的操作后，可使用 Close 方法释放所有关联的系统资源。关闭对象并非将它从内存中删除，可以更改它的属性设置并在以后使用 Open 方法再次将其打开。要将对象从内存中完全删除，可将对象变量设置为 Nothing。在设置 ActiveConnection 属性之前调用不带参数的 Open 方法，可通过将字段追加到 Recordset Fields 集合创建 Recordset 的实例。

(2) 其他方法有如下几个。

AddNew()：创建一条新记录。

Delete()：删除一条或一组记录。

Update()：保存所有对 Recordset 对象中的一条单一记录所作的更改。

Move()：在 Recordset 对象中移动记录指针。

Close()：关闭一个记录集。

对于创建、更改、删除记录通常直接使用 SQL 语句，它们的用法可以参考第 7 章数据操作的内容，这里不作详细介绍。

对于部分提供者(如 Microsoft ODBC Provider for OLE DB 连同 Microsoft SQL Server)，可以通过使用 Open 方法传递连接字符串，根据以前定义的 Connection 对象独立地创建 Recordset 对象。ADO 仍然创建 Connection 对象，但它不将该对象赋给对象变量。如果正在相同的连接上打开多个 Recordset 对象，就应该显式创建和打开 Connection 对象，由此将 Connection 对象赋给对象变量。如果在打开 Recordset 对象时没有使用该对象变量，即使在传递相同连接字符串的情况下，ADO 也将为每个新的 Recordset 创建新的 Connection 对象。同时，用户可以根据需要创建多个 Recordset 对象。

Recordset 对象可支持两类更新：立即更新和批更新。使用立即更新，一旦调用 Update 方法，对数据的所有更改将被立即写入现行数据源。也可以将值的数组作为参数传递来使用 AddNew 和 Update 方法，同时更新记录的若干字段。

如果提供者支持批更新，则可以使提供者将多个记录的更改存入缓存，然后使用 UpdateBatch 方法在单个调用中将它们传送给数据库。这种情况应用于使用 AddNew、Update 和 Delete 方法所作的更改。调用 UpdateBatch 方法后，可以使用 Status 属性检查任何数据冲突并加以解决。

注意：要执行不使用 Command 对象的查询，应将查询字符串传递给 Recordset 对象的 Open 方法，但在想要保持命令文本并重复执行或使用查询参数时，仍然需要 Command 对象。

10.3 ADO 访问数据库

10.3.1 ADO 编程的一般过程

1. 添加对 ADO 的支持

ADO 编程有三种方式：使用预处理指令＃import、使用 MFC 中的 CIDispatchDriver 和直接使用 COM 提供的 API。

(1) 使用预处理指令＃import 的语法格式如下：

```
#import"C:\Program Files\Common Files\System\ADO\msado15.dll"\no_namespace
rename("EOF","EndOfFile")
```

值得注意的是，这段代码需要放在 stdAfx.h 头文件中所有 include 指令的后面，否则在编译时会出现错误。程序在编译过程中，VC＋＋会读出 msado15.dll 中的类型库信息，自动产生两个该类型库的头文件和实现文件 msado15.tlh 和 msado15.tli（在 Debug/Release 目录下）。这两个文件定义了 ADO 所有对象和方法，以及一些枚举型常量等。

(2) 使用 MFC 中的 CIDispatchDriver。通过读取 msado15.dll 中的类型库信息，建立一个 ColeDispatchDriver 类的派生类，然后通过它来调用 ADO 对象。

(3) 直接用 COM 提供的 API，如直接使用如下代码：

```
CLSID clsid;
HRESULT hr=::CLSIDFromProgID(L"ADODB.Connection",&clsid);
if(FAILED(hr))
{…}
::CoCreateInstance (clsid, NULL, CLSCTX _ SERVER, IID _ IDispatch, (void * *)
&pDispatch);
if(FAILED(hr))
{…}
```

在以上三种方式中，第一种与第二种类似，第一种最为简便。第三种编程较为麻烦但也是效率最高的，对 ADO 的控制能力也最强。这里仅介绍第一种方法的详细过程，步骤如下。

(1) 用 MFC AppWizard 创建一个默认的单文档应用程序 DBAccess，但在向导的生成类选项中将 DBAccessView 的基类由默认的 CView 选择为 CListView 类，以便更好地显示和操作数据表中的记录，如图 10-1 所示。

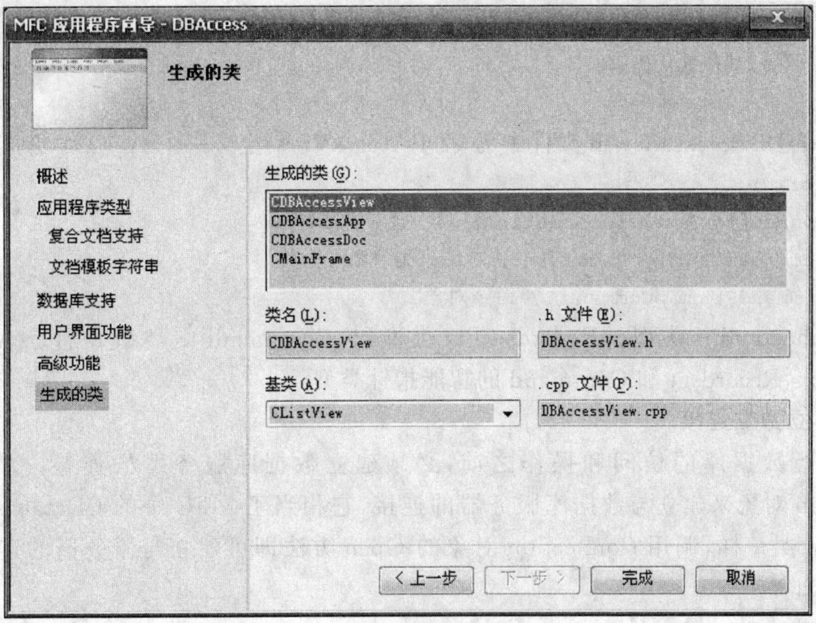

图 10-1　设置 DBAccessView 基类

(2) 在 DBAcessView.cpp 文件的 CDBAccessView::PreCreateWindow 函数添加下列代码，用来设置列表视图内嵌列表控件的风格。

```
BOOL CDBAccessView::PreCreateWindow(CREATESTRUCT&cs)
{
cs.style|=LVS_REPORT; //报表风格
return CListView::PreCreateWindow(cs);
}
```

(3) 在 stdafx.h 文件中添加对 ADO 支持的代码，在所有 include 指令之后，#endif 之前输入以下代码。

```
//在#include <afxcmn.h>文件之后
#include <icrsint.h>
#import "C:\Program Files\Common Files\System\ADO\msado15.dll" no_namespace
rename("EOF","adoEOF")
//#endif 之前
```

预编译命令 #import 是编译器将此命令中所指定的动态链接库文件引入程序中，并从动态链接库文件中抽取其中的对象和类的信息。icrsint.h 文件包含了 Visual C++扩展的一些预处理指令、宏等的定义,用于与数据库数据绑定。

(4) 在 DBAccess.cpp 文件的 CDBAccessApp::InitInstance 函数中所有默认代码之前添加下列代码,用来对 ADO 的 COM 环境进行初始化。

```
BOOL CDBAccessApp::InitInstance()
{
    //对 ADO 的 COM 环境进行初始化
    ::CoInitialize(NULL);
    AfxEnableControlContainer();
    …//其他默认代码
}
```

(5) 在 DBAccessView.h 文件中为 CDBAccessView 定义三个 ADO 对象指针变量。

```
public:
_ConnectionPtr m_pConnection; //数据库连接对象
_RecordsetPtr m_pRecordset; //结果集对象
_CommandPtr m_pCommand; //命令对象
```

_ConnectionPtr 类型、_RecordsetPtr 类型和_CommandPtr 类型分别是 ADO 对象 Connection、Recordset 和 Command 的智能指针类型。

2. 建立数据连接

在进行数据库的访问和操作之前,必须建立数据库服务器的连接。ADO 使用 Connection 对象来建立与数据库服务器的连接,它相当于 MFC 中的 CDatabase 类。和 CDatabase 类一样,调用 Connection 对象的 Open 方法即可建立与服务器的连接,Open 方法原型如下。

```
HRESULT Connection::Open(_bstr_tConnectionString, _bstr_t UserID, _bstr_t
                         Password, long Options)
```

其中,ConnectionString 为连接字符串,UserID 是用户名,Password 是登录密码,Options 是选项,通常用于设置同步或异步等方式。_bstr_t 是一个 COM 类,用于字符串 BSTR(用于 Automation 的宽字符)操作。

需要说明的是,正确设置 ConnectionString 是连接数据源的关键。不同的数据的连接字符串有所不同,如表 10-4 所示。

表 10-4 不同数据库的连接字符串

数据源	格式
ODBC	"[Provider = MSDASQL;]{DSN = name | FileDSN = filename}; [DATABASE = database;]UID=user,PWD=password"
Access 数据库	"Provider = Microsoft. Jet. OLEDB. 4. 0; Data Source = databaseName; User ID = userName;Password=userPassWord"
Oracle 数据库	"Provider=MSDAORA;Data Source=serverName;User ID=userName; Password=userPassword;"
SQL Server 数据库	"Provider= SQLOLEDB;Data Source= serverName;Initial Catalog = databaseName; User ID=user;Password=userPassword;"

3. 获取数据源信息

Connection 对象除了建立与数据库服务器的连接外,还可以通过 OpenSchema 来获取数据源的自有信息,如数据表信息、表字段信息以及所支持的数据类型等。下面的代码用来获取数据库 S-T 的表名和字段名,并将信息内容显示在列表视图中。

```
void CDBAccessView::OnInitialUpdate()
{
CListView::OnInitialUpdate();
m_pConnection.CreateInstance(__uuidof(Connection));//初始化 Connection 对象
m_pRecordset.CreateInstance(__uuidof(Recordset));//初始化 Recordset 对象
m_pCommand.CreateInstance(__uuidof(Command));//初始化 Command 对象

//连接 SQL Server 数据库 S-T
//Data Source=127.0.0.1 访问 SQL 数据库的默认实例,要访问命名实例数据库的格式为:
  Data Source=127.0.0.1\\实例名称
_bstr_t strCon="Provider=SQLOLEDB;Data Source=127.0.0.1;Initial Catalog=S
-T;User ID=sa;Password=123456;";
HRESULT hr=m_pConnection->Open(strCon,"","",adModeUnknown);
if(hr!=S_OK)
  MessageBox(LPCTSTR("无法连接指定的数据库!"));

//获取数据表名和字段名
_RecordsetPtr pRstSchema=NULL;//定义一个记录集指针
pRstSchema=m_pConnection->OpenSchema(adSchemaColumns);//获取表信息

//将表信息显示在列表视图控件中
CListCtrl&m_ListCtrl=GetListCtrl();
CString strHeader[3];
strHeader[0]="序号";
strHeader[1]="TABLE_NAME";
strHeader[2]="COLUMN_NAME";
for(int i=0;i<3;i++)
  m_ListCtrl.InsertColumn(i,strHeader[i],LVCFMT_LEFT,120);

int nItem=0;
CString str;
_bstr_t value;
while(!(pRstSchema->adoEOF))
{
str.Format(_T("%d"),nItem+1);
m_ListCtrl.InsertItem(nItem,str);
for(int i=1;i<3;i++)
```

```
{
value=pRstSchema->Fields->GetItem((_bstr_t)strHeader[i])->Value;
m_ListCtrl.SetItemText(nItem,i,value);
}
pRstSchema->MoveNext();
nItem++;
}
pRstSchema->Close();
}
```

__uuidof 是用来获取对象的全局唯一标识(GUID)。OpenSchema 方法中的 adSchemaColumns 是一个预定义的枚举常量,用来获取与列(字段)相关的信息记录集。该信息记录集的主要字段名有 TABLE_NAME、COLUMN_NAME。类似地,若在 OpenSchema 方法中指定 adSchemaTables 枚举常量,则返回的记录集的字段名主要有 TABLE_NAME、TABLE_TYPE。

上述代码运行结果如图 10-2 所示。

无标题 - DBAccess

文件(F)　编辑(E)　视图(V)　帮助(H)

序号	TABLE_NAME	COLUMN_NAME
1	Course	Cno
2	Course	Cname
3	Course	Cpoints
4	SC	Sno
5	SC	Cno
6	SC	Grade
7	Student	Sno
8	Student	Sname
9	Student	Ssex
10	Student	Sage
11	Student	Sdept
12	sysdiagrams	name
13	sysdiagrams	principal_id
14	sysdiagrams	diagram_id
15	sysdiagrams	version
16	sysdiagrams	definition
17	CHECK_CONSTRAINTS	CONSTRAINT_CATALOG
18	CHECK_CONSTRAINTS	CONSTRAINT_SCHEMA
19	CHECK_CONSTRAINTS	CONSTRAINT_NAME
20	CHECK_CONSTRAINTS	CHECK_CLAUSE
21	COLUMN_DOMAIN_USAGE	DOMAIN_CATALOG
22	COLUMN_DOMAIN_USAGE	DOMAIN_SCHEMA
23	COLUMN_DOMAIN_USAGE	DOMAIN_NAME

就绪　　选定控件

图 10-2　获取数据源信息

4. 关闭连接

用 MFC ClassWizard 为 CDBAccessView 映射 WM_DESTROY 消息,在视图销毁时关闭数据库连接,代码如下。

```
void CDBAccessView::OnDestroy()
{
CListView::OnDestroy();
if(m_pConnection)
```

```
m_pConnection->Close();//关闭连接
}
```

10.3.2　用 Connection 对象执行命令

Connection 对象不仅可以用来建立数据库连接，也可以通过 Execute 方法来执行 SQL 命令来实现记录的添加、更改、删除等操作。

使用 Connection 对象执行命令代码比较简单，在设置好一些初始化条件后，使用 Open 函数建立与数据库的连接即可调用 Execute 函数来执行 SQL 命令，返回 variant 类型指向记录集的指针来操作数据集。

本节将以讲解案例的形式介绍如何用 Recordset 对象进行数据显示、增加、修改、删改操作，案例是在 10.3.1 构建框架的基础上进行代码编写。

【例 10-1】 使用 Connection 对象实现向 Course 表中插入一条课程记录。

```
void CDBAccessView::OnInitialUpdate()
{
CListView::OnInitialUpdate();
m_pConnection.CreateInstance(__uuidof(Connection));//初始化 Connection 对象

//连接 SQL Server 数据库 S-T
//Data Source=127.0.0.1 访问 SQL 数据库的默认实例,要访问命名实例数据库的格式为:
Data Source=127.0.0.1\\实例名称
_bstr_t strCon="Provider=SQLOLEDB;Data Source=127.0.0.1;Initial Catalog=S
-T;User ID=sa;Password=123456;";
HRESULT hr=m_pConnection->Open(strCon,"","",adModeUnknown);
if(hr!=S_OK)
cout<<"无法连接数据库!"<<endl;

_variant_t RecordsAffected; //指向记录集的指针
//添加记录
m_pConnection->Execute("INSERT INTO Course(Cno,Cname,Cpoints)VALUES(1021,
'体育',100)",&RecordsAffected,adCmdText);
}
```

10.3.3　用 Command 执行命令

Command 对象专门用来操作数据库命令，如添加记录、删除记录、修改记录，也可以用它来返回数据集，如调用数据库中的存储过程，可以返回一到多个记录集，在该过程中可能会用到 Parameter 参数对象。

1. 使用 Command 对象的一般步骤

使用 Command 对象来执行命令的步骤如下。

(1) 创建数据库连接。

(2) 使用 ActiveConnection 属性设置相关的数据库连接。

(3) 使用 CommandType 属性设置命令类型。

(4) 使用 CommandText 属性定义命令(如 SQL 语句)的可执行文本。

(5) 使用 CommandTimeout 属性设置命令超时时间(可选)。

(6) 使用 Execute 方法执行命令。

这里通过具体例子来说明使用 Command 对象来执行命令并获取返回记录的方法。

【例 10-2】 使用 Command 对象来实现表 Student 的记录数据的读取。

```
//在之前讲述的应用程序框架的 CDBAccessView 类的 OnInitialUpdate 函数中实现
void CDBAccessView::OnInitialUpdate()
{
CListView::OnInitialUpdate();
m_pConnection.CreateInstance(__uuidof(Connection)); //初始化 Connection 对象
m_pRecordset.CreateInstance(__uuidof(Recordset));//初始化 Recordset 对象
m_pCommand.CreateInstance(__uuidof(Command));//初始化 Command 对象

//连接 SQL Server 数据库 S-T
_bstr_t strCon="Provider=SQLOLEDB;Data Source=127.0.0.1;Initial Catalog=
S-T;User ID=sa;Password=123456;";
HRESULT hr=m_pConnection->Open(strCon,"","",adModeUnknown);
if(hr!=S_OK)
MessageBox(LPCTSTR("无法连接指定的数据库!"));

m_pCommand->ActiveConnection=m_pConnection; //设置 Connection 对象的数据库
连接
m_pCommand->CommandText="select* from Student"; //设置 SQL 语句
m_pCommand->CommandType=adCmdText; //设置命令类型
    m_pCommand->Parameters->Refresh();
m_pRecordset=m_pCommand->Execute(NULL,NULL,adCmdUnknown);

CListCtrl& m_ListCtrl=GetListCtrl(); //获取 ListControl 控件对象
//设置字段名
CString strHeader[4];
strHeader[0]="Sno";
strHeader[1]="Sname";
strHeader[2]="Sage";
strHeader[3]="Sdept";
for(int i=0;i<4;i++)
    m_ListCtrl.InsertColumn(i,strHeader[i],LVCFMT_LEFT,120);

int nItem=0;
_bstr_t value;
CString str;
```

```
    //遍历结果集
    while(!(m_pRecordset->adoEOF))
    {
    str.Format(_T("%d"),nItem+1);
    m_ListCtrl.InsertItem(nItem, str);
    for(int i=0;i<4;i++)
    {
    value=m_pRecordset->Fields->GetItem((_bstr_t)strHeader[i])->Value;
    m_ListCtrl.SetItemText(nItem,i,value);
    }
    m_pRecordset->MoveNext();
    nItem++;
    }
        m_pRecordset->Close();
    }
```

运行结果如图 10-3 所示。

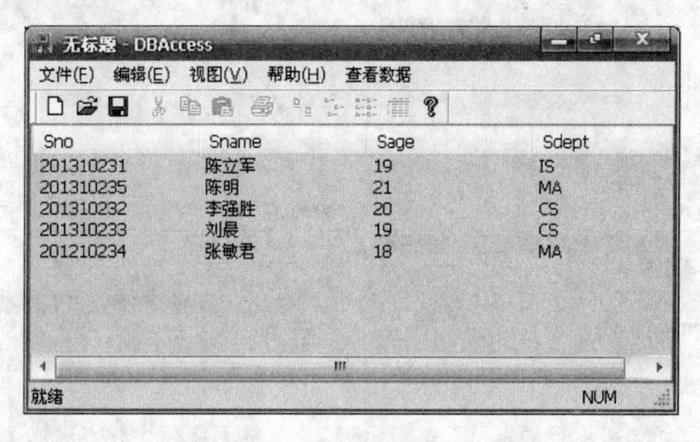

图 10-3　【例 10-2】运行结果

10.3.4　用 Recordset 操作数据

Recordset 用来从数据表或某一个 SQL 命令执行后获得记录集的对象，通过 Recordset 对象的 AddNew、Update 和 Delete 方法可实现记录的添加、修改和删除操作。目前已经介绍了如何进行数据库连接，现在可以对数据库数据进行显示及其他数据操作。

本节以讲解案例的形式介绍如何用 Recordset 对象进行数据显示、增加、修改、删改操作。

1. 读取数据表内容

【例 10-3】 在之前内容的基础上，将数据库 S-T 中的 Course 表中的记录显示在列表视图中。

(1) 打开资源视图，并展开主菜单 IDR_MAINFRAME，如图 10-4 所示；在顶层菜单【查看数据】下添加一个【显示 Course 表记录】子菜单，如图 10-5 所示，将其 ID 设为 ID_VIEW_COURSE。

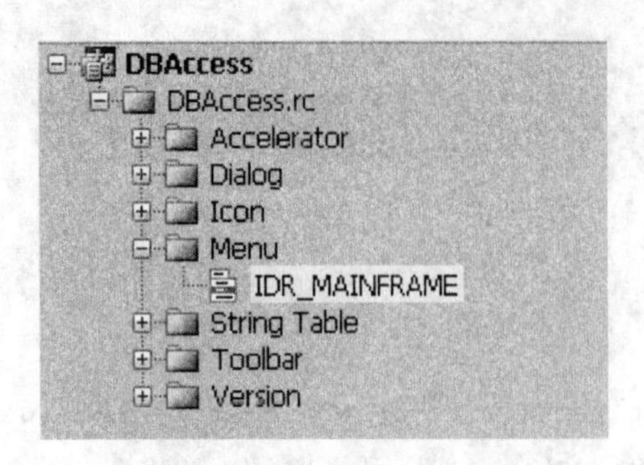

图 10-4　选中 IDR_MAINFRAME

图 10-5　添加显示表子菜单

(2) 选中刚添加的【显示 Course 表记录】子菜单并右击，在弹出的快捷菜单中选择【添加事件处理程序】命令，在弹出的事件处理程序向导中为 CDBAccessView 类添加 ID_VIEW_COURSE 的 COMMAND 消息映射，保留默认的映射函数 OnViewCourse，如图 10-6 所示，单击【添加编辑】按钮。

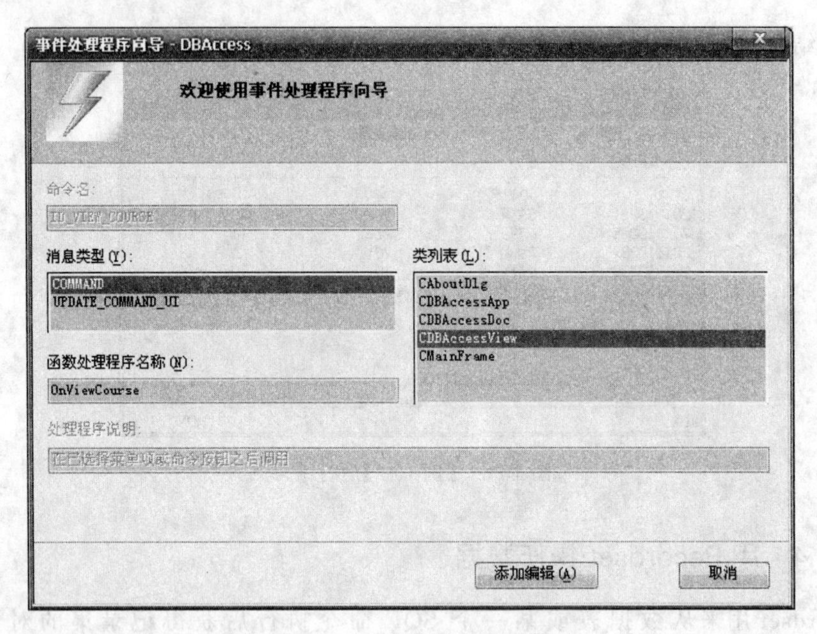

图 10-6　添加事件处理函数

在自动生成的事件响应函数 OnViewCourse 中添加下列代码来显示表 Course 中所有的记录信息。

```
void CDBAccessView::OnViewCourse()
{
CListCtrl& m_ListCtrl=GetListCtrl();
//删除列表中所有行和列表头
m_ListCtrl.DeleteAllItems();
int nColumnCount=m_ListCtrl.GetHeaderCtrl()->GetItemCount();
for(int i=0;i<nColumnCount;i++)
```

```
m_ListCtrl.DeleteColumn(0);
m_pRecordset->Open("Course",                //指定要打开的表
m_pConnection.GetInterfacePtr(),//获取当前数据库连接的接口指针
adOpenDynamic,                //动态游标类型,可以使用 Move 等操作
adLockOptimistic,
adCmdTable);

//建立列表控件的列表头
FieldsPtr flds=m_pRecordset->GetFields();//获取当前表的字段指针
_variant_t Index;
Index.vt=VT_I2;
m_ListCtrl.InsertColumn(0,CString("序号"),LVCFMT_LEFT,60);
for(int i=0;i<(int)flds->GetCount();i++)
{
Index.iVal=i;
m_ListCtrl.InsertColumn(i+1,(LPCTSTR)flds->GetItem(Index)->GetName(),
LVCFMT_LEFT,140);
}

//显示记录
_bstr_t str, value;
int nItem=0;
CString strItem;
while(!m_pRecordset->adoEOF)
{
strItem.Format(_T("%d"),nItem+1);
m_ListCtrl.InsertItem(nItem,strItem);
for(int i=0;i<(int)flds->GetCount();i++)
{
Index.iVal=i;
str=flds->GetItem(Index)->GetName();
value=m_pRecordset->GetCollect(str);
m_ListCtrl.SetItemText(nItem,i+1,(LPCTSTR)value);
}
m_pRecordset->MoveNext();
nItem++;
}
m_pRecordset->Close();
}
```

_variant_t 是一个用于 COM 的 VARIANT 类,VARIANT 类型是一个 C 结构,由于它既包含数据本身,也包含数据的类型,所以可以实现各种不同的自动化数据的传输。

(3) 编译运行并测试,结果如图 10-7 所示。

序号	Cno	Cname	Cpoints
1	1020	体育	100
2	1201	数学	100
3	1342	英语	150
4	1421	C++程序设计	100
5	1422	数据结构	100
6	1423	软件工程导论	100

图 10-7　显示表数据

2. 添加、修改和删除记录

记录的添加、修改和删除是通过 Recordset 对象的 AddNew、Update 和 Delete 方法来实现的。

(1) 向 Course 表新添加一条记录,代码示例如下。

```
//打开记录集
m_pRecordset->AddNew();  //添加新记录
m_pRecordset->PutCollect("Cno",_variant_t("1420"));
m_pRecordset->PutCollect("Cname",_variant_t("高级程序设计"));
m_pRecordset->PutCollect("Cpoints",_variant_t(100));
    …
m_pRecordset->Update();//使添加有效
//关闭记录集
```

(2) 删除 Course 表中的一条记录,代码如下。

```
//打开记录集
m_pRecordset->Delete(adAffectCurrent);//删除当前行
m_pRecordset->MoveFirst(); //调用 Move 方法,使删除有效
//关闭记录集
```

(3) 修改 Course 表中的一条记录,代码如下。

```
//打开记录集
m_pRecordset->PutCollect("Cno",_variant_t("1120"));
m_pRecordset->PutCollect("Cname",_variant_t("体育"));
m_pRecordset->Update(); //使修改有效
//关闭记录集
```

注意:数据库的表名不能与 ADO 的某些关键字串同名,如 user 等。此外,通常用 Command 对象执行 SQL 命令来实现数据表记录的查询、添加、更新和删除等操作,而用 Recordset 对象获取记录集,显示记录内容。

第 11 章　ADO.NET 编程

ADO.NET 是.NET Framework SDK 中用以操作数据库的类库总称，它是通过使用.NET平台的强大功能达到在 Web 上进行数据存取的技术。本章主要介绍 ADO.NET 编程访问 SQL Server 数据库中常用的六个对象以及如何使用 ADO.NET 技术来访问数据库。

11.1　ADO.NET 概述

ADO.NET 由一组公开数据访问服务的类组成，是 ADO(ActiveX Data Object)的重大改进，由于它们是在.NET 编程环境下使用的，所以称为 ADO.NET。ADO.NET 是.NET Framework 的组成部分，用于以关系型、面向表的方式访问数据，包括关系数据库，如 Microsoft Access 和 SQL Server 以及其他数据库，甚至还包括非关系数据源。它提供了对关系数据、XML 文档和应用程序数据的访问能力，支持各种开发需求，包括创建应用程序、工具、语言或 Internet 浏览器使用的数据库客户端应用程序和中间层业务对象。

ADO.NET 被集成到.NET Framework 中，可用于任何.NET 语言，尤其是 C＃。ADO.NET 包括所有的 System.Data 名称空间及其嵌套的名称空间，如 System.Data.SqlClient 和 System.Data.Linq，以及 System.Xml 名称空间中的一些与数据访问相关的专用类。在物理上，ADO.NET 类和一些异常位于 System.Data.dll 程序集和相关的 System.Data.xxx.dll 程序集中。

在.NET 框架下，基于已存在技术功能的扩展提高，ADO.NET 的设计目标有以下四点。

(1) 简单地访问关系和非关系数据。

(2) 与上一代技术相比，它可以扩充以支持更多的数据源。

(3) 支持 Internet 上的多层应用程序。

(4) 统一 XML 和关系数据访问。

11.1.1　ADO.NET 的架构

ADO.NET 是由一系列数据库相关类和接口组成的，它的基石是 XML 技术，所以通过 ADO.NET 不仅能访问关系型数据库中的数据，还能访问层次化的 XML 数据。

下面介绍两种数据访问模式：连接模式(connected)和非连接模式(disconnected)。

一旦应用程序从数据源中获取所需的数据，它就断开与数据源的连接，并将获得的数据以 XML 的形式存放在主存。在应用程序处理完数据后，它再取得与数据源的连接并完成数据的更新工作。

ADO.NET 常用类可以分为.NET 数据提供者对象和用户对象。数据提供者对象针对每一种类型的数据源(如 OLE DB、SQL Server),由特定数据源提供者的对象完成该数据源中实际数据的读取和写入工作。用户对象是将数据读入内存中后用来访问和操纵数据的对象。数据提供者对象需要一个活动的连接,可以使用它们先读取数据,然后根据需要通过用户对象使用内存中的数据,也可以使用数据提供者对象更新数据源中的数据,并将变动写回到数据源中。用户对象以非连接方式使用;甚至在数据库连接关闭之后,也可以使用内存中的数据。数据提供者对象和用户对象的结构框架如图 11-1 所示。

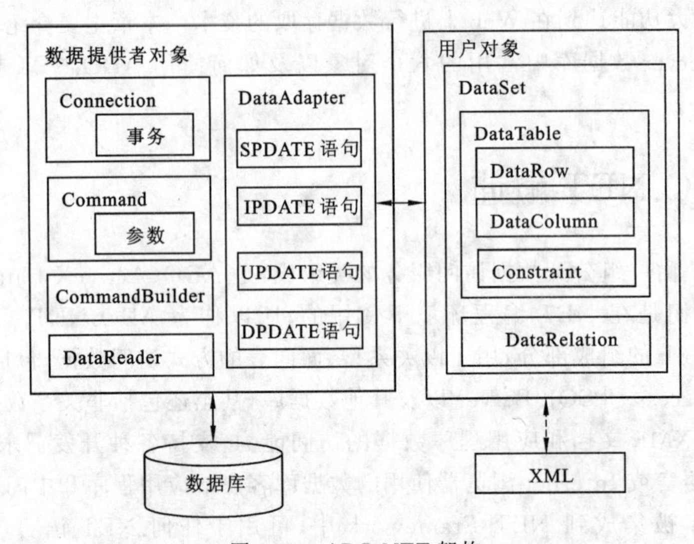

图 11-1　ADO.NET 架构

数据提供者对象包括 Connection 对象、Command 对象、CommandBuilder 对象、DataReader 对象、DataAdapter 对象.对于不同的数据提供者使用其相应的对象名。

Connection 对象提供到远程网络服务器或本地数据源的基本连接,用于任何其他 ADO.NET 对象之前。

Command 对象向数据源发出查询、插入、更改、删除的 SQL 命令。

CommandBuilder 对象用于构建 SQL 命令,在基于单一表查询的对象中进行数据修改。

DataReader 对象可以从数据源中读取仅能前向和只读的数据流,最适用于简单地读取数据。

DataAdapter 对象可以执行针对数据源的各种操作,包括更新变动的数据,填充 DataSet 对象以及其他操作。

用户对象包括 DataSet 对象、DataTable 对象和 DataRelation 对象等。DataSet 对象是用户对象中的首要对象,此对象表示一组相关表,在应用程序中这些表作为一个单元来引用。通过此对象可以快速从每个表中获取所需要的数据,当与服务器断开时检查并修改数据,然后在另一个操作中使用这些修改的数据更新服务器。DataSet 允许访问低级对象,这些对象代表单独的表和关系,这些对象包括 DataTable 对象和 DataRelation 对象。DataTable 对象代表 DataSet 中的一个表,允许访问其中的行(DataRow)和列(DataColumn)。DataRelation 对象代表通过共享列而发生关系的两个表之间的关系。

11.1.2　ADO.NET 的命名空间

ADO.NET 类定义在 System.Data 命名空间中，该命名空间包含了大部分 ADO.NET 的基础对象，因此在使用时不需要声明。如果需要在应用程序中使用 ADO.NET 类和对象，就必须使用 USING 语句对该命名空间进行引用，然后为应用程序所使用的数据源引用.NET 数据提供者。下面列举一些.NET 中主要的命名空间(表 11-1)。

表 11-1　.NET 主要命名空间

命名空间	说明
System.Data.Common	包含由.NET Framework 数据提供程序共享的类。数据提供程序描述一个用于在托管空间中访问数据源的类集合
System.Data.Sql	包含支持 SQL Server 特定功能的类
System.Data.SqlTypes	提供一些在 SQL Server 内部用于本机数据类型的类，这些类提供了比其他数据类型更安全、更快速的替代方式
System.Data.SqlClient	是 SQL Server 专用的内置.NET 数据提供者，对于 SQL Server 数据库(版本 7 或更高版本)可以获得最好的性能和对基础功能的最直接访问
System.Data.OracleClient	是 Oracle 数据库提供的内置.NET 驱动程序，由.NET Framework 提供
System.Data.OleDb	对于不是 SQL Server 或 Oracle 的数据源(如 Microsoft Access)而言，可以使用 OLE DB.NET 数据提供者，它会为特定的数据库使用 OLE DB 提供者 DLL
System.Data.Odbc	如果数据源没有内置的或 OLE DB 提供者，则可以使用 ODBC.NET 数据提供者，因为大多数数据库都提供了 ODBC 接口
System.Transactions	允许用户编写自己的事务性应用程序和资源管理器的类

此外，除了上述涉及的数据提供者，如果数据库有专用的内置.NET 数据提供者，就可以使用它。其他许多数据库销售商和第三方公司也提供了内置的.NET 数据提供者，是选择使用内置提供者还是使用通用的 ODBC 提供者取决于程序运行的环境。如果可移植性的要求高于性能，就应使用通用的 ODBC 提供者提供的。如果性能要求高或者要充分利用某个数据库的性能，就应使用内置的.NET 数据提供者提供的。

11.2　常用的 SQL Server 访问类

利用 ADO.NET 访问 SQL Server 数据库常需要用到六个类，即 SqlConnection 类、SqlCommand 类、SqlDataReader 类、DataSet 类、SqlDataAdapter 类、DataView 类，来完成数据库从建立连接、执行 T-SQL 语句、读/写数据到数据结果显示的完整数据库访问过程。

11.2.1　SqlConnection 类

SqlConnection 类的功能是负责数据库的连接，它是操作数据库的前提。在.NET Framework 中，SqlConnection 类派生于 Dbconnection，这里介绍其一些主要的属性(表 11-2)和方法(表 11-3)。

表 11-2　SqlConnection 类主要属性

属性	说明
ConnectionString	获取或设置用于打开 SQL Server 数据库的字符串
ConnectionTimeout	获取在尝试建立连接时终止尝试并生成错误之前所等待的时间
Database	获取当前数据库或连接打开后要使用的数据库的名称
DataSource	获取要连接的 SQL Server 实例的名称
State	指示最近在连接上执行网络操作时 SqlConnection 的状态

表 11-3　SqlConnection 类主要方法

方法	说明
Open	使用 ConnectionString 所指定的属性设置打开数据库连接
Close	关闭与数据库的连接
ChangeDatabase	为打开的 SqlConnection 更改当前数据库
ChangePassword(String, String)	将连接字符串中指示的用户的 SQL Server 密码更改为提供的新密码
BeginTransaction	开始数据库事务
BeginTransaction(String)	以指定的事务名称启动数据库事务

SqlConnection 的连接字符串语法格式如下。

(1) Windows 验证模式连接语法格式如下。

```
string stringCon="Data Source=localhost;Initial Catalog=DataBase;Integrated
            Security=True";
```

语法说明如下。

Data Source:服务器名,localhost 表示连接到本地数据库。

Initial Catalog:连接的数据库名。

Integrated Security:是否为 Windows 帐号登录。

(2) 混合验证模式连接的语法格式如下。

```
string stringCon="Data Source=localhost;Initial Catalog=DataBase;User ID=
            sa;Password=123";
```

语法说明如下。

User ID:登录 SQL Server 的用户名。

Password:登录 SQL Server 的密码。

下面通过实例来介绍建立数据库连接的具体步骤。

【例 11-1】 采用用户名 sa 和密码 sa 连接到本机的学生信息数据库 S-T 并显示数据库连接状态。

```
//1.引用命名空间
using System.Data.SqlClient;
//2.定义数据库连接字符串
String conStr = " Data Source = localhost; Initial Catalog = S - T; Integrated
```

```
            Security=True";
    //3.创建 Connection 对象
    SqlConnection conn=new SqlConnection(conStr);
    //4.打开数据库连接
    conn.Open();
    //5.显示数据库连接状态
    if(conn.State==ConnectionState.Open)
      ConnLabel.Text="连接数据库成功";
    else
      ConnLabel.Text="连接数据库失败";
```

在对数据库进行了相应的用户名密码设置以及对话框的配置后，运行上述代码可以得到如图 11-2 所示的结果。

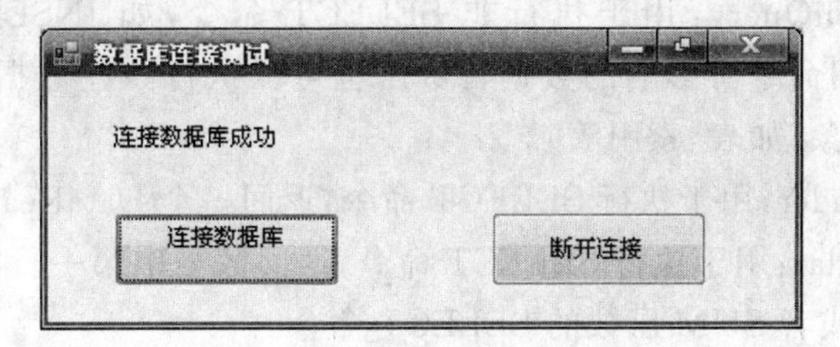

图 11-2　连接数据库运行结果

11.2.2　SqlCommand 类

SqlCommand 类是 ADO.NET 中进行数据操作的重要类，用于执行 SQL 语句来操作数据，包括数据查询、插入、修改和删除，它的主要属性和方法分别见表 11-4 和表 11-5。

表 11-4　SqlCommand 类主要属性

属性	说明
CommandText	获取或设置要对数据源执行的 T-SQL 语句、表名或存储过程
CommandTimeout	获取或设置在终止执行命令的尝试并生成错误之前的等待时间
CommandType	获取或设置一个值，该值指示如何解释 CommandText 属性
Connection	获取或设置 SqlCommand 的此实例使用的 SqlConnection
Parameters	获取 SqlParameterCollection
Transaction	获取或设置将在其中执行 SqlCommand 的 SqlTransaction

表 11-5　SqlCommand 类主要方法

方法	说明
ExecuteReader	将 CommandText 发送到 Connection 并生成一个 SqlDataReader
ExecuteNonQuery	对连接执行 T-SQL 语句并返回受影响的行数
ExecuteScalar	执行查询，并返回查询所返回的结果集中第一行的第一列，忽略其他列或行
CreateParameter	创建 SqlParameter 对象的新实例

续表

方法	说明
ExecuteXmlReader	将 CommandText 发送到 Connection 并生成一个 XmlReader 对象
Equals(Object)	确定指定的对象是否等于当前对象
GetType	获取当前实例的 Type
Clone	创建作为当前实例副本的新 SqlCommand 对象
Cancel	尝试取消 SqlCommand 的执行

1. 执行 T-SQl 命令

在建立了数据源的连接和命令的设置后，Command 对象执行 T-SQL 命令有三种方法，即 ExecuteNonQuery、ExecuteReader 和 ExecuteScalar，它们区别如下。

(1) ExecuteNonQuery：用于执行非 SELECT 命令，如 INSERT、DELETE 或者 UPDATE 命令，返回命令所影响的数据行数。也可以执行一些数据定义命令，如新建、更新、删除数据库对象(如表、索引等)。

(2) ExecuteReader：用于执行 SELECT 命令，返回一个 DataReader 对象。

(3) ExecuteScalar：用于执行 SELECT 命令，返回数据中第一行第一列的值，常用于执行带有 COUNT 或者 SUM 函数的 SELECT 命令。

下面通过实例介绍 Command 对象中 ExecuteNonQuery 函数的使用方法。

【例 11-2】 向学生信息数据库 S-T 中添加学生信息。

```
//1.引用命名空间
using System.Data.SqlClient;
//2.建立连接
String conStr="Data Source=localhost; Initial Catalog=S-T; Integrated
              Security=True";
SqlConnection conn=new SqlConnection(conStr);
conn.Open();
//3.设置 T-SQL 命令
string SnoStr=textBox1.Text;
string SnameStr=textBox2.Text;
string SsexStr="";
if(rBMale.Checked==true)
  SsexStr="男";
else if(rBFemale.Checked==true)
  SsexStr="女";

if(SnoStr==""||SnameStr==""||SsexStr=="")
  MessageBox.Show("请把信息填写完整!");

String SqlStr="INSERT INTO Student(Sno,Sname,Ssex)VALUES("+SnoStr+",'"+
              SnameStr+"','"+SsexStr+"');";
```

```
//4.创建 SqlCommand 对象
SqlCommand comm=new SqlCommand(SqlStr,conn);
if(conn.State==ConnectionState.Open)
  {
   comm.ExecuteNonQuery();
   MessageBox.Show("添加成功!");
  }
else
   MessageBox.Show("无法连接到数据库!");
conn.Close();
```

在对话框【添加】按钮的单击响应函数内输入上述代码，程序将调用 SqlCommand 对象的 ExecuteNonQuery 函数来执行 INSERT 语句，向数据库 S-T 中的 Student 表添加学生信息，运行界面如图 11-3 所示。

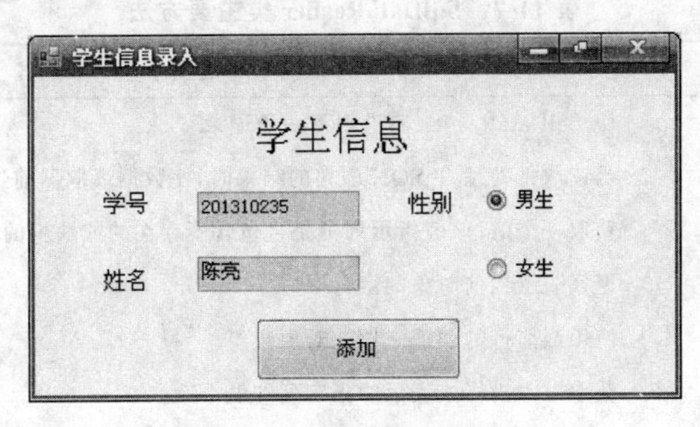

图 11-3　添加学生信息界面

2. 参数化查询

参数化查询能够对性能有一定的优化，因为带参数的 SQL 语句只需要被 SQL 执行引擎分析过一次。SqlCommand 的 Parameters 属性能够为参数化查询设置参数值。SqlCommand 中的查询语句不支持问号占位符，必须使用命名参数，其语法格式如下。

```
SELECT* FROM S-T WHERE Sno=@Sno;
```

3. 执行存储过程

使用 SqlCommand 对象访问数据库的存储过程，需要指定 CommandType 属性，这是一个 CommandType 枚举类型，默认情况下 CommandType 表示 CommandText 命令为 SQL 批处理，CommandType.StoredProcedure 值指定执行的命令是存储过程。类似于参数化查询，存储过程的参数也可以使用 Parameters 集合来设置，其中 Parameter 对象的 Direction 属性用于指示参数是只可输入、只可输出、双向还是存储过程返回值参数。

注意：如果使用 ExecuteReader 返回存储过程的结果集，则需要将 DataReader 关闭，否则无法使用输出参数。

11.2.3　SqlDataReader 类

SqlDataReader 类提供了 SQL Server 数据库读取行的只进流的方式。SqlDataReader

对象提供对数据库访问快速的、未缓冲的、只向前移动的只读游标,对数据源进行逐行访问。因此,SqlDataReader 类特别适合于读取大量的数据。下面列出了部分 SqlDataReader 对象的属性(表 11-6)和方法(表 11-7)。

表 11-6 SqlDataReader 类主要属性

属性	说明
Connection	获取与 SqlDataReader 关联的 SqlConnection
FieldCount	获取当前行中的列数
HasRows	获取一个值,该值指示 SqlDataReader 是否包含一行或多行
IsClosed	检索一个布尔值,该值指示是否已关闭指定的 SqlDataReader 实例
Item	获取指定列的以本机格式表示的值
RecordsAffected	获取执行 T-SQL 语句所更改、插入或删除的行数

表 11-7 SqlDataReader 类主要方法

方法	说明
Read	使 SqlDataReader 前进到下一条记录
NextResult	当读取批处理 T-SQL 语句的结果时,使数据读取器前进到下一个结果
IsDBNull	获取一个值,该值指示列中是否包含不存在的或缺少的值
ToString	返回表示当前对象的字符串
GetValues	使用当前行的列值来填充对象数组
GetValue	获取以本机格式表示的指定列的值
Close	关闭 SqlDataReader 对象

SqlDataReader 类最常见的用法就是检索 SQL 查询或者存储过程返回的记录,它是连接的只向前和只读的结果集,在使用它时数据库连接必须保持打开状态,并且只能从前往后遍历信息,不能中途停下修改数据。

1. 使用 DataReader 读取数据

1) 创建 DataReader 对象

SqlDataReader 并没有提供构造函数来创建 DataReader 对象,通常在需要 DataReader 对象时执行 SqlCommand 对象的 ExecuteReader 方法来获得 SqlDataReader 类的实例,使用方法如下。

```
SqlCommand cmd=new SqlCommand(SqlStr,ConnObject)
SqlDataReader dr=cmd.ExecuteReader();
```

其中,SqlStr 表示执行的 SQL 语句;ConnObject 是数据库连接的 SqlConnection 对象。

2) 使用命令行为指定 DataReader 的特征

在关闭 SqlDataReader 时为了避免忘记关闭数据库连接可以使用 CommandBehavior.CloseConnection,在关闭 DataReader 的时候自动关闭对应的数据库连接,使用方法如下。

```
SqlDataRader dr=cmd.ExecuteReader(CommandBehavior.CloseConnection);
```

3）遍历 DataReader 中的记录

由于 SqlDataReader 的特性，采用 SqlDataReader 读取数据都是逐行向下读取。当对每一条记录的操作可能花费较长的时间时，数据库的连接也将维持长时间的打开状态，此时适合使用非连接的 SqlDataSet，通常使用 While 语句遍历记录。

```
while(dr.Reader())
{
//do something with the current record
}
```

4）访问字段的值

SqlDataReader 提供了两种访问字段值的方法：①Item 属性，此属性返回字段索引或者字段名称对应的字段的值；②Get 方法，此方法返回由字段索引指定的字段的值。

(1) Item 属性。每个 SqlDataReader 类都定义一个 Item 属性，假如现有一个 SqlDataReader 实例 dr，对应的 SQL 语句是 SELECT Sno，Sname FROM S-T，则可以使用下面的方法取得返回的值。

```
object No=dr["Sno"];
object Name=dr["Sname"];
```

或者

```
object No=dr[0];
object Name=dr[1];
```

注意：索引总是从 0 开始的。另外本例使用的是 object 来定义学号 No 和姓名 Name，因为 Item 属性返回的值是 object 型，但是可以强制转换类型。

```
int No=(int)dr["Sno"];
string Name=(string)dr["Sname"];
```

注意：一定要确保类型转换的有效性，否则将出现异常。

(2) Get 方法。每个 SqlDataReader 都定义了一组 Get 方法，下面的例子使用该方式访问 Sno 和 Sname 的值。

```
int No=dr.GetInt32(0);
string Name=dr.GetString(1);
```

注意：虽然这些方法把数据从数据源类型转化为.NET 数据类型，但是不执行其他的数据转换，例如，不会把 16 位整数转换为 32 位，所以必须使用正确的 Get 方法。另外 Get 方法不能使用字段名来访问字段，例如，下面的访问方法是错误的。

```
int No=dr.GetInt32("Sno"); //错误
string Name=dr.GetString("Sname"); //错误
```

2. 在 DataReader 中使用多个结果集

SqlDataReader 提供了另一个遍历结果集的方法 NextResult，其作用是把数据读取器移动到下一个结果集，这个方法可以与 Read 方法协同工作，使用方法如下。

```
do
{   while(dr.Read())
    {
```

```
    ...
  }
}while(dr.NextResult());
```

11.2.4 DataSet 类

DataSet 是 ADO.NET 的断开式结构的核心组件,它的设计目标很明确,即为了独立于任何数据源的数据访问。DataSet 对象实际上是一个内存数据库,由许多表、数据表关系、约束、记录以及字段对象的集合组成,所有来自数据库的数据、XML 文件、代码或用户输入的数据都可添加到 DataSet 对象中。DataSet 对象的一个重要特性是离线操作,在从数据库中取回数据存到 DataSet 对象后程序可以马上断开与数据库的连接,用户可以对内存中 DataSet 对象中的数据进行添加、修改和删除。当需要将变动的数据反映到数据库时,只需重新与数据库建立连接,并利用相应命令或方法来实现数据更新。

DataSet 对象模型中各主要对象的关系如下。

(1) DataTable 对象表示数据表,在 DataTable 对象中又包含了字段(列)和记录(行)。

(2) 在 DataSet 中可以包含一个或多个 DataTable 对象,多个 DataTable 又组成了 DataTableCollection 集合对象。

(3) 多个表之间可能存在一定的关系,表间的关系用 DataRelation 对象来表示,该对象通常表示表间的主外键关系。

(4) 多个表之间可能存在多个关系,因此 DataSet 可以包含一个或多个 DataRelation 对象,多个 DataRelation 对象又组成了 DataRelationCollection 集合对象。

表 11-8 和表 11-9 表列出了一些 DataSet 类的主要属性和方法。

表 11-8　DataSet 类主要属性

属性	说明
DataSetName	获取或设置当前 DataSet 的名称
HasErrors	获取一个值,指示在此 DataSet 中的任何 DataTable 对象中是否存在错误
IsInitialized	获取一个值,该值表明是否初始化 DataSet
Namespace	获取或设置 DataSet 的命名空间
Tables	获取包含在 DataSet 中的表的集合
Relations	获取用于将表连接起来并允许从父表浏览到子表的关系的集合
CaseSensitive	获取或设置一个值,该值指示 DataTable 对象中的字符串比较是否区分大小写
DefaultViewManager	获取 DataSet 所包含的数据的自定义视图,以允许使用自定义的 DataViewManager 进行筛选、搜索和导航

表 11-9　DataSet 类主要方法

方法	说明
Copy	复制该 DataSet 的结构和数据
Clone	复制 DataSet 的结构,包括所有 DataTable 架构、关系和约束,但不要复制任何数据

续表

方法	说明
Clear	通过移除所有表中的所有行来清除任何数据的 DataSet
AcceptChanges	提交自加载此 DataSet 或上次调用 AcceptChanges 以来对其进行的所有更改
GetChanges	获取 DataSet 的副本,该副本包含自加载以来或自上次调用 AcceptChanges 以来对该数据集进行的所有更改
HasChanges	获取一个值,该值指示 DataSet 是否有更改,包括新增行、已删除的行或已修改的行
Reset	清除所有表并从 DataSet 移除任何关系、约束和外部表。子类应重写 Reset,以便将 DataSet 还原到其原始状态
Merge	将指定的 DataSet(或数组)及其架构合并到当前 DataSet 中
CreateDataReader	为每个 DataTable 返回带有一个结果集的 DataTableReader

创建一个空 DataSet 对象,由以下方法来设置数据集名。

```
DataSet ds=new DataSet("MyDataSet"); //在构造函数中进行指定
```

或者

```
DataSet ds=new DataSet();
ds.DataSetName="MyDataSet"; //通过对象设置 DataSetName 属性
```

数据集是一个容器,在使用时需要用数据填充它来完成相关的数据操作。在填充数据集时,可能会引发各种事件、应用约束检查等。数据集的填充有以下几种方法。

(1) 调用 SqlDataAdapter 类的 Fill 方法。这导致适配器执行 SQL 语句或存储过程,然后将结果填充到数据集中的表中。如果数据集包含多个表,每个表可能有单独的数据适配器,因此必须分别调用每个适配器的 Fill 方法。

(2) 通过创建 DataRow 对象并将它们添加到表的 Rows 集合,手动填充数据集中的表(只能在运行时执行此操作,无法在设计时设置 Rows 集合)。

(3) 将 XML 文档或流读入数据集。

(4) 合并(复制)另一个数据集的内容。如果应用程序从不同的来源(如不同的 XML Web services)获取数据集,需要将它们合并为一个数据集。

DataSet 类的功能比较强大而复杂,支持对表的字段的添加、行记录的增删改等。当数据只涉及单个表时可以考虑使用 DataTable 对象来进行数据的管理;如果涉及多个表时则需要 DataSet 对象来进行统一管理。如果需要将数据的修改反馈回数据库,可以考虑重连数据库,调用 GetChanges 方法来获得一个对数据作出更改的记录集,最后通过 DataAdapter(或其他对象)使用此记录集来更新原始的数据源。

11.2.5　SqlDataAdapter 类

SqlDataAdapter 是用以填充 DataSet 和更新 SQL Server 数据库的一组数据命令和一个数据库连接对象。设置 Command 对象的相关属性来执行 SQL 语句并得到相应的数据集,是 SqlDataAdapter 类的通常用法。下面列出了 SqlDataAdapter 类中与 Command 对象相关的属性(表 11-10)和常用的操作数据的方法(表 11-11)。

表 11-10 SqlDataAdapter 类主要属性

属性	说明
SelectCommand	获取或设置一个 T-SQL 语句或存储过程,用于在数据源中选择记录
InsertCommand	获取或设置一个 T-SQL 语句或存储过程,以在数据源中插入新记录
UpdateCommand	获取或设置一个 T-SQL 语句或存储过程,用于更新数据源中的记录
DeleteCommand	获取或设置一个 T-SQL 语句或存储过程,以从数据集删除记录

表 11-11 SqlDataAdapter 类主要方法

方法	说明
Fill	在 DataSet 中添加或刷新行
Update	为 DataSet 中每个已插入、已更新或已删除的行调用相应的 INSERT、UPDATE 或 DELETE 语句

若要进行数据填充,需要先创建 SqlDataAdapter 对象,这里有两种创建方法。

(1) 在创建的同时传入定义的 SQL 查询语句和数据库连接,然后进行数据填充。

```
SqlDataAdapter da=new SqlDataAdapter(SQL,sqlConn);
DataSet ds=new DataSet();
da.Fill(ds,"Products");
```

(2) 创建空的 SqlDataAdapter 对象,将 SQL 查询语句和数据库连接作为属性进行设置,然后进行数据填充。

```
SqlDataAdapter da=new SqlDataAdapter();
Da.SelectCommand=new SqlCommand(SQL,sqlConn);
DataSet ds=new DataSet();
da.Fill(ds,"Products");
```

SqlDataAdapter 对象常常与 DataSet 及其包含的对象一起使用,下面介绍利用 DataTable 和 DataAdapter 访问数据的例子。

【例 11-3】 使用 DataAdapter 访问数据库 S-T 中的 Student 表,将表中的数据填充到 DataTable 对象中,最后将其在表格控件 DataGridView 中显示。

```
//引用命名空间
using System.Data.SqlClient;
//实现代码
public void displayData()
{
  String conStr="Data Source=localhost;Initial Catalog=S-T;Integrated
                Security=True";
  String SqlStr="SELECT* FROM Student";
  SqlConnection conn=new SqlConnection(conStr);
  SqlDataAdapter adapter=new SqlDataAdapter(SqlStr,conn);
  adapter.SelectCommand.CommandType=CommandType.Text;
  conn.Open();
```

```
    DataTable table=new DataTable();
    adapter.Fill(table);
    //释放对象
    conn.Close();
    dataGridView1.DataSource=table;
}
```

在 Windows 应用程序的 Form 类中创建函数 displayData，在 Form 类构造函数内调用该函数，在函数里添加上述代码即可得到图 11-4 所示的运行结果。

学生信息查询

	Sno	Sname	Ssex	Sage	Sdept
▶	201310231	陈立军	男	19	IS
	201310235	陈亮	男	21	MA
	201310232	李强胜	男	20	CS
	201310233	刘晨	女	19	CS
	201210234	张敏君	女	18	MA
*					

图 11-4　【例 11-3】运行结果

11.2.6　DataView 类

DataView 类与数据库中的视图的类相似，但是仅支持基于单个 DataTable 建立视图。DataView 类提供了用于排序、筛选、编辑和导航的 DataTable 的可绑定数据的自定义视图。这里简要列举 DataView 对象的主要属性(表 11-12)和主要方法(表 11-13)。

表 11-12　DataView 类主要属性

属性	说明
Item	从指定的表获取一行数据
Sort	获取或设置 DataView 的一个或多个排序列以及排序顺序
Table	获取或设置源 DataTable
Count	获取 DataView 中记录的数量
AllowNew	获取或设置一个值，该值指示是否可以使用 AddNew 方法添加新行
AllowEdit	获取或设置一个值，该值指示是否允许编辑
AllowDelete	设置或获取一个值，该值指示是否允许删除
ApplyDefaultSort	获取或设置一个值，该值指示是否使用默认排序
RowFilter	获取或设置用于筛选在 DataView 中查看哪些行的表达式

表 11-13　DataView 类主要方法

方法	说明
Open	打开一个 DataView
ToTable	根据现有 DataView 中的行创建并返回一个新的 DataTable
AddNew	将新行添加到 DataView 中
Find	按指定的排序关键字值在 DataView 中查找行

续表

方法	说明
FindRows	返回 DataRowView 对象的数组,这些对象的列与指定的排序关键字值匹配
Close	关闭 DataView
Delete	删除指定索引位置的行

下面通过实例介绍 DataView 类的使用方法。

【例 11-4】 通过 DataView 对象从数据库 S-T 的 Student 表中读取性别为男的学生记录,然后将该记录填充到 DataTable 中按照年龄进行升序排序,最后在表格控件 DataGridView 中显示。

```
//引用命名空间
using System.Data.SqlClient;
//实现代码
public void displayData()
{
   String conStr="Data Source=localhost; Initial Catalog=S-T; Integrated
               Security=True";
   String SqlStr="SELECT* FROM Student";
   SqlConnection conn=new SqlConnection(conStr);
   SqlDataAdapter adapter=new SqlDataAdapter(SqlStr,conn);
   adapter.SelectCommand.CommandType=CommandType.Text;
   conn.Open();
   DataTable table=new DataTable();
   adapter.Fill(table);

   DataView view=new DataView();
   view=table.DefaultView;
   view.RowFilter="Ssex='男'";
   view.Sort="Sage ASC";
   //释放对象
   conn.Close();
   dataGridView1.DataSource=table;
}
```

在 Windows 应用程序的 Form 类中创建函数 displayData,在 Form 类构造函数内调用该函数,在函数里添加上述代码即可得到图 11-5 所示的运行结果。

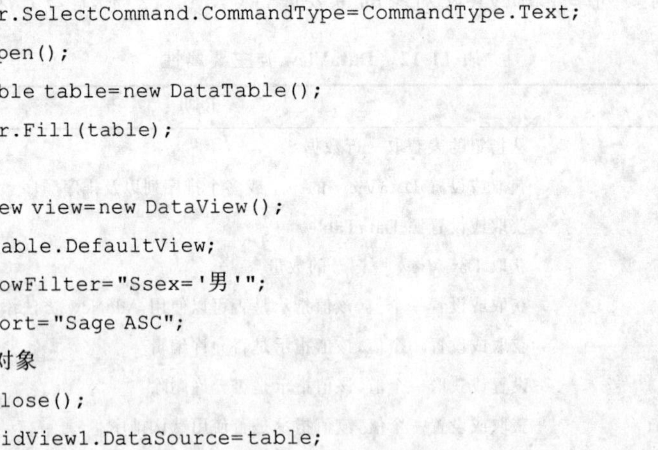

学生信息查询

	Sno	Sname	Ssex	Sage	Sdept
▶	201310231	陈立军	男	19	IS
	201310232	李强胜	男	20	CS
	201310235	陈亮	男	21	MA
*					

图 11-5 【例 11-4】运行结果

11.3　ADO.NET 访问数据库

11.3.1　用 DataReader 读取数据

用 DataReader 在程序中提取数据有以下 5 个基本步骤：①连接数据源；②打开连接；③创建 SQL 命令对象；④使用 DataReader 读取并显示数据；⑤关闭 DataReader 和连接。下面依次介绍这些步骤。

1. 连接数据源

首先需要使用连接字符串创建一个连接对象，连接字符串包含希望连接的数据库的提供者名称、登录信息（数据库用户、密码等）以及使用的数据库名称。连接字符串的具体元素在不同的数据提供者之间的区别比较大，根据使用数据的不同提供者使用相应的提供者连接信息。

2. 打开连接

设置好计算机和数据库配置的连接对象后需要打开，建立与数据库的连接才能进行后面的数据操作，打开连接的实现代码如下。

```
connection.Open();
```

如果未找到 SQL Sever，就会抛出 SqlException 异常。

3. 创建 SQL 命令对象

创建命令对象需要提供 SQL 命令来执行数据库操作（如检索数据），其代码如下。

```
SqlCommand command=connection.CreateCommand();
command.CommandText="select* from Student";
```

连接对象的 CreateCommand()方法可以创建与此连接相关联的命令，从而得到命令对象。命令本身被指派给命令对象的 CommandText 属性。

4. 读取并显示数据

读取数据需要使用 DataReader 对象。DataReader 是一个轻量级的对象，可以迅速获取查询的结果，它是只读的，因此不能使用它更新数据。可以使用前面创建的命令对象中的方法来创建 DataReader 对象的实例。

```
SqlDataReader reader=command.ExecuteReader();
```

ExecuteReader 在数据库中运行 SQL 命令，它还创建读取器对象，用于读取生成的结果，这里将其指派给 reader。从读取器中获取结果有几种方法，其中 DataReader 的 Read 方法从查询结果中读取一行数据，如果还有数据要读取，则返回 TRUE，否则返回 FALSE。因此建立一个 WHILE 循环，使用 Read 方法读取数据，当迭代它们时，输出结果。当 Read 在最后的结果处返回 FALSE 时，WHILE 循环就终止。

5. 关闭打开的对象

关闭打开的对象包括读取器对象和连接对象，每个对象都有 Close 方法，在退出程序之前调用这些方法。

```
reader.Close();
connection.Close();
```

【**例 11-5**】 查询 S-T 数据库的 Student 表中 Sno 为 201310232 的学生信息。

```
//引用命名空间
using System.Data.SqlClient;
//使用参数查询 Student 表中的信息并输出结果
static void Main(string[] args)
{
  SqlConnection conn = new SqlConnection ( " Data Source = localhost; Initial
                    Catalog=S-T;Integrated Security=True");
  SqlCommand cmd=new SqlCommand("select Sno,Sname from[Student]where [Sno]
                =@oid",conn);
  SqlDataReader reader;
  try
  {
    cmd.Parameters.Add("@oid", 201310232);  //使用命名参数
    conn.Open();
    reader=cmd.ExecuteReader();
    while(reader.Read())
    {
      Console.WriteLine("{0} {1}", reader.GetSqlValue(0),
                              reader.GetSqlString(1));
    }
    reader.Close();
  }
  catch(Exception ex)
  {
    Console.WriteLine(ex.Message);
  }
  finally
  {
     conn.Close();
  }
}
```

在控制台应用程序的主函数中编写上述代码,可以得到图 11-6 所示的运行结果。

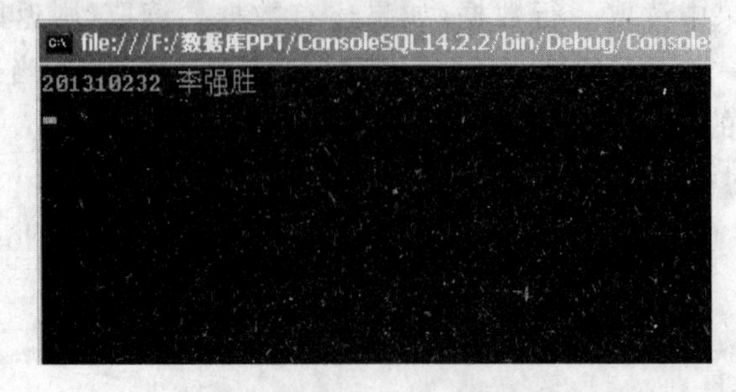

图 11-6 【例 11-5】运行结果

11.3.2　用 DataSet 读取数据

11.3.1 节介绍了如何使用 DataReader 读取数据，下面介绍如何用 DataSet 完成这个任务。DataSet 是 ADO.NET 中的核心对象，所有复杂的操作都使用它。DataSet 包含一组 DataTable 对象，它们表示数据库表。每个 DataTable 对象都有一些子对象 DataRow 和 DataColumn，表示数据库表中的行和列。通过这些对象可以获取表、行和列中的所有元素。

1. 用数据填充 DataSet

DataSet 的常见操作是用 DataAdapter 对象的 Fill 方法给它填充数据。Fill 是 DataAdapter 对象的方法，而不是 DataSet 的方法，因为 DataSet 是内存中数据的一个抽象表示，而 DataAdapter 对象是把 DataSet 和具体数据库联系起来的对象。Fill 方法有许多重载版本。

2. 访问 DataSet 中的表、行和列

DataSet 对象有一个 Tables 属性，它是 DataSet 中所有 DataTable 对象的集合。Tables 的类型是 DataTableCollection，它有一个重载的索引符，于是有两种方式访问每个 DataTable。

按表名访问：dataSet.Tables["Student"]指定 DataTable 对象 Student。

按索引(索引基于 0)访问：dataSet.Tables[0]指定 DataSet 中的第一个 DataTable。

在每个 DataTable 中，都有一个 Rows 属性，它是 DataRow 对象的集合。Rows 的类型是 DataRowCollection，是一个有序列表，按行号排序，其使用方法如下。

```
myDataSet.Tables["Student"].Rows[n]
```

DataRow 对象有一个重载的索引符属性，允许按列名或列号访问各个列，其用法如下。

```
dataSet.Tables["Student"].Rows[n]["Sno"]
```

在 DataSet 的 DataTable 对象 DataRow 中指定行号为 $n-1$ 的 Sno 列，这里，DataRow 对象是 dataSet.Tables["Student"].Rows[n]。

【例 11-6】　通过 DataReader 读取数据库中的数据，按行来填充 DataTable，最后在表格控件 DataGridView 中显示。

```
//引用命名空间
using System.Data.SqlClient;
//实现代码
public void displayData()
{
  String conStr="Data Source=localhost; Initial Catalog=S-T; Integrated
              Security=True";
  String SqlStr="SELECT* FROM Student";
  SqlConnection conn=new SqlConnection(conStr);
  SqlCommand command=new SqlCommand(SqlStr,conn);
  conn.Open();
```

```
    //构造 table
    DataTable table=new DataTable();
    //在 DataTable 中添加列
    table.Columns.Add("序号");
    table.Columns.Add("姓名");
    table.Columns.Add("学号");
    table.Columns.Add("性别");
    table.Columns.Add("专业");
    //从数据库取数据
    SqlDataReader reader=command.ExecuteReader();
    int index=0;
    while(reader.Read())
    {
      //构造行数据
      DataRow row=table.NewRow();
      index++;
      row["序号"]=index.ToString();
      row["姓名"]=reader["Sname"].ToString();
      row["学号"]=reader["Sno"].ToString();
      row["性别"]=reader["Ssex"].ToString();
      row["专业"]=reader["Sdept"].ToString();
      table.Rows.Add(row);
    }

    //释放对象
    reader.Close();
    conn.Close();
    dataGridView1.DataSource=table;
}
```

运行结果如图 11-7 所示。

序号	姓名	学号	性别	专业
1	陈立军	201310231	男	IS
2	陈亮	201310235	男	MA
3	李强胜	201310232	男	CS
4	刘晨	201310233	女	CS
5	张敏君	201210234	女	MA

图 11-7　【例 11-6】运行结果

11.3.3　更新数据库

在数据库上进行的操作(更新、插入和删除记录)可以使用 SqlCommand 对象执行

T-SQL 语句进行数据库在线(保持数据库连接)的情况下修改数据。同时,也可以通过 DataSet 对象和 SqlDataAdapter 对象在离线(断开数据库连接)的情况下更新数据库。SqlCommand 对象修改数据在 11.2.2 节中已经讲解了,这里讨论使用 DataSet 对象和 SqlDataAdapter 对象来进行数据更新,其通用步骤具体如下。

(1) 使用数据库中需要的数据填充 DataSet。

(2) 通过 DataTable 对象为需要修改的表设置主键,便于指定某记录行的改动。

(3) 修改存储在 DataSet 中的数据(如更新、插入和删除记录)。

添加记录:创建一个新的 DataRow,并填充需要插入的记录,将该 DataRow 添加到 DataSet 的 Rows 集合中。

修改/删除:通过 DataRow 对象,将需要改动的行进行修改赋值或调用 delete 函数删除。

(4) 完成了所有的修改操作后,调用 DataAdapter 对象的 Update 方法,把 DataSet 中修改的内容返回数据库。

【例 11-7】 修改数据库 S-T 中的 Student 表,将学号为 201310235 的学生名字改为陈明。

```
//引用命名空间
using System.Data.SqlClient;
//实现代码
public void updateData()
{
  String conStr="Data Source=localhost; Initial Catalog=S-T; Integrated
               Security=True";
  String SqlStr="SELECT* FROM Student";
  SqlConnection conn=new SqlConnection(conStr);
  SqlDataAdapter adapter=new SqlDataAdapter(SqlStr, conn);
  SqlCommandBuilder combuider=new SqlCommandBuilder(adapter);

  conn.Open();
  DataSet dateSet=new DataSet();  //建立 DataSet 对象
  adapter.Fill(dateSet, "StdTbl"); //StdTbl 为别名
  conn.Close();//注意及时关闭连接

  DataTable table=dateSet.Tables["StdTbl"]; //建立 DataTable 对象
  table.PrimaryKey=new DataColumn[]{table.Columns["Sno"]};
  //建立一个主键,同时数据库里也相应设置主键
  DataRow row=table.Rows.Find(201310235);//由主键值指定的行
  row["Sname"]="陈明"; //对需要修改的记录赋新值

  conn.Open();//使用 DataAdapter 更新前需要确保 conn 是连接数据库的
  adapter.Update(dateSet,"StdTbl");
```

```
    //用 DataAdapter 的 Update 方法进行数据库的更新
    conn.Close();
    dataGridView1.DataSource=dateSet.Tables["StdTbl"];
  }
```

将更新后的数据集在控件 DataGridView 中显示，运行结果如图 11-8 所示。

学生信息查询

Sno	Sname	Ssex	Sage	Sdept
201310231	陈立军 ...	男	19	IS ...
201310235	陈明	男	21	MA ...
201310232	李强胜 ...	男	20	CS ...
201310233	刘晨 ...	女	19	CS ...
201210234	张敏君 ...	女	18	MA ...
*				

图 11-8 【例 11-7】运行结果

第 12 章 JDBC 编程

JDBC 是为 Java 程序访问数据库而设计的一组 Java API,是 Java 数据库应用开发中的一项关键技术。本章主要介绍 JDBC 访问数据库中常用的四个对象以及如何使用 JDBC 技术来访问数据库。

12.1 JDBC 概述

JDBC(Java Database Connectivity)是用于执行 SQL 语句的 Java 应用程序接口,由一组用 Java 语言编写的类与接口组成,是一种底层 API。JDBC 给数据库应用开发人员、数据库前台工具开发人员提供了一种标准的应用程序设计接口,使开发人员可以用纯 Java 语言编写完整的数据库应用程序。用 JDBC 编写的程序能够自动将 SQL 语句传送给几乎任何一种数据库管理系统(DBMS)。同时,JDBC 也是一种规范,它让各数据库厂商为 Java 程序员提供标准的数据库访问类和接口,这样就使得独立于 DBMS 的 Java 应用开发工具和产品成为可能。

Java 程序通过 JDBC 访问数据库的过程如图 12-1 所示,Java 程序通过 JDBC 驱动程序编写纯 Java 解决方案来访问数据库。它使用已有的 SQL 标准,支持其他数据库的连接标准,如与 ODBC 之间的桥接,从而隔离了 Java 与不同数据库之间的会话,使得程序员只需写一遍程序就可让它在任何数据库管理系统平台上运行。

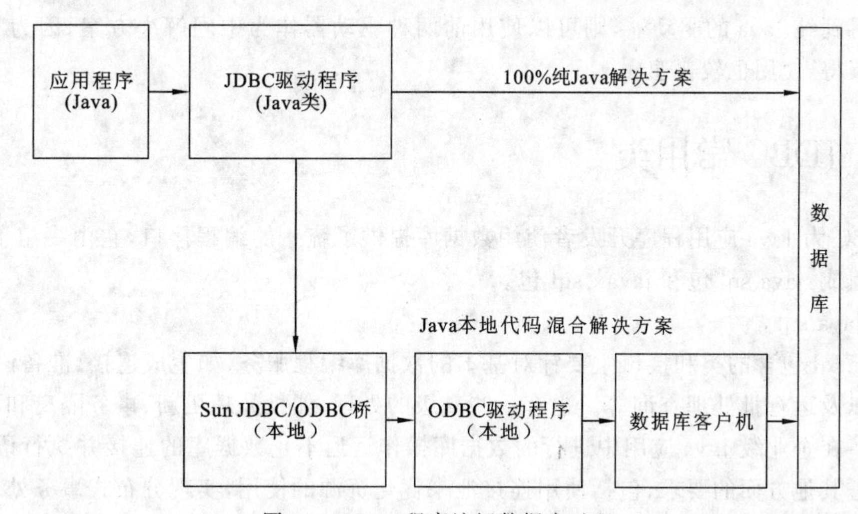

图 12-1 Java 程序访问数据库过程

JDBC 是标准化地将关系型数据库操作和 Java 程序集成到一起,可以直接对数据库进行访问和修改的 API。JDBC 最终还是应用到 ODBC 的技术,但它很好地封装了

ODBC,可以很容易地通过 JDBC API 来进行数据库访问控制。JDBC 现在可以连接的数据库包括 Oracle、SQL Server、MySQL、DB2、Informix 以及 Sybase 等。

由于 JDBC 支持多种数据库,人们在建立客户/服务器应用程序时,通常把 Java 作为编程语言,把任何一种浏览器作为应用程序的友好界面,把 Internet 或 Intranet 作为网络主干,来访问有关的后台数据库。

简单地说 JDBC 就是完成以下三件事:①同一个数据库建立连接;②向数据库发送 SQL 语句;③处理数据库返回的结果。

JDBC 的 Driver 可以分为四种类型。

(1) JDBC-ODBC 和 ODBC Driver。它将 JDBC 转换成 ODBC,并使用一个 ODBC 驱动程序与数据库连接。使用这种驱动器,要求每一台客户机都装入 ODBC 驱动。

(2) 部分本地 API Driver。部分使用 Java 编程语言编写和部分使用本机代码编写的驱动程序,通过该驱动程序使应用程序和数据库进行连接。将数据库厂商的特殊协议转换成 Java 代码及二进制代码,客户机上需要装有相应 DBMS 的驱动程序。

(3) JDBC 通过网络的纯 Java 驱动程序。该驱动程序是一个 3-Tier(层)的解决方案,驱动程序将应用程序中的操作通过 JDBC 转换成指令发送到一个中介软件,再通过该中介软件将操作指令发送到 DBMS 中,得到的结果集也是通过该中介软件传回应用程序。目前一些厂商已经开始添加 JDBC 这种驱动器到它们已有的数据库中介产品中。

(4) 本地协议的纯 Java 驱动程序。这种类型的驱动程序将 JDBC 调用直接转换为 DBMS 所使用的网络协议,应用程序可以直接和数据库进行通信。

在上述四种驱动器中,后两种纯 Java 的驱动器效率更高,也更具通用性,它们能够充分体现出 Java 技术的优势,例如,可以在应用程序中自动下载需要的 JDBC 驱动器。如果不能得到纯 Java 的驱动器,则可以使用前两种驱动器作为中间解决方案,因为它们比较容易获得,使用也较普遍。

12.2 JDBC 常用类

JDBC 为 Java 应用程序开发者使用数据库提供了统一的编程接口,它由一组 Java 类和接口组成:java.sql 包和 javax.sql 包。

1) java.sql

java.sql 包含的类和接口主要针对基本的数据库编程服务,如生成连接、准备语句、执行语句以及运行批处理查询等。也有一些高级的处理,如批处理更新、事务隔离和可滚动结果集。在企业级 Java 应用中进行的数据库操作远远不止数据库的连接并执行语句,还需要考虑其他方面的要求,包括使用连接池来优化资源的使用,实现分布式事务处理等。

2) javax.sql

javax.sql 为连接管理、分布式事务和原先已有的连接提供了更好的抽象,引入了容器管理的连接池、分布式事务和行集(RowSet)。

JDBC API 中重要的接口和类如表 12-1 所示。

表 12-1　JDBC API 重要接口和类

名称	说明
java.sql.DriverManager	处理驱动的调入并且对产生新的数据库连接提供支持
java.sql.DataSource	在 JDBC 2.0 API 中被推荐使用代替 DriverManager 实现和数据库的连接
java.sql.Connection	代表对特定数据库的连接
java.sql.Statement	代表一个特定的容器，容纳并执行一条 SQL 语句
java.sql.ResultSet	控制执行查询语句得到的结果集

12.2.1　DriverManager 对象

DriverManager 类是 JDBC 的管理层，作用于用户和驱动程序之间。它跟踪可用的驱动程序，并在数据库和相应驱动程序之间建立连接。另外，DriverManager 类也能够处理驱动程序登录时间限制及登录和跟踪消息的显示等事务。

对于简单的应用程序，一般程序员需要在此类中直接使用的唯一方法是 DriverManager. getConnection，即建立与数据库的连接。JDBC 允许用户调用 DriverManager 的 getDriver、getDrivers 和 registerDriver 方法及 Driver 的 connect 方法。但多数情况下，使用 DriverManager 类管理建立连接的细节。

1. 跟踪可用驱动程序

DriverManager 类包含一系列 Driver 类，它们已通过调用方法 DriverManager. registerDriver 对自己进行了注册。所有 Driver 类都必须包含一个静态部分，它创建该类的实例，然后在加载该实例时由 DriverManager 类进行注册。因此，正常情况下用户不会直接调用 DriverManager.registerDriver，而是在加载驱动程序时由驱动程序自动调用。

加载 Driver 类，然后自动在 DriverManager 中注册的方式有两种：①通过调用方法 Class.forName，将显式地加载驱动程序类，这与外部设置无关，因此推荐使用这种加载驱动程序的方法；②通过将驱动程序添加到 java.lang.System 的属性 jdbc.drivers 中，这是一个由 DriverManager 类加载的驱动程序类名的列表，由冒号分隔。初始化 DriverManager 类时，它搜索系统属性 jdbc.drivers，如果用户已输入了一个或多个驱动程序，则 DriverManager 类将试图加载它们。

注意：加载驱动程序的第二种方法需要持久的预设环境。如果对这一点不能保证，则调用方法 Class.forName 显式地加载每个驱动程序就显得更为安全。这也是引入特定驱动程序的方法，因为一旦 DriverManager 类被初始化，它将不再检查 jdbc.drivers 属性列表。

在以上两种情况下，新加载的 Driver 类都要通过调用 DriverManager.registerDriver 类进行自我注册。如上所述，加载类时将自动执行这一过程。由于安全方面的原因，JDBC 管理层将跟踪哪个类加载器提供哪个驱动程序。这样，当 DriverManager 类打开连接时，它仅使用本地文件系统或与发出连接请求的代码相同的类加载器提供的驱动程序。

2. 建立连接

加载 Driver 类并在 DriverManager 类中注册后，可以用 DriverManager 对象建立与数据库的连接。当调用 DriverManager. getConnection 方法发出连接请求时，DriverManager 将检查每个驱动程序，查看其是否可以建立连接。

在多个 JDBC 驱动程序与给定的同一 URL 连接的情况下（如与给定远程数据库连接时，可以使用 JDBC-ODBC 桥驱动程序、JDBC 到通用网络协议驱动程序等），测试驱动程序的顺序至关重要，因为 DriverManager 将使用它所找到的第一个可以成功连接到指定 URL 的驱动程序。

DriverManager 首先试图按注册的顺序使用每个驱动程序（jdbc.drivers 中列出的驱动程序总是先注册）。它将跳过代码不可信任的驱动程序，除非加载它们的源与试图打开连接的代码的源相同。它通过轮流在每个驱动程序上调用方法 Driver.connect，并向它们传递用户开始传递给方法 DriverManager.getConnection 的 URL 来对驱动程序进行测试，然后连接第一个认出该 URL 的驱动程序。这种方法看起来效率不高，但由于一般情况下不会同时加载数十个驱动程序，所以每次连接实际只需几个过程调用和字符串比较。

12.2.2 Connection 对象

Connection 对象主要用于建立与数据库的连接，连接过程包括所执行的 SQL 语句和在该连接上所返回的结果。一个应用程序可与单个数据库有一个或多个连接，或者可与许多数据库有连接。

Connection 对象常用的方法有下几类。

1）数据库连接相关函数

（1）void close()：该方法关闭数据库的连接，在使用完连接后必须关闭，否则连接会保持到超时为止。

（2）boolean isclose()：该方法用于判断连接是否关闭。

2）与事务相关函数

（1）void setAutoCommit(boolean autoCommit)：该方法用于设置操作是否自动提交到数据库，默认情况下是 TRUE。

（2）boolean getAutoCommit()：该方法用于获得 Connection 类对象的 AutoCommit 状态。

（3）void commit()：该方法提交对数据库的更改，使更改生效。这个方法只有调用了 setAutoCommit(false)方法后才有效，否则对数据库的更改会自动提交到数据库。

（4）rollback()：该方法用于回滚当前执行的操作，和 commit 一样只有调用了 setAutoCommit(false)才可以使用。

3）创建存储过程

（1）Statement createStatement(int resultSetType，int resultSetConcurrency)：该方法创建一个 Statement 对象，用于执行 SQL 语句。参数 resultSetType 指定结果集的滚动特性类型，resultSetConcurrency 指定是否能用结果集更新数据。

resultSetType 的类型有如下几种。

TYPE_FORWARD_ONLY：结果集不可滚动。

TYPE_SCROLL_INSENSITIVE：结果集可滚动，不反映数据库的变化。

TYPE_SCROLL_SENSITIVE：结果集可滚动，反映数据库的变化。

resultSetConcurrency 的类型有如下几种。

CONCUR_READ_ONLY：不能用结果集更新数据。

CONCUR_UPDATABLE：能用结果集更新数据。

(2) PreparedStatement prepareStatement(String sql)：该方法用于创建 PreparedStatement 对象来执行 SQL 语句。

4) 其他

(1) DatabaseMetaData getMetaData()：该方法用于获得数据库元数据对象。

12.2.3　Statement 对象

Statement 对象用于将 SQL 语句发送到数据库。实际上有三种 Statement 对象，它们都作为在给定连接上执行 SQL 语句的包容器：Statement、PreparedStatement（继承自 Statement）和 CallableStatement（继承自 PreparedStatement）。它们都专用于发送特定类型的 SQL 语句：Statement 对象用于执行不带参数的简单 SQL 语句；PreparedStatement 对象用于执行带或不带 IN 参数的预编译 SQL 语句；CallableStatement 对象用于执行对数据库存储过程的调用。

Statement 对象的常用方法可以分为以下几类。

1) 执行 SQL 语句

boolean execute(String sql)：该方法执行 SQL 语句，若返回一个结果集则返回 TRUE，否则返回 FALSE。

ResultSet executeQuery(String sql)：该方法返回查询结果，通过 ResultSet 对象来取得具体的值。

int executeUpdate(String sql)：该方法执行如 CREATE TABLE/ DROP TABLE / ALTER TABLE 等修改数据的 SQL 语句。

CREATE TABLE/DROP TABLE：执行返回结果为零。

ALTER TABLE：执行如 INSERT/DELETE/UPDATE 等的 SQL DML 语句。执行该方法时返回值都是整数，代表更新的数据。

2) 批处理

void addBatch(String sql)：该方法用于增加批处理语句。

int[ ] executeBatch()：该方法用于执行批处理语句。

void clearBatch()：该方法用于清除批处理语句。

12.2.4　ResultSet 对象

ResultSet 对象负责存储查询数据库的结果，并提供一系列方法对数据库进行添加、修改和删除操作。它维护一个记录指针（游标），记录指针指向数据表中的某个记录，通过适当地移动记录指针，可以随心所欲地存取数据，提升查询的效率。

ResultSet 对象的常用函数可以分为以下几类。

1）操作记录指针

boolean absolute(int row)：移动记录指针到指定的记录。

void beforeFirst()：移动记录指针到第一条记录之前。

void afterLast()：移动记录指针到最后一条记录之后。

boolean first()：移动记录指针到第一条记录。

boolean last()：移动记录指针到最后一条记录。

boolean next()：移动记录指针到下一条记录。

boolean previous()：移动记录指针到上一条记录。

void moveToCurrentRow()：移动记录指针到被记忆的记录。

2）操作记录数据

void moveToInsertRow()：移动记录指针以新增一条记录。

void deleteRow()：删除记录指针指向的记录。

void insertRow()：新增一条记录到数据库中。

void updateRow()：修改数据库中的一条记录。

void update 类型(int columnIndex，类型 X)：根据不同的数据类型调用相应函数来修改指定字段的值。

3）获取数据

int getXXX(int columnIndex)：根据不同的数据类型调用相应函数来获取指定字段的值。

ResultSetMetaData getMetaData()：取得 ResultSetMetaData 类对象。

12.3　JDBC 访问数据库

使用 JDBC 访问数据库的一般过程如下。

(1) 加载并注册 JDBC 驱动。

(2) 创建一个数据库连接 Connection。

(3) 创建一个陈述对象 Statement。

(4) 用该 Statement 对象进行数据操作，并返回结果集。

(5) 处理结果集 ResultSet 对象。

(6) 释放资源。

12.3.1　加载并注册 JDBC 驱动

DriverManager 类是 JDBC 的管理层，作用于用户和驱动程序之间，可以跟踪可用的驱动程序，并在数据库和相应驱动程序之间建立连接，也处理诸如驱动程序登录时间限制及登录和跟踪消息的显示等事务。

DriverManager 类包含一系列驱动程序类，它们已通过调用方法 DriverManager.registerDriver 对自己进行注册，所以用户可以直接加载驱动程序，然后让驱动程序自己去注册。加载驱动程序的语法格式如下。

```
Class.forName("com.mysql.jdbc.Driver");
```

(1) 以完整的 Java 类名字符串为参数,装载此类,并返回一个 Class 对象描述此类。

(2) 执行上述代码时将自动创建一个驱动器类的实例,并自动调用驱动器管理器 DriverManager 类中的 RegisterDriver 方法来注册它。

(3) com.mysql.jdbc.Driver 是驱动器类的名字,可以从驱动程序的说明文档中得到,常见的驱动接口见表 12-2。

表 12-2　常见 JDBC 驱动接口

驱动接口	说明
java.sql.Driver	所有 JDBC 驱动程序需要实现的接口
com.mysql.jdbc.Driver	MySQL 数据库的 JDBC 驱动类名
com.microsoft.sqlserver.jdbc.SQLServerDriver	微软 SQL Server 的 JDBC 驱动类名
Oracle.jdbc.driver.OracleDriver	Oracle 的 JDBC 驱动类名

(4) 对于驱动器类不存在的情况会抛出 ClassNotFoundException 异常,因此需要使用 try…catch 语句来捕获这个异常。

```
try{
    Class.forName("com.mysql.jdbc.Driver");
}
catch(ClassNotFoundException e){
    System.out.println(e.getMessage);
}
```

(5) 使用 Class.forName 显式地加载驱动程序,它提供以下两种方式进行注册。

① Class.forName("com.mysql.jdbc.Driver");

加载成功后会生成一个 Driver 对象,然后调用 DriverManager.registerDriver 自动注册该对象;加载失败,"Class not found"说明无法找到 JDBC 驱动程序。

② Class.forName("com.mysql.jdbc.Driver").newInstance();

当碰到"Driver not found"错误的时候,也就是说注册 JDBC 驱动不成功的时候用这种方法,主要是因为 JDBC 规范和某些 JVM 产生冲突问题。

除上述注册驱动的方法外,还可以通过 setProperty 来设置指定键指示的系统属性,语法格式如下。

```
public staticString setProperty(String key, String value)
```

其中,key 为系统属性的名称;value 为系统属性的值。该函数返回系统属性以前的值,如果没有以前的值,则返回 NULL。

12.3.2　创建数据库连接 Connection

在成功注册后,通过调用 java.sql.DriverManager 类的 getConnection 方法来建立与数据库的连接。创建 Connection 对象有三种方法。

(1) static Connection getConnection(String url):尝试建立一个和给定 URL 的数据库连接。

(2) static Connection getConnection(String url,String user,String password):连接到指定 URL 的数据库,使用用户名为 user,密码为 password。

(3) static Connection getConnection(String url, Properties info):连接到指定 URL 数据库,info 是至少包含用户和密码的关于连接说明的任意字符串。

JDBC URL 的标准语法格式如下。

```
<protocol>:<subprotocol>:<data source info>
```

语法说明如下。

URL 由三部分组成:协议、子协议和数据来源。

协议:JDBC 中的协议就是 jdbc。

子协议:数据库驱动程序名或数据库连接机制的名称,用以识别不同的数据库驱动程序。

数据来源:一种标记数据库的方法。子名称根据子协议的不同而不同,使用子名称的目的是定位连接的具体数据库名称。

【例 12-1】 连接 SQL Server 2008 R2 数据库。

```
/*装载驱动——获取连接——创建语句对象*/
Class.forName("com.microsoft.sqlserver.jdbc.SQLServerDriver");
String url="jdbc:sqlserver://localhost:1433;DatabaseName=S-T";
String user="sa";
String password="123456";
Connection con=DriverManager.getConnection(url,user,password);
```

12.3.3 创建陈述对象 Statement

java.sql.Statement 提供执行 SQL 语句(如添加、删除、修改和查询记录)和获取返回结果的一系列方法。Connection 对象提供了三个方法来创建 Statement 对象。

(1) createStatement():该函数创建向数据库发送 SQL 语句的 Statement 对象,用于简单的 SQL 语句。

(2) prepareStatement():该函数创建向数据库发送 SQL 语句的 PreparedStatement 对象,用于带有一个或多个参数的 SQL 语句。在 SQL 语句执行前,这些参数将被赋值。

(3) prepareCall():该函数创建向数据库发送 SQL 语句的 CallableStatement 对象,用于调用数据库中的存储过程。

【例 12-2】 用 Statement 对象来创建表 users,并插入一条记录。

```
//假设已经建立数据库连接 conn
Statement stat=conn.createStatement();
stat.execute("create teable users(Name CHAR(20))");//在数据库中创建一个新的表
stat.execute("insert into users values('Test Data! ')");
//在当前数据库表中插入一条新纪录
ResultSet result=stat.executeQuery("select* from users");//查询符合要求的纪录
```

12.3.4　使用 Statement 对象执行操作

Statement 接口提供了三种执行 SQL 语句的方法。

(1) executeQuery():该函数用于产生单个结果集的语句,如 SELECT 语句。

```
ResultSet rs=stmt.executeQuery("SELECT* FROM Person");
```

(2) executeUpdate():该函数用于执行一些对数据进行更改的 SQL 语句,如 INSERT、UPDATE、DELETE 语句,以及 CREATE TABLE。例如:

```
stmt.executeUpdate("DELETE FROM Person WHERE Name='李四'");
```

其返回值是一个整数,表示受影响的行数(更新计数),例如,修改了多少行、删除了多少行等。对于 CREATE TABLE 等语句,因不涉及行的操作,所以 executeUpdate 的返回值总为零。

(3) Execute():该函数用于执行返回多个结果集(ResultSet 对象)、多个更新计数或二者组合的语句。例如,执行某个存储过程或动态执行 SQL,这时有可能出现多个结果的情况。

12.3.5　使用 ResultSet 对象处理结果集

ResultSet 对象提供了对结果集数据提取的一系列方法。ResultSet 对象中含有检索出来的行,其中有一个指示器指向当前可操作的行,初始状态下指示器是指向第一行之前,因此可以通过遍历行来获取相应的数据,这里列举了几种提取结果集数据的相关方法。

(1) next():该函数的功能是将指示器下移一行,所以第一次调用 next 方法时便将指示器指向第一行,以后每一次对 next 的成功调用都会将指示器移向下一行。

(2) getXX():该函数通过对数据类型的区分来从当前行指定列中提取对应类型的数据。例如,提取 varchar 类型数据时就要用 getString 方法,而提取 float 类型数据的方法是 getFloat。getXXX 方法允许使用字段名或字段序号作为提取相应字段值的参数。例如:

```
String str=rs.getString("Name");
```

这段代码提取当前行 Name 列中的数据,并把其从 SQL 的 varchar 类型转换成 Java 的 String 类型,然后赋值给字符串对象 str。又如:

```
String s=rs.getString(2);//提取当前行的第 2 列数据
```

这里的列序号指的是结果集中的列序号,而不是原表中的列序号。

12.3.6　释放资源

在完成对数据库的操作之后需要调用 Close 方法来释放资源。如果创建了结果集则 ResultSet 对象先关闭,再关闭 Statement 对象,最后关闭数据库连接 Connection。为了防止释放资源出现未知的错误,可以封装在 try…catch…finally 结构中捕捉异常情况。

注意:在数据库操作的过程中必须有异常处理过程,如装载驱动时可以使用处理异常的 ClassNotFoundException 类,其他要处理的异常类是 SQLException。使用 try…catch

语句来捕获异常。

【例 12-3】 向 Student 表中添加一条记录,并获取该表的所有记录数据进行显示。

```
import java.sql.*;//导入 sql 包
public static void main(String[] args){
try {
  //装载驱动——获取连接——创建语句对象
  Class.forName("com.microsoft.sqlserver.jdbc.SQLServerDriver");
  String url="jdbc:sqlserver://localhost:1433;DatabaseName=S-T";
  String user="sa";
  String password="123456";
  Connection con=DriverManager.getConnection(url,user,password);
  Statement stmt=con.createStatement();

  //准备并执行调用 SQL 语句
  String sqlstr="INSERT INTO Student VALUES('201310238','陈军','男',20,'MA')";
  stmt.executeUpdate(sqlstr);
  sqlstr="select* from Student";
  ResultSet rs=stmt.executeQuery(sqlstr);

  //处理 ResultSet 中的记录集
  ResultSetMetaData rsmd=rs.getMetaData(); //获取元数据
  int j=0;
  j=rsmd.getColumnCount(); //获得结果集的行数
  for(int k=0;k<j;k++){
    System.out.print(rsmd.getColumnName(k+1)); //显示表中字段属性
    System.out.print("\t");
  }
  System.out.print("\n");
  while(rs.next())//显示结果集的内容
  {
    for(int i=0;i<j;i++){
      System.out.print(rs.getString(i+1));
      System.out.print("\t");
    }
    System.out.print("\n");
  }
  //关闭对象
  if(rs!=null)
    rs.close();
  if(stmt!=null)
    stmt.close();
```

```
    if(con!=null)
       con.close();
    }
   //异常处理
   catch(ClassNotFoundException e1){
      System.out.println("数据库驱动不存在!");
      System.out.println(e1.toString());
   }
   catch(SQLException e2){
      System.out.println("数据库异常!");
      System.out.println(e2.toString());
   }
   }
```

运行结果如图 12-2 所示。

问题　@ Javadoc　声明　控制台

<已终止> ConnSQL [Java 应用程序] D:\Java\jre6\bin\javaw.exe (2013-7-9 下午2:53:36)

201310237	陈好	女	20	MA
201310238	陈军	男	20	MA
201310231	陈立军	男	19	IS
201310235	陈明	男	21	MA
201310232	李强胜	男	20	CS
201310233	刘晨	女	19	CS
201210234	张敏君	女	18	MA

图 12-2 【例 12-3】运行结果

12.4 DBCP

DBCP(Database Connect Pool)即数据库连接池。由于建立数据库连接是一个非常耗时耗资源的行为,所以通过连接池可以预先在内存中建立一些数据库连接,应用程序在需要建立数据库连接时到连接池中进行申请,用完后再放回连接池即可(图 12-3)。

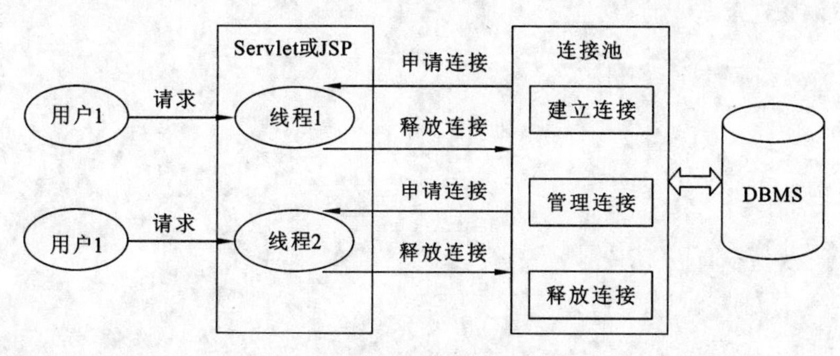

图 12-3　DBCP 原理

Apache 的 commons-pool 提供了编写对象池的 API,将用完的对象返回对象池以便于下次利用,从而缩短了对象创建时间。这对于创建对象相对耗时的应用来说,能够提高应用的性能。

DBCP 的具体应用步骤如下。

(1) 导入包:commons-pool.jar、commons-dbcp.jar、commons-logging.jar。

(2) 构造 BasicDataSource 对象。

```
BasicDataSource basicDataSource=new BasicDataSource();
```

(3) 设置配置参数。

```
basicDataSource.setDriverClassName(driverClassName);
basicDataSource.setUrl(url);
basicDataSource.setUsername(username);
basicDataSource.setPassword(password);
```

(4) 从连接池中拿到连接和关闭连接。

```
Connection connection=basicDataSource.getConnection();
connection.close();
```

(5) 关闭数据源。

```
basicDataSource.close();
```

第 13 章　数据库开发实例

本章以 SQL Server 2008 R2 作为后台服务器端的数据库管理系统，分别使用 Visual C＋＋、Visual C＃、Eclipse Java 作为客户端应用程序开发工具，详细讲解图书管理系统的运作，从数据库设计到不同方式的数据库访问技术具体方法。基于篇幅，这里只列出部分核心代码。读者可以参考该案例试着完成后面的两个管理系统的开发。

13.1　图书管理系统

图书管理系统中有图书、读者等信息。图书有书号、书名、作者、出版社。读者有读者号、姓名、地址、性别、年龄、单位。对每本被借出的图书有读者号、书号、借书日期和应还日期。

常见的操作有对新购进的图书入库，对丢失的图书销毁其图书信息。对新加盟的读者，将其信息加入读者信息表中；当读者信息有变化时，对读者信息表中相应记录进行维护；对某些特定的读者，将其信息从读者信息表中删除。对已还的图书确认书号和书名无误后可办理还书手续，并对借书信息作相应标记；如果逾期归还需要进行相应的罚款。查询某种图书数量。

13.1.1　数据库设计

1. 数据库和表结构设计

在 SQL Server 中建立数据库 Library，然后在其中建立三个表：图书信息表 BookInf、读者信息表 ReaderInf 和借阅信息表 BorrowInf。图书信息表 BookInf 的结构如表 13-1 所示。

表 13-1　BookInf 的结构

字段名称	数据类型	说明
Bno	char(10)	图书编号
Bname	char(50)	图书名
Bauthor	char(30)	作者
Bpublish	char(20)	出版社
Bprice	float	售价
Bdatein	datetime	入库时间
Bstate	char(10)	目前借阅状态(可借/已借/遗失)

读者信息表 ReaderInf 的结构如表 13-2 所示。

表 13-2　ReaderInf 的结构

字段名称	数据类型	说明
Rno	char(10)	读者编号
Rname	char(10)	读者姓名
Rsex	char(5)	性别(男/女)
Rbirth	Date	出生日期
Runit	char(40)	单位
Rtelphone	char(20)	联系电话
Rbtotal	Int	借书总量(小于等于 6)

借阅信息表 BorrowInf 的结构如表 13-3 所示。

表 13-3　BorrowInf 的结构

字段名称	数据类型	说明
Bno	char(10)	图书编号
Rno	char(10)	读者编号
BorrowDate	DataTime	借书日期
ReturnDate	DateTime	归还日期
NowState	char(10)	状态(在借/已还)

2. 约束

1) 主键约束

上述三个表中的主键约束情况如表 13-4 所示主键的创建方法可以参考 4.1.3 节的相关内容。

表 13-4　主键约束情况

所属表	主键字段
BookInf	Bno
ReaderInf	Rno
BorrowInf	Bno,Rno

2) 外键约束

外键约束能够保证数据的完整性和一致性。上述三个表中的外键约束如表 13-5 所示,设置方法见 4.1.3 节的相关内容。

表 13-5　外键约束情况

主键表	主键字段	外键表	外键字段
BookInf	Bno	BorrowInf	BookID
ReaderInf	Rno	BorrowInf	ReaderID

3）检查约束

为了防止在数据录入时出现一些无效或无意义的数据，可以对字段值进行一些约束规则限定。上述三个表的约束规则情况如表13-6所示，具体设置方法参考4.1.3的相关内容。

表13-6　约束情况

所属表	约束字段	约束规则
BookInf	Bstate	值只能为"可借"或"已借"或"遗失"，缺省为"可借"
ReaderInf	Rsex	值只能为"男"或"女"
ReaderInf	Rbtotal	数值大于0小于等于6，缺省为0
BorrowInf	NowState	值只能为"在借"或"已还"，缺省为"在借"

3. 索引

对于表中数据量较大的情况，建立索引可以提高检索表的效率。这里对经常进行检索并且在实际应用中数据量相对较大的两个表：图书信息表Book和读者信息表Reader建立索引，具体情况见表13-7。

表13-7　索引情况

表名	索引字段	索引类型	排序顺序
BookInf	Bno	聚集索引	升序
ReaderInf	Rno	聚集索引	升序

4. 触发器

触发器能够通过某个事件被触发来自动执行一些操作。借阅信息表BorrowInf中归还日期的计算就可以通过创建触发器，在插入一条借阅记录后计算BorrowDate＋30来更改归还日期。

5. 表间关系

这三个表之间的关系与第3章的S-T数据库中的学生课程相关表的关系类似。借阅信息表BorrowInf的主键由两个字段Bno和Rno组成，它的外键分别是表BookInf和表ReaderInf的主键。它们之间的关系如图13-1所示。

13.1.2　功能模块设计

该图书管理系统的功能比较简单，总体上可以分为三个功能模块。

1）图书信息的管理

(1) 新书登记。由管理员登记新书的相关信息，并添加到图书信息表BookInf中。新书信息主要包括书籍编号、书名、作者、出版社、定价、入库时间、状态，其中图书编号是图书的唯一标识，状态默认为"可借"。

(2) 书籍信息修改。通过输入书籍编号显示出书籍的全部信息，由管理员在需要修改的编辑框等控件里修改相关信息，并将修改后的内容保存到表BookInf中。

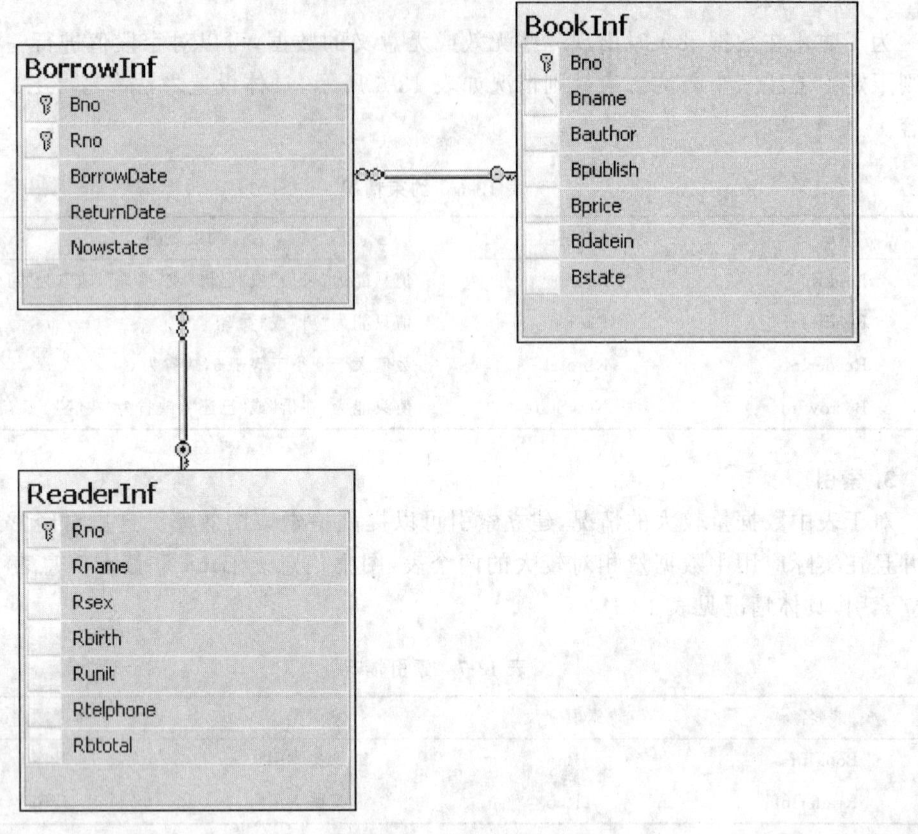

图 13-1　表关系图

(3) 书籍查询。查询的方式包括根据书编号查询某本书的信息，根据关键字查询相关的书籍信息。查询的内容包括书籍编号、书名、作者、出版社、定价、状态("可借"或"已借"或"遗失")。

(4) 旧书处理。通过书籍编号在表 BookInf 中查找需要处理的书籍记录，从表中删除该记录。

(5) 书籍挂失。通过书籍编号在表 BookInf 中查找需要挂失的书籍记录，将该书籍的状态更改为"遗失"。

2) 读者信息的管理

(1) 读者注册。登记读者的基本信息，并添加到表 ReaderInf 中，完成注册过程。读者信息主要包括读者编号、姓名、性别、出生日期、单位、联系方式、现借书总量，初始化默认为 0。

(2) 读者信息修改。通过读者编号查找某读者的具体信息，再由管理员在需要修改的编辑框等控件里修改相关信息，并将修改的相关内容保存到表 ReaderInf 中。

(3) 读者信息查询。查询的方式可以分为：输入读者编号或者读者姓名进行个体查询，或者输入某个查询条件进行统计查询。查询的主要内容包括读者编号、姓名、性别、出生日期、联系方式、现借书总量等。

(4) 读者证删除。通过读者编号在表 ReaderInf 中查找该读者的记录并删除。

3) 借阅信息的管理

(1) 图书借阅。由管理员录入书籍编号、读者编号和借阅时间,完成书籍借阅的过程。在表 BorrowInf 中添加该记录,并且状态默认为"在借",同时将表 Booklnf 中该书籍的状态更改为"已借"。在表 ReaderInf 中的现借书量更新。同时规定每个人最大借书量为 6 本。

(2) 图书归还。由管理员输入书籍编号、读者编号和还书时间,完成书籍归还过程。在表 BorrowInf 中更改该借阅记录的状态为"已还";表 BookInf 中书籍相应的状态更改为"可借";表 ReaderInf 中的现借书量相应减少。

(3) 预期罚款。当读者的归还时间超过了借阅时间的上限(30 天),将以 0.1 元/天的标准进行罚款。

13.1.3 功能流程

该系统的具体功能流程和结构如图 13-2 所示。用户通过帐号密码登录系统进入系统功能主界面来选择需要进入的子系统:图书信息管理子系统、读者信息管理子系统和借阅信息管理子系统。其中,图书信息管理子系统用于管理书籍相关信息的录入、修改和删除;读者信息管理子系统用于管理借阅图书的读者信息的添加、修改和删除;借阅信息管理子系统用于管理借阅信息:对借阅信息进行记录,对归还图书进行相应状态的更改以及逾期归还进行罚款金额计算。在选择进入子系统之后,根据业务需要可以对该系统管理的信息进行相应更改。在完成操作后,可以返回系统主界面退出该系统。

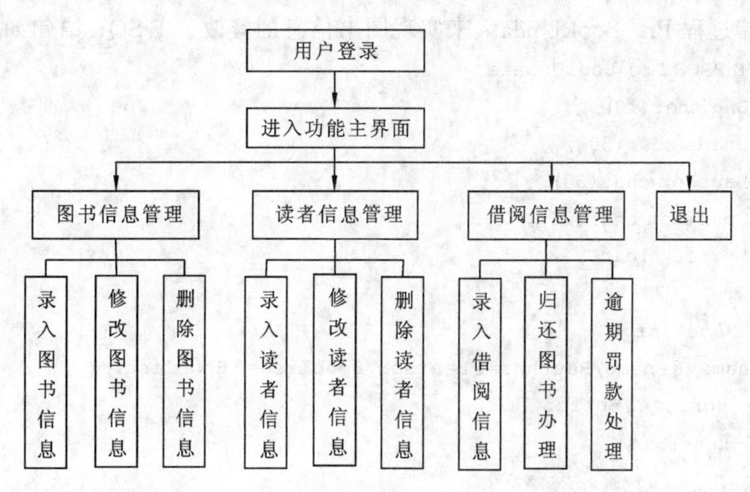

图 13-2　系统功能结构图

13.1.4 创建存储过程

为了简少 SQL 语句的编写,可以在服务器端自定义创建存储过程,在客户端通过传递参数来调用存储过程执行数据库的修改数据的相关操作。这里列举了图书信息表的存储过程创建,其他表的操作与此类似。

1. 图书信息查询

创建存储过程 Prc_BookCheck 来实现图书信息的查询。T-SQL 语句如下：

```
--查询图书信息
CREATE PROC Prc_BookCheck
AS
SELECT *
FROM BookInf
GO
```

2. 图书信息添加

创建存储过程 Prc_BookInsert 来实现图书信息的添加。T-SQL 语句如下：

```
--添加图书信息
CREATE PROC Prc_BookInsert
    @Bno char(10),
    @Bname char(50),
    @Bauthor char(30),
    @Bpublish char(20),
    @Bprice float
AS
INSERT INTO BookInf(Bno,Bname,Bauthor,Bpublish,Bprice)
VALUES(@Bno,@Bname,@Bauthor,@Bpublish,@Bprice)
GO
```

3. 图书信息修改

创建存储过程 Prc_BookUpdate 来实现图书信息的修改。T-SQL 语句如下：

```
CREATE PROC Prc_BookUpdate
    @Bno char(10),
    @Bname char(50),
    @Bauthor char(30),
    @Bpublish char(20),
    @Bprice float
AS
UPDATE BookInf
SET Bname=@Bname,Bauthor=@Bauthor,Bpublish=@Bpublish,
      Bprice=@Bprice
WHERE Bno=@Bno
GO
```

4. 图书信息删除

创建存储过程 Prc_BookDelete 来实现图书信息的修改。T-SQL 语句如下：

```
CREATE PROC Prc_BookDelete
    @Bno char(10)
AS
DELETE FROM BookInf WHERE Bno=@Bno
GO
```

13.1.5　ADO 访问数据库

1. 创建项目

本示例的实验平台为数据库 SQL Server 2008 R2 和 Microsoft Visual Studio 2005。在 VS2005 中创建一个基于对话框的 MFC 应用程序 LibraryMangSystems，该项目中包含一个默认的对话框。

2. 类设计

该项目由 15 个对话框构成，对话框之间的调用和响应事件的响应构成整个对话框应用程序。其中，13 个对话框类是自己创建用于进行与用户的交互、数据的添加、修改和删除。这 13 个对话框类可以分为以下五个部分。

(1) 登录对话框：LibLogInDlg 类。

(2) 主对话框：MainMangDlg 类。

(3) 图书信息管理对话框：BookMangSubDlg 类、BookAddDlg 类、BookChangDlg 类、BookDelDlg 类。

(4) 读者信息管理对话框：ReaderMangSubDlg 类、ReaderAddDlg 类、ReaderChangDlg 类、ReaderDelDlg 类。

(5) 借阅信息管理对话框：BorwMangSubDlg 类、BorAddAlg 类、BorChangDlg 类。

用户在登录成功后与数据库的连接就已经成功创建，在系统的整个运行期间都使用该连接来进行数据库的相应操作。对数据的处理代码主要集中在各子系统对话框相应的按键响应函数中，子系统下的各个功能会实现一些必要的响应处理。

3. 类实现

1) LibLogInDlg 类

LibLogInDlg 类是用户登录系统的界面类。在 MFC 的资源视图中添加一个 Dialog 对话框并对其进行界面设计。然后为该对话框添加类 LibLogInDlg、相关的变量和按钮响应函数。如果需要对对话框进行美化可以通过添加 LibLogInDlg 类的 WM_PAINT 响应函数 OnPaint()，在该函数内添加代码指定图片和相关的显示参数。运行结果如图 13-3 所示。

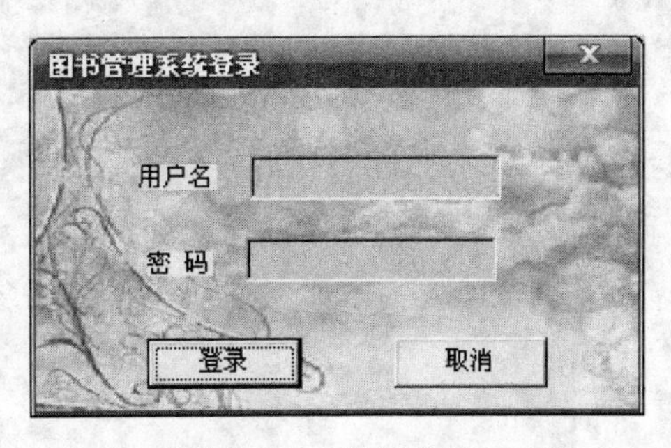

图 13-3　登录界面

主要代码如下：

```
void LibLogInDlg::OnPaint()
{
  CPaintDC dc(this); //device context for painting
  CRect rc;
  GetClientRect(&rc);
  CDC dcMem;
  dcMem.CreateCompatibleDC(&dc);
  CBitmap bmpBackground;
  bmpBackground.LoadBitmap(IDB_BMPLOGIN);

  BITMAP bitmap;
  bmpBackground.GetBitmap(&bitmap);
  CBitmap* pbmpPri=dcMem.SelectObject(&bmpBackground);
  dc.StretchBlt(0,0,rc.Width(), rc.Height(), &dcMem,0,0,bitmap.bmWidth,bitmap.
  bmHeight, SRCCOPY);
}
```

说明：OnPaint()函数中的 IDB_BMPLOGIN 是图片的资源编号(可以自定义编号)，该图片是由资源视图导入的自定义 bmp 图片。

2) MainMangDlg 类

MainMangDlg 类是系统主界面类。通过为各个子系统按钮添加消息响应函数来统一管理各个子系统对话框的调用，使用 WM_PAINT 的响应函数 OnPaint()来添加主界面对话框的背景图片。在子系统的相关操作结束后可以单击“退出”按钮退出程序。运行界面如图 13-4 所示。

图 13-4　系统主界面

主要代码如下：

```
//图书管理子系统
void MainMangDlg::OnBnClickedMainBookmng()
{
  BookMangSubDlg dlg(m_pConnection);
  dlg.DoModal();
}

//读者管理子系统
void MainMangDlg::OnBnClickedMainReadermng()
{
  ReaderMangSubDlg dlg(m_pConnection);
  dlg.DoModal();
}

//借阅管理子系统
void MainMangDlg::OnBnClickedMainBorwmng()
{
BorwMangSubDlg dlg(m_pConnection);
dlg.DoModal();
}
```

3）BookMangSubDlg 类

BookMangSubDlg 类是图书信息管理子系统类，用于进行图书信息的增删改查，图书信息的相关操作在对应按钮的消息响应函数中实现。在完成操作后可以单击“返回”按钮返回主界面。运行结果如图 13-5 所示。

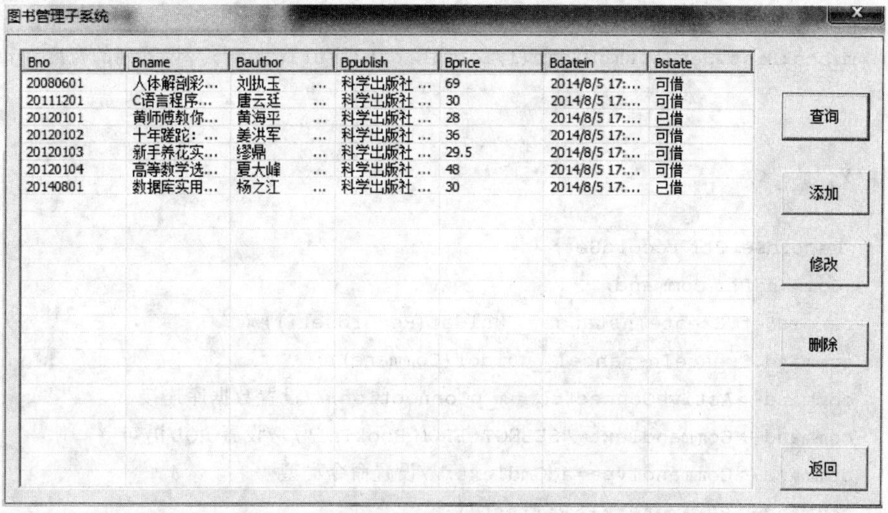

图书管理子系统

Bno	Bname	Bauthor	Bpublish	Bprice	Bdatein	Bstate
20080601	人体解剖彩…	刘执玉　…	科学出版社 …	69	2014/8/5 17:…	可借
20111201	C语言程序…	唐云廷　…	科学出版社 …	30	2014/8/5 17:…	可借
20120101	黄师傅教你…	黄海平　…	科学出版社 …	28	2014/8/5 17:…	已借
20120102	十年蹉跎：…	姜洪军　…	科学出版社 …	36	2014/8/5 17:…	可借
20120103	新手养花实…	缪鼎　…	科学出版社 …	29.5	2014/8/5 17:…	可借
20120104	高等数学选…	夏大峰　…	科学出版社 …	48	2014/8/5 17:…	可借
20140801	数据库实用…	杨之江　…	科学出版社 …	30	2014/8/5 17:…	已借

查询

添加

修改

删除

返回

图 13-5　图书管理子系统

主要代码如下：

```
//查询图书
void BookMangSubDlg::OnBnClickedBookCheck()
{
  m_bookList.ModifyStyle(0,LVS_REPORT);//报表模式
  m_bookList.SetExtendedStyle(m_bookList.GetExtendedStyle()|
  LVS_EX_GRIDLINES | LVS_EX_FULLROWSELECT);
  //清空图书信息列表
  m_bookList.DeleteAllItems();//清空每一行
  while(m_bookList.DeleteColumn(0));//清空表头
  //设置字段名
  int nFldNum=7;
  CString strHeader[7];
  strHeader[0]="Bno";
  strHeader[1]="Bname";
  strHeader[2]="Bauthor";
  strHeader[3]="Bpublish";
  strHeader[4]="Bprice";
  strHeader[5]="Bdatein";
  strHeader[6]="Bstate";

  CRect rect;
  m_bookList.GetClientRect(rect);//获得当前客户区信息
  //设置 listCtrol 字段
  for(int i=0; i< nFldNum; i++)
  {
  m_bookList.InsertColumn(i,strHeader[i]);
  m_bookList.SetColumnWidth(i,rect.Width()/nFldNum);//设置列的宽度
}

try
{
  _RecordsetPtr recordSet;
  _CommandPtr command;
  recordSet.CreateInstance(__uuidof(Recordset));
  command.CreateInstance(__uuidof(Command));
  command->ActiveConnection=m_pConnection;//设置数据库连接
  command->CommandText="SELECT* FROM BookInf";//设置 SQL 语句
  command->CommandType=adCmdText;//设置命令类型
  command->Parameters->Refresh();
  recordSet=command->Execute(NULL,NULL,adCmdUnknown);
  //显示表数据
```

```
    int nItem=0;
    _variant_t value;
    CString str;

    while(! (recordSet->adoEOF))
    {
      str.Format(_T("%d"),nItem+1);
      m_bookList.InsertItem(nItem,str);
      for(int i=0;i<nFldNum;i++)
      {
        value= recordSet->Fields->GetItem((_bstr_t)strHeader[i])->Value;
        if(value.vt !=VT_NULL)
          m_bookList.SetItemText(nItem,i,(char*)_bstr_t(value));
      }
      recordSet->MoveNext();
      nItem++;
    }
    recordSet->Close();
    m_bIsDisplay=TRUE;
  }
  catch(_com_error& e)
  {
    CString strMsg;
    strMsg.Format(_T("错误描述:%s\n错误消息%s"),(LPCTSTR)e.Description(),
    (LPCTSTR)e.ErrorMessage());
    AfxMessageBox(strMsg);
    return;
  }
  }

  //录入新书
  void BookMangSubDlg::OnBnClickedBookAdd()
  {
    BookAddDlg dlg;
    if(dlg.DoModal()!=IDOK)
      return;

  try
  {
    CString strSql;
    strSql.Format("INSERT INTO BookInf(Bno,Bname,Bauthor,Bpublish,Bprice)
    VALUES('%s','%s','%s','%s',%f)",dlg.m_bookID,dlg.m_bookName, dlg.m_
```

```
bookAuthor,dlg.m_bookPublish,dlg.m_bookPrice);

  _CommandPtr command;
  _RecordsetPtr recordSet;
  recordSet.CreateInstance(__uuidof(Recordset));
  command.CreateInstance(__uuidof(Command));
  command->ActiveConnection=m_pConnection;//设置数据库连接
  command->CommandText=(_bstr_t)strSql;//设置 SQL 语句
  command->CommandType=adCmdText;//设置命令类型
  command->Parameters->Refresh();

  VARIANT rcdAfted;
  rcdAfted.vt=VT_I4; //设置数据类型
  recordSet=command->Execute(&rcdAfted,NULL,adCmdUnknown);
  if(rcdAfted.lVal>0)
  {
    OnBnClickedBookCheck();
    AfxMessageBox(_T("添加成功"));
  }
  else
    AfxMessageBox(_T("请确认输入的信息合法"));
}
catch(_com_error& e)
{
  CString strMsg;
  strMsg.Format(_T("错误描述:%s\n 错误消息%s"),(LPCTSTR)e.Description(),
  (LPCTSTR)e.ErrorMessage());
  AfxMessageBox(strMsg);
  return;
}
}

//修改书信息
void BookMangSubDlg::OnBnClickedBookChange()
{
  BookChangDlg dlg(m_pConnection);
  if(dlg.DoModal()! =IDOK)
    return;

  try
  {
    CString strSql;
```

```
    strSql.Format("UPDATE BookInf set
    Bname='%s',Bauthor='%s',Bpublish='%s',Bprice=%f WHERE Bno='%s';",
    dlg.m_bookName,dlg.m_bookAuthor,dlg.m_bookPublish,dlg.m_bookPrice,
    dlg.m_bookID);

    _CommandPtr command;
    _RecordsetPtr recordSet;
    recordSet.CreateInstance(__uuidof(Recordset));
    command.CreateInstance(__uuidof(Command));
    command->ActiveConnection=m_pConnection;//设置数据库连接
    command->CommandText=(_bstr_t)strSql;//设置 SQL 语句
    command->CommandType=adCmdText;//设置命令类型
    command->Parameters->Refresh();

    VARIANT rcdAfted;
    rcdAfted.vt=VT_I4;//设置数据类型
    recordSet=command->Execute(&rcdAfted,NULL,adCmdUnknown);
    if(rcdAfted.lVal>0)
    {
     OnBnClickedBookCheck();
     AfxMessageBox(_T("修改成功"));
   }
   else
   AfxMessageBox(_T("请确认输入的信息合法"));
 }
 catch(_com_error& e)
 {
   CString strMsg;
   strMsg.Format(_T("错误描述:%s\n 错误消息%s"),(LPCTSTR)e.Description(),
   (LPCTSTR)e.ErrorMessage());
   AfxMessageBox(strMsg);
   return;
   }
 }

//删除书记录
void BookMangSubDlg::OnBnClickedBookDel()
{
  CString strBookID("-1");
  int nItem=m_bookList.GetNextItem(-1, LVNI_SELECTED);//取当前选中行
  //如果查询框已显示,获取选择记录的书编号
  if(m_bIsDisplay && nItem>=0)
```

```
{
  strBookID=m_bookList.GetItemText(nItem,0);
}
else
{//否则弹出输入ID对话框
  BookDelDlg dlg;
  if(dlg.DoModal()!=IDOK)
    return;
  strBookID=dlg.m_bookID;
}

try
{
  CString strSql;
  strSql.Format("DELETE FROM BookInf WHERE Bno='%s'",strBookID);

  _RecordsetPtr recordSet;
  _CommandPtr command;
  recordSet.CreateInstance(__uuidof(Recordset));
  command.CreateInstance(__uuidof(Command));
  command->ActiveConnection=m_pConnection;
  command->CommandText=(_bstr_t)strSql;
  command->CommandType=adCmdText;
  command->Parameters->Refresh();

  VARIANT rcdAfted;
  rcdAfted.vt=VT_I4;
  recordSet=command->Execute(&rcdAfted,NULL,adCmdUnknown);
  if(rcdAfted.lVal> 0)
  {
    OnBnClickedBookCheck();
    AfxMessageBox(_T("删除成功"));
  }
  else
    AfxMessageBox(_T("请确认输入的信息合法"));
  m_bIsDisplay=FALSE;
}
catch(_com_error& e)
{
  CString strMsg;
  strMsg.Format(_T("错误描述:%s\n错误消息%s"),(LPCTSTR)e.Description(),
  (LPCTSTR)e.ErrorMessage());
  AfxMessageBox(strMsg);
  return;
}
}
```

4）BookAddDlg 类

BookAddDlg 类为图书信息的录入界面，运行结果如图 13-6 所示。

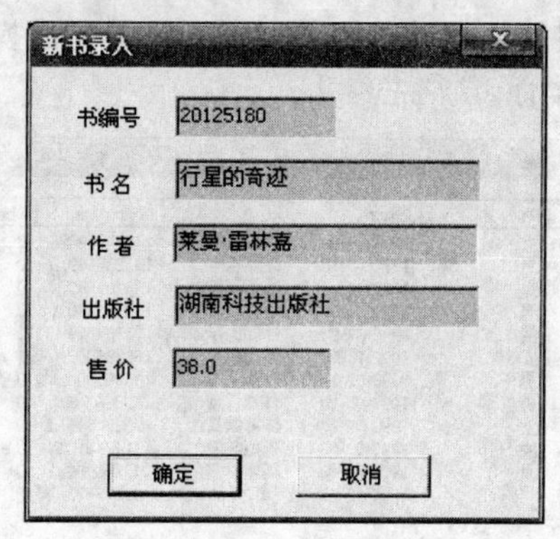

图 13-6　图书录入

5）BookChangDlg 类

BookAddDlg 类为图书修改界面类。在对话框中输入图书编号，单击右边的“查询”按钮可以得到相应的信息。直接修改信息时，单击“更改”即可完成信息的修改。运行界面如图 13-7 所示。

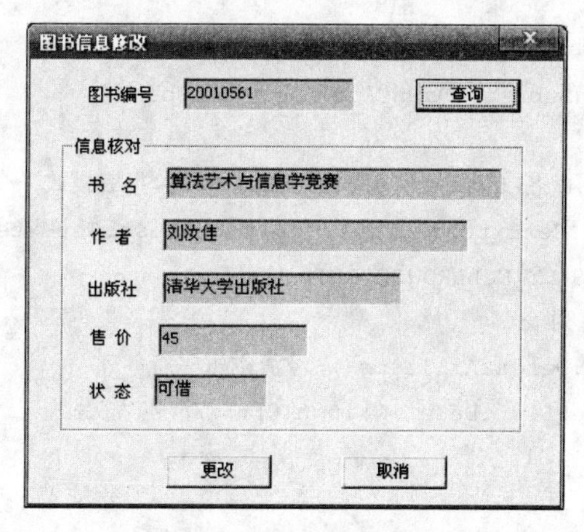

图 13-7　图书信息修改

6）BookDelDlg 类

BookDelDlg 类为删除图书信息界面类，用户在删除一条图书记录时可以选中一条记录单击“删除”，在弹出的对话框中输入书编号来进行删除。运行界面如图 13-8 所示。

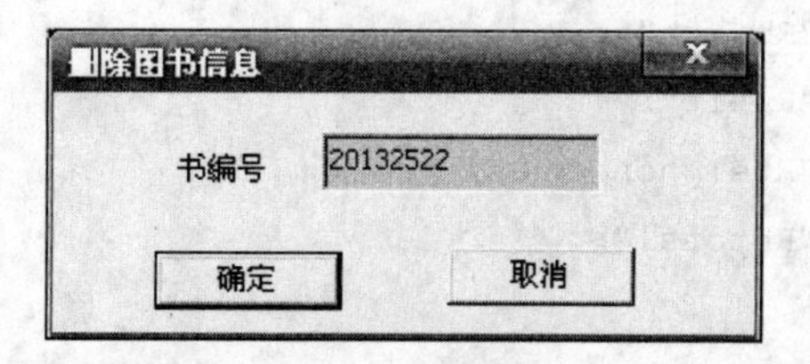

图 13-8　删除图书信息

7) ReaderMangSubDlg 类

ReaderMangSubDlg 类是读者信息管理子系统,用于进行读者信息的增删改查,读者信息的相关操作在对应按钮的消息响应函数中实现,在完成操作后可以单击“返回”按钮返回主界面。运行结果如图 13-9 所示。

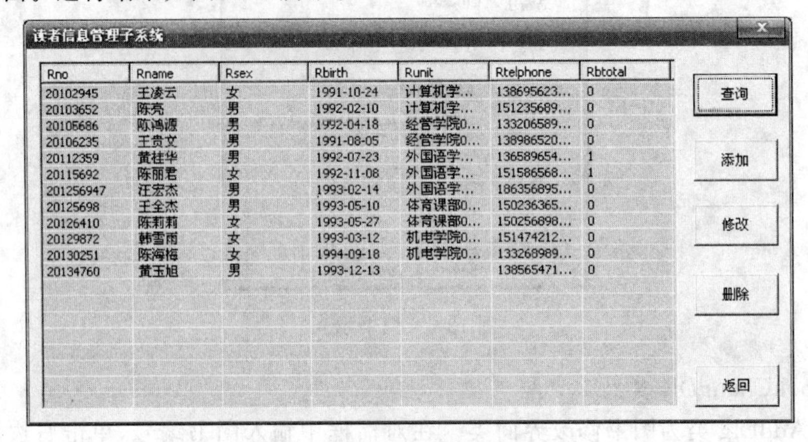

图 13-9　读者信息管理子系统

主要代码如下:

```
//查询读者信息
void ReaderMangSubDlg::OnBnClickedReaderCheck()
{
  m_readerList.ModifyStyle(0,LVS_REPORT);//报表模式
  m_readerList.SetExtendedStyle(m_readerList.GetExtendedStyle() | LVS_EX_
  GRIDLINES|LVS_EX_FULLROWSELECT);
  //清空读者信息列表
  m_readerList.DeleteAllItems();//清空每一行
  while(m_readerList.DeleteColumn(0));//清空表头

  //设置字段名
  int nFldNum=7;
  CString strHeader[7];
  strHeader[0]="Rno";
  strHeader[1]="Rname";
  strHeader[2]="Rsex";
  strHeader[3]="Rbirth";
  strHeader[4]="Runit";
  strHeader[5]="Rtelphone";
  strHeader[6]="Rbtotal";

  CRect rect;
  m_readerList.GetClientRect(rect);//获得当前客户区信息
```

```
//设置 listCtrol 字段
for(int i=0; i< nFldNum; i++)
{
  m_readerList.InsertColumn(i,strHeader[i]);
  m_readerList.SetColumnWidth(i,rect.Width()/nFldNum);//设置列的宽度
}

try
{
  _CommandPtr command;
  _RecordsetPtr recordSet;
  recordSet.CreateInstance(__uuidof(Recordset));
  command.CreateInstance(__uuidof(Command));
  command->ActiveConnection= m_pConnection;//设置数据库连接
  command->CommandText="SELECT* FROM ReaderInf";//设置 SQL 语句
  command->CommandType=adCmdText;//设置命令类型
  command->Parameters->Refresh();
  recordSet=command->Execute(NULL,NULL,adCmdUnknown);

  int nItem=0;
  _variant_t  value;
  CString str;
  //显示表数据
  while(!(recordSet->adoEOF))
  {
    str.Format(_T("% d"),nItem+1);
    m_readerList.InsertItem(nItem, str);
    for(int i=0; i<nFldNum; i++)
    {
      value=recordSet->Fields->GetItem((_bstr_t)strHeader[i])->Value;
      if(value.vt !=VT_NULL)
        m_readerList.SetItemText(nItem,i,(char* )_bstr_t(value));
    }
    recordSet->MoveNext();
    nItem++;
  }
  recordSet->Close();
  m_bIsDisplay=TRUE;
}
catch(_com_error &e)
{
  CString strMsg;
```

```
    strMsg.Format(_T("错误描述:%s\n 错误消息%s"),(LPCTSTR)e.Description(),
(LPCTSTR)e.ErrorMessage());
    AfxMessageBox(strMsg);
    return;
  }
}

//添加读者信息
void ReaderMangSubDlg::OnBnClickedReaderAdd()
{
  try
  {
    CString strSex="男";
    if(dlg.m_readerMan==TRUE)
      strSex="女";

    CString strDate;
    strDate=dlg.m_readerBirth.Format(_T("%Y-%m-%d"));
    CString strSql;
    strSql.Format("INSERT INTO ReaderInf(Rno,Rname,Rsex,Rbirth,Runit,
    Rtelphone)VALUES('%s','%s','%s','%s','%s','%s')",
    dlg.m_readerID,dlg.m_readerName,strSex,strDate,dlg.m_readerUnit,
    dlg.m_readerTel);

    _CommandPtr command;
    _RecordsetPtr recordSet;
    recordSet.CreateInstance(__uuidof(Recordset));
    command.CreateInstance(__uuidof(Command));
    command->ActiveConnection=m_pConnection;//设置数据库连接
    command->CommandText=(_bstr_t)strSql;//设置 SQL 语句
    command->CommandType=adCmdText;//设置命令类型
    command->Parameters->Refresh();

    VARIANT rcdAfted;
    rcdAfted.vt=VT_I4;//设置数据类型
    recordSet=command->Execute(&rcdAfted,NULL,adCmdUnknown);
    if(rcdAfted.lVal>0)
    {
      OnBnClickedReaderCheck();
      AfxMessageBox(_T("添加成功"));
    }
    else
```

```
        AfxMessageBox(_T("请确认输入的信息合法"));
    }
    catch(_com_error &e)
    {
        CString strMsg;
        strMsg.Format(_T("错误描述:%s\n错误消息%s"),(LPCTSTR)e.Description(),
(LPCTSTR)e.ErrorMessage());
        AfxMessageBox(strMsg);
        return;
    }
}

//修改读者信息
void ReaderMangSubDlg::OnBnClickedReaderChage()
{
    ReaderChangDlg dlg(m_pConnection);
    if(dlg.DoModal()!=IDOK)
        return;
    try
    {
        CString strSex="男";
        if(dlg.m_readMan==TRUE)
            strSex="女";

        CString strDate;
        strDate=dlg.m_readerBirth.Format(_T("%Y-%m-%d"));
        CString strSql;
        strSql.Format("UPDATE ReaderInf set Rname='%s',Rsex='%s',Rbirth='%s',
        Runit='%s',Rtelphone='%s',Rbtotal=%d WHERE Rno='%s';",
        dlg.m_readName,strSex,strDate,dlg.m_readerUnit,dlg.m_readerTel,
        dlg.m_readerTotal,dlg.m_readID);

        _CommandPtr command;
        _RecordsetPtr recordSet;
        recordSet.CreateInstance(__uuidof(Recordset));
        command.CreateInstance(__uuidof(Command));
        command->ActiveConnection=m_pConnection;//设置数据库连接
        command->CommandText=(_bstr_t)strSql;//设置SQL语句
        command->CommandType=adCmdText;//设置命令类型
        command->Parameters->Refresh();

        VARIANT rcdAfted;
        rcdAfted.vt=VT_I4;//设置数据类型
        recordSet=command->Execute(&rcdAfted,NULL,adCmdUnknown);
        if(rcdAfted.lVal>0)
        {
```

```
            OnBnClickedReaderCheck();
            AfxMessageBox(_T("修改成功"));
        }
        else
            AfxMessageBox(_T("请确认输入的信息合法"));
    }
    catch(_com_error &e)
    {
        CString strMsg;
        strMsg.Format(_T("错误描述:%s\n错误消息%s"),(LPCTSTR)e.Description(),
        (LPCTSTR)e.ErrorMessage());
        AfxMessageBox(strMsg);
        return;
    }
}

//删除读者信息
void ReaderMangSubDlg::OnBnClickedReaderDel()
{
    CString strReaderID("-1");
    int nItem=m_readerList.GetNextItem(-1, LVNI_SELECTED);//取当前选中行
    //若查询框已显示,则获得选中行的读者编号
    if(m_bIsDisplay && nItem>=0)
    {
        strReaderID=m_readerList.GetItemText(nItem,0);
    }
    else
    {//否则弹出输入ID对话框
        ReaderDelDlg dlg;
        if(dlg.DoModal()!=IDOK)
            return;
        strReaderID=dlg.m_readerID;
    }

    try
    {
        CString strSql;
        strSql.Format("DELETE FROM ReaderInf WHERE Rno='%s'",strReaderID);
        _CommandPtr command;
        _RecordsetPtr recordSet;
        command.CreateInstance(__uuidof(Command));
        recordSet.CreateInstance(__uuidof(Recordset));
        //显示表数据
        command->ActiveConnection=m_pConnection;
        command->CommandText=(_bstr_t)strSql;
```

```
        command->CommandType=adCmdText;
        command->Parameters->Refresh();
        VARIANT rcdAfted;
        rcdAfted.vt=VT_I4;
        recordSet= command->Execute(&rcdAfted,NULL,adCmdUnknown);
        if(rcdAfted.lVal> 0)
        {
          OnBnClickedReaderCheck();
          AfxMessageBox(_T("删除成功"));
        }
        else
          AfxMessageBox(_T("请确认输入的信息合法"));
        m_bIsDisplay=FALSE;
      }
      catch(_com_error &e)
      {
        CString strMsg;
        strMsg.Format(_T("错误描述:%s\n 错误消息%s"),(LPCTSTR)e.Description(),
        (LPCTSTR)e.ErrorMessage());
        AfxMessageBox(strMsg);
        return;
      }
    }
```

8）ReaderAddDlg 类

ReaderAddDlg 类是读者信息录入界面类。运行界面如图 13-10 所示。

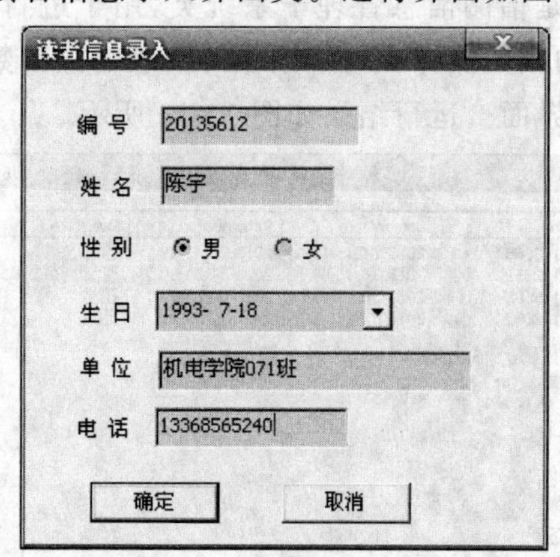

图 13-10 读者信息录入界面

9）ReaderChangDlg 类

ReaderChangDlg 类是读者信息修改界面。用户在对话框中输入编号进行相应信息的查询，通过对信息的修改单击“确定”进行保存。运行界面如图 13-11 所示。

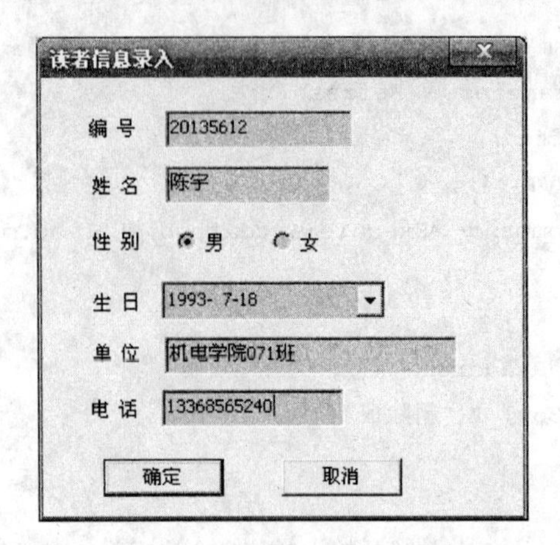

图 13-11　读者信息修改界面

10）ReaderDelDlg 类

ReaderDelDlg 类是读者信息删除界面类。用户可以选中读者记录来进行删除，也可以通过对话框输入读者编号来删除。运行界面如图 13-12 所示。

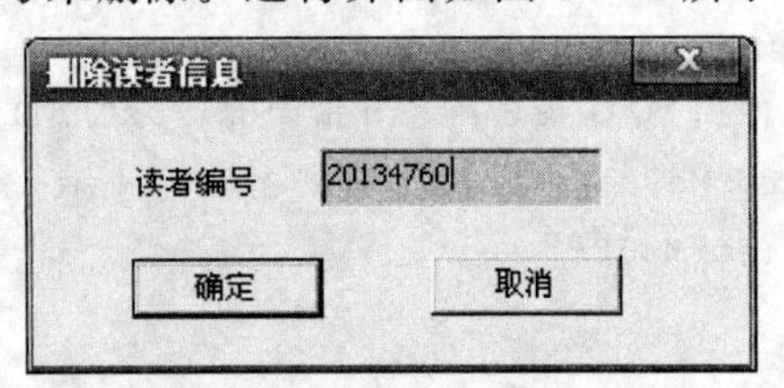

图 13-12　读者信息删除界面

11）BorwMangSubDlg 类

BorwMangSubDlg 类是借阅信息管理子系统类，用于进行借阅信息的查询、添加和还书相应处理，借阅信息的相关操作在对应按钮的消息响应函数中实现，在完成操作后可以单击“返回”按钮返回主界面。运行结果如图 13-13 所示。

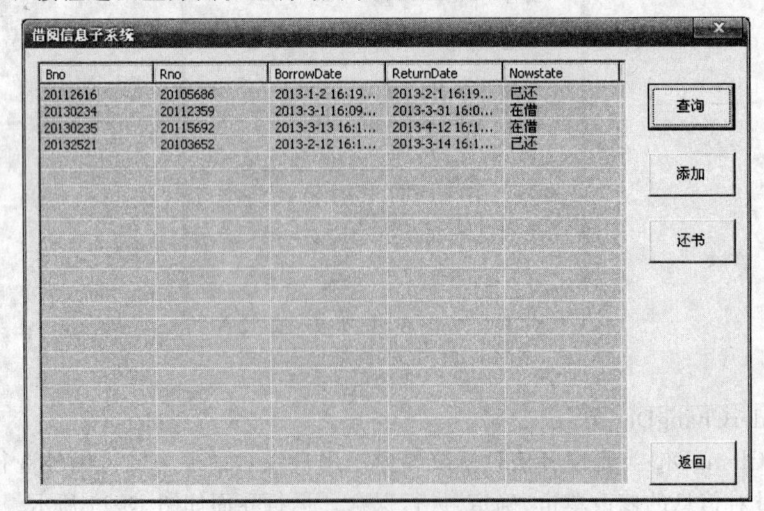

图 13-13　借阅信息管理子系统

主要实现代码如下：

```
//查询借阅信息
void BorwMangSubDlg::OnBnClickedBorCheck()
{
  m_borList.ModifyStyle(0, LVS_REPORT);//报表模式
  m_borList.SetExtendedStyle(m_borList.GetExtendedStyle()|
  LVS_EX_GRIDLINES|LVS_EX_FULLROWSELECT);
  //清空借阅信息列表
  m_borList.DeleteAllItems();//清空每一行
  while(m_borList.DeleteColumn(0));//清空表头
  //设置字段名
  CString strHeader[5];
  strHeader[0]="Bno";
  strHeader[1]="Rno";
  strHeader[2]="BorrowDate";
  strHeader[3]="ReturnDate";
  strHeader[4]="Nowstate";

  CRect rect;
  m_borList.GetClientRect(rect);//获得当前客户区信息
  int nFldNum=5;
  //设置 listCtrol 字段
  for(int i=0; i<nFldNum; i++)
  {
    m_borList.InsertColumn(i,strHeader[i]);
    m_borList.SetColumnWidth(i,rect.Width()/nFldNum);//设置列的宽度
  }

  try
  {
    _CommandPtr command;
    _RecordsetPtr recordSet;
    recordSet.CreateInstance(__uuidof(Recordset));
    command.CreateInstance(__uuidof(Command));
    command->ActiveConnection=m_pConnection;//设置数据库连接
    command->CommandText="SELECT* FROM BorrowInf";//设置 SQL 语句
    command->CommandType=adCmdText;//设置命令类型
    command->Parameters->Refresh();
    recordSet=command->Execute(NULL,NULL,adCmdUnknown);

    int nItem=0;
    _variant_t value;
```

```
    CString str;
    //遍历结果集
    while(!(recordSet->adoEOF))
    {
      str.Format(_T("%d"),nItem+1);
      m_borList.InsertItem(nItem, str);
      for(int i=0; i<nFldNum; i++)
      {
        value=recordSet->Fields->GetItem((_bstr_t)strHeader[i])->Value;
        if(value.vt !=VT_NULL)
          m_borList.SetItemText(nItem, i,(char* )_bstr_t(value));
      }
      recordSet->MoveNext();
      nItem++;
    }
    recordSet->Close();
    m_bIsDisplay=TRUE;
  }
  catch(_com_error& e)
  {
    CString strMsg;
    strMsg.Format(_T("错误描述:%s\n 错误消息%s"),(LPCTSTR)e.Description(),
    (LPCTSTR)e.ErrorMessage());
    AfxMessageBox(strMsg);
    return;
  }
}

//添加借阅信息
void BorwMangSubDlg::OnBnClickedBorAdd()
{
    BorAddAlg dlg;
  if(dlg.DoModal()!=IDOK)
    return;

  try
  {
    CString strBorDate;
    strBorDate=dlg.m_borDate.Format(_T("%Y-%m-%d %H:%M:%S"));
    CString strSql;
    strSql.Format("INSERT INTO BorrowInf(Bno, Rno, BorrowDate, ReturnDate)
    VALUES('%s','%s','%s','%s')",
```

```
dlg.m_borBookID,dlg.m_borReaderID,strBorDate,dlg.m_borRtnDate);

_CommandPtr command;
_RecordsetPtr recordSet;
recordSet.CreateInstance(__uuidof(Recordset));
command.CreateInstance(__uuidof(Command));
command->ActiveConnection=m_pConnection;
command->CommandText=(_bstr_t)strSql;
command->CommandType=adCmdText;
command->Parameters->Refresh();

VARIANT rcdAfted;
rcdAfted.vt=VT_I4;//设置数据类型
recordSet=command->Execute(&rcdAfted,NULL,adCmdUnknown);
if(rcdAfted.lVal<=0)
goto exit;
//更新表 BookInf,书的状态改为"已借"
strSql.Format("UPDATE BookInf SET Bstate='已借' WHERE Bno='%s' AND
Bstate='可借';",dlg.m_borBookID);
command->CommandText=(_bstr_t)strSql;
recordSet=command->Execute(&rcdAfted,NULL,adCmdUnknown);
if(rcdAfted.lVal<=0)
goto exit1;
//更新表 ReaderInf,读者在借书加一
strSql.Format("UPDATE ReaderInf SET Rbtotal=Rbtotal+1 WHERE Rno='%s'
AND Rbtotal<=5;",dlg.m_borReaderID);
command->CommandText=(_bstr_t)strSql;
recordSet=command->Execute(&rcdAfted,NULL,adCmdUnknown);
if(rcdAfted.lVal<=0)
  goto exit2;
OnBnClickedBorCheck();
AfxMessageBox(_T("添加成功"));
return;

exit:
  AfxMessageBox(_T("借书失败"));
  return;
exit1:
  AfxMessageBox(_T("该书已被借阅"));
  return;
exit2:
  AfxMessageBox(_T("该读者借阅限额已满"));
```

```
    return;
  }
  catch(_com_error& e)
  {
    CString strMsg;
    strMsg.Format(_T("错误描述:%s\n错误消息%s"),(LPCTSTR)e.Description(),
     (LPCTSTR)e.ErrorMessage());
    AfxMessageBox(strMsg);
    return;
  }
}

//还书(修改借阅信息)
void BorwMangSubDlg::OnBnClickedBorChange()
{
  BorChangDlg dlg(m_pConnection);
  if(dlg.DoModal()!=IDOK)
  return;

  try
  {
    CString strSql;
    _CommandPtr command;
    _RecordsetPtr recordSet;
    recordSet.CreateInstance(__uuidof(Recordset));
    command.CreateInstance(__uuidof(Command));
    //取数据库系统当前的时间
    strSql.Format("SELECT getdate() AS date;");
    command->CommandText=(_bstr_t)strSql;
    command->ActiveConnection=m_pConnection;
    command->CommandType=adCmdText;
    command->Parameters->Refresh();
    //更新表 BorrowInf,删除该记录
    strSql.Format("UPDATE BorrowInf SET Nowstate='已还' WHERE Bno='%s'AND
    Rno='%s' AND Nowstate='在借';",
    dlg.m_borBookID,dlg.m_borReaderID);
    command->CommandText=(_bstr_t)strSql;

    VARIANT rcdAfted;
    rcdAfted.vt=VT_I4;//设置数据类型
    recordSet=command->Execute(&rcdAfted,NULL,adCmdUnknown);
    if(rcdAfted.lVal<=0)
```

```
        goto exit;

    //更新表 BookInf,书的状态改为"可借"
    strSql.Format("UPDATE BookInf SET Bstate='可借' WHERE Bno='%s';",dlg.m_
    borBookID);
    command->CommandText=(_bstr_t)strSql;
    recordSet=command->Execute(&rcdAfted,NULL,adCmdUnknown);
    if(rcdAfted.lVal<=0)
        goto exit;

    //更新表 ReaderInf,读者在借书减一
    strSql.Format("UPDATE ReaderInf SET Rbtotal=Rbtotal-1 WHERE Rno='%s';",
    dlg.m_borReaderID);
    command->CommandText=(_bstr_t)strSql;
    recordSet=command->Execute(&rcdAfted,NULL,adCmdUnknown);
    if(rcdAfted.lVal<=0)
        goto exit;

    recordSet=command->Execute(NULL,NULL,adCmdUnknown);
    _variant_t value=recordSet->Fields->GetItem("date")->Value;
    COleVariant vtime((char* )_bstr_t(value));
    vtime.ChangeType(VT_DATE);
    COleDateTime nowDate=vtime;
    //计算罚款
    COleDateTimeSpan dateSpan=nowDate-dlg.m_RtnDate;
    int day=dateSpan.GetDays();
    if(day>0)
    {
        float nMony=day*0.1; //罚款
        CString str;
        str.Format("该图书已逾期%d天,罚款%f元",day,nMony);
        AfxMessageBox(str);
    }
    recordSet->Close();
    OnBnClickedBorCheck();
    AfxMessageBox(_T("还书成功"));
    return;

    exit:
        AfxMessageBox(_T("还书失败,请检查输入信息是否合法"));
        return;
}
```

```
    catch(_com_error &e)
    {
      CString strMsg;
      strMsg.Format(_T("错误描述:%s\n 错误消息%s"),(LPCTSTR)e.Description(),
      (LPCTSTR)e.ErrorMessage());
      AfxMessageBox(strMsg);
      return;
    }
  }
```

12) BorAddAlg 类

BorAddAlg 类是借阅信息录入的界面类。用户输入的书编号和读者信息必须是数据库中已经存在的否则会录入失败,在借阅日期确定后系统会自动计算归还日期。运行界面如图 13-14 所示。

图 13-14　借阅信息录入界面

13)BorChangDlg 类

BorChangDlg 类是还书操作的界面类。管理员通过输入图书编号和读者编号来进行信息查询,可以修改该借阅记录的状态,借阅时间和归还日期是不可进行修改的。如果逾期归还,图书系统会自行进行罚款金额的计算。运行界面如图 13-15 和图 13-16 所示。

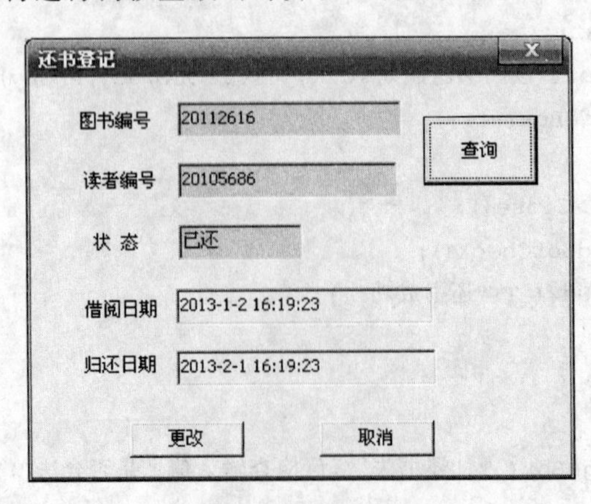

图 13-15　还书登记界面

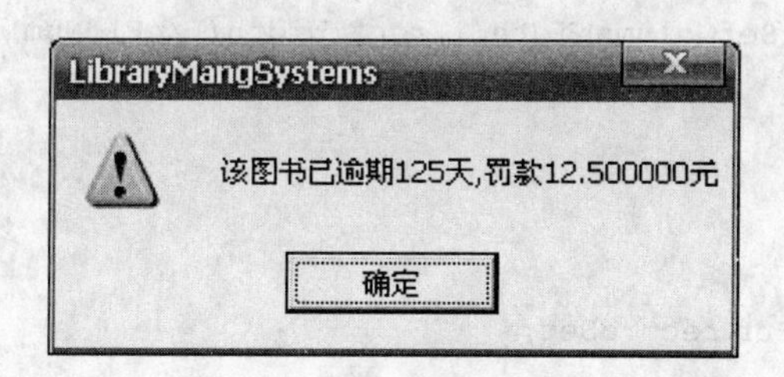

图 13-16　罚款金额

4. 使用存储过程修改数据

这里仍以图书信息管理的操作为例,说明在客户端如何通过存储过程来进行数据库的相关操作。

1）查询图书信息

查询图书信息的存储过程为无参存储过程,不需要设置传入或传出参数。在 Command 对象中设置已创建的查询图书信息的存储过程 Prc_BookCheck 和 Command 对象的类型,然后调用 Execute()函数执行查询。实现代码如下:

```
void BookMangSubDlg::OnBnClickedBookCheck()
{
  m_bookList.ModifyStyle(0, LVS_REPORT);//报表模式
  m_bookList.SetExtendedStyle(m_bookList.GetExtendedStyle()|
  LVS_EX_GRIDLINES|LVS_EX_FULLROWSELECT);
  //清空图书信息列表
  m_bookList.DeleteAllItems();//清空每一行
  while(m_bookList.DeleteColumn(0));//清空表头
  //设置字段名
  int nFldNum=7;
  CString strHeader[7];
  strHeader[0]="Bno";
  strHeader[1]="Bname";
  strHeader[2]="Bauthor";
  strHeader[3]="Bpublish";
  strHeader[4]="Bprice";
  strHeader[5]="Bdatein";
  strHeader[6]="Bstate";

  CRect rect;
  m_bookList.GetClientRect(rect);//获得当前客户区信息

  //设置 listCtrol 字段
  for(int i=0; i<nFldNum; i++)
  {
    m_bookList.InsertColumn(i,strHeader[i]);
```

```
    m_bookList.SetColumnWidth(i,rect.Width()/nFldNum);//设置列的宽度
  }

  try
  {
    _RecordsetPtr recordSet;
    _CommandPtr command;
    recordSet.CreateInstance(__uuidof(Recordset));
    command.CreateInstance(__uuidof(Command));
    command->ActiveConnection=m_pConnection;//设置数据库连接
    command->CommandText="Prc_BookCheck";//设置存储过程名
    command->CommandType=CommandType.StoredProcedure;//设置命令类型
    command->Parameters->Refresh();
    recordSet=command->Execute(NULL,NULL,adCmdUnknown);
    //显示表数据
    int nItem=0;
    _variant_t value;
    CString str;

    while(!(recordSet->adoEOF))
    {
      str.Format(_T("% d"),nItem+1);
      m_bookList.InsertItem(nItem,str);
      for(int i=0; i<nFldNum; i++)
      {
        value=recordSet->Fields->GetItem((_bstr_t)strHeader[i])->Value;
        if(value.vt !=VT_NULL)
          m_bookList.SetItemText(nItem,i,(char*)_bstr_t(value));
      }
    recordSet->MoveNext();
    nItem++;
    }
    recordSet->Close();
    m_bIsDisplay=TRUE;
  }
  catch(_com_error& e)
  {
    CString strMsg;
    strMsg.Format(_T("错误描述:%s\n 错误消息%s"),(LPCTSTR)e.Description(),
    (LPCTSTR)e.ErrorMessage());
    AfxMessageBox(strMsg);
    return;
```

```
    }
}
```

2) 图书信息的录入

图书信息录入的存储过程需要传入参数。在 Command 对象中设置已创建的图书信息添加的存储过程 Prc_BookInsert 和 Command 对象的类型后，还需要进行参数的赋值，最后调用 Execute() 函数执行查询。其中参数的赋值可以调用 Command 对象的 CreateParameter()方法来给参数赋值。实现代码如下：

```
void BookMangSubDlg::OnBnClickedBookAdd()
{
  BookAddDlg dlg;
  if(dlg.DoModal()! =IDOK)
   return;
  try
  {
   _CommandPtr command;
   _RecordsetPtr recordSet;
   recordSet.CreateInstance(__uuidof(Recordset));
   command.CreateInstance(__uuidof(Command));
   command->ActiveConnection=m_pConnection;//设置数据库连接
     command->CommandText="Prc_BookInsert";//设置存储过程名
     command->CommandType=CommandType.StoredProcedure;//设置类型
   command->Parameters->Refresh();
   //设置存储过程参数
   _ParameterPtr param;
   param=command->CreateParameter("@Bno",adChar,adParamInput,10, dlg.m_bookID);
   command->Parameters->Append(param);
   param= command->CreateParameter("@Bname",adChar,adParamInput,50,
   dlg. m_bookName);
   command->Parameters->Append(param);
   param=ommand->CreateParameter("@Bauthor",adChar,adParamInput,30,dlg.
   m_bookAuthor);
   command->Parameters->Append(param);
   param= command->CreateParameter("@Bpublish",adChar,adParamInput,10,
   dlg. m_bookPublish);
   command->Parameters->Append(param);
   param=command->CreateParameter("@Bprice",adChar,adParamInput,10,dlg.
   m_bookPrice);
   command->Parameters->Append(param);

   VARIANT rcdAfted;
   rcdAfted.vt=VT_I4;//设置数据类型
```

```
    recordSet=command->Execute(&rcdAfted,NULL,adCmdUnknown);
    if(rcdAfted.lVal>0)
    {
      OnBnClickedBookCheck();
      AfxMessageBox(_T("添加成功"));
    }
    else
      AfxMessageBox(_T("请确认输入的信息合法"));
  }
  catch(_com_error& e)
  {
    CString strMsg;
    strMsg.Format(_T("错误描述:%s\n错误消息%s"),(LPCTSTR)e.Description(),
    (LPCTSTR)e.ErrorMessage());
    AfxMessageBox(strMsg);
    return;
  }
}
```

3）修改图书信息

图书信息修改的存储过程使用方法与录入图书信息存储过程 Prc_BookInsert 的使用方法相类似。向存储过程 Prc_BookUpdate 中传入参数然后执行命令。实现代码如下：

```
void BookMangSubDlg::OnBnClickedBookChange()
{
  BookChangDlg dlg(m_pConnection);
  if(dlg.DoModal()!=IDOK)
   return;

  try
  {
    _CommandPtr command;
    _RecordsetPtr recordSet;
    recordSet.CreateInstance(__uuidof(Recordset));
    command.CreateInstance(__uuidof(Command));
    command->ActiveConnection=m_pConnection;//设置数据库连接
    command->CommandText="Prc_BookUpdate";//设置存储过程名
    command->CommandType=CommandType.StoredProcedure;//设置类型
    command->Parameters->Refresh();
    //设置存储过程参数
    _ParameterPtr param;
    param=command->CreateParameter("@Bno",adChar,adParamInput,10,
```

```
        dlg.m_bookID);
    command->Parameters->Append(param);
    param=command->CreateParameter("@Bname",adChar,adParamInput,50,
        dlg.m_bookName);
    command->Parameters->Append(param);
    param=command->CreateParameter("@Bauthor",adChar,adParamInput,30,
        dlg.m_bookAuthor);
    command->Parameters->Append(param);
    param=command->CreateParameter("@Bpublish",adChar,adParamInput,20,
        dlg.m_bookPublish);
    command->Parameters->Append(param);
    param=command->CreateParameter("@Bprice",adDouble,adParamInput,
        sizeof(double),dlg.m_bookPrice);
    command->Parameters->Append(param);

    VARIANT rcdAfted;
    rcdAfted.vt=VT_I4;//设置数据类型
    recordSet=command->Execute(&rcdAfted,NULL,adCmdUnknown);
    if(rcdAfted.lVal>0)
    {
      OnBnClickedBookCheck();
      AfxMessageBox(_T("修改成功"));
    }
    else
      AfxMessageBox(_T("请确认输入的信息合法"));
  }
  catch(_com_error& e)
  {
    CString strMsg;
    strMsg.Format(_T("错误描述:%s\n错误消息%s"),(LPCTSTR)e.Description(),
    (LPCTSTR)e.ErrorMessage());
    AfxMessageBox(strMsg);
    return;
  }
}
```

4）删除图书信息

类似的，删除图书信息通过向删除存储过程 Prc_ LibDelete 中传入参数然后执行命令。实现代码如下：

```
void BookMangSubDlg::OnBnClickedBookDel()
{
  CString strBookID("-1");
```

```
int nItem=m_bookList.GetNextItem(-1,LVNI_SELECTED);//取当前选中行
//若查询框已显示,获取选中的书编号
if(m_bIsDisplay && nItem>=0)
{
  strBookID=m_bookList.GetItemText(nItem,0);
}
else
{
  //弹出输入 ID 对话框
  BookDelDlg dlg;
  if(dlg.DoModal()!=IDOK)
    return;
  strBookID=dlg.m_bookID;
}

try
{
  _RecordsetPtr recordSet;
  _CommandPtr command;
  recordSet.CreateInstance(__uuidof(Recordset));
  command.CreateInstance(__uuidof(Command));
  command->ActiveConnection=m_pConnection;
  command->CommandText="Prc_BookDelete";
  command->CommandType=CommandType.StoredProcedure;
  command->Parameters->Refresh();
  //设置存储过程参数
  _ParameterPtr param;
  param=command->CreateParameter("@Bno",adChar,adParamInput,10,
      strBookID);
  command->Parameters->Append(param);

  VARIANT rcdAfted;
  rcdAfted.vt=VT_I4;
  recordSet=command->Execute(&rcdAfted,NULL,adCmdUnknown);
  if(rcdAfted.lVal>0)
  {
    OnBnClickedBookCheck();
    AfxMessageBox(_T("删除成功"));
  }
  else
    AfxMessageBox(_T("请确认输入的信息合法"));
  m_bIsDisplay=FALSE;
```

```
    }
    catch(_com_error& e)
    {
        CString strMsg;
        strMsg.Format(_T("错误描述:%s\n 错误消息%s"),(LPCTSTR)e.Description(),
(LPCTSTR)e.ErrorMessage());
        AfxMessageBox(strMsg);
        return;
    }
}
```

13.1.6　ADO.NET 访问数据库

1. 创建项目

本示例的实验平台为数据库 SQL Server 2008 R2 和 Microsoft Visual Studio 2005。在 VS2005 中创建一个 C＃应用程序 LibraryMangSystems。

2. 类设计

该项目在程序入口的 Main()函数中调用主对话框。在主对话框的构造函数中先调用登录界面建立数据库的连接,然后根据用户选择的子系统调用相应的对话框。这里使用了 11 个类,每个类对应于不同功能的窗体,分别为以下五类。

(1) 登录界面:LibLogIn 类。

(2) 主界面:LibMainMang 类。

(3) 图书信息管理界面:BookSubMang 类、BookAdd 类、BookChang 类。

(4) 读者信息管理界面:ReaderSubMang 类、ReaderAdd 类、ReaderChang 类。

(5) 借阅信息管理界面:BorSubMang 类、BorAdd 类、BorChang 类。

3. 类实现

1) LibLogIn 类

在程序进入主窗口之前需要进行数据库登录,只有成功登录才能进入 LibMainMang 类。它通过获取输入的信息来连接数据库。主要实现代码如下:

```
private void btnLogin_Click(object sender,EventArgs e)
{
    m_strUser=m_user.Text;
    m_strPassword=m_Password.Text;
    try{//建立连接
        string strConn="Data Source=localhost;Initial Catalog=Library;User ID=
"+m_strUser+";Password="+m_strPassword;
        SqlConnection conn=new SqlConnection(strConn);
        conn.Open();
        this.Hide();
        LibMainMang bookMang=new LibMainMang(conn);
        bookMang.ShowDialog();
```

```
}catch(Exception exception)
  {
   MessageBox.Show("连接数据库失败");
  }
}
```

2）LibMainMang 类

LibMainMang 类是程序的主功能窗体。主要实现代码如下：

```
//图书管理系统
private void btnBookSubMang_Click(object sender, EventArgs e)
{
  BookSubMang bookMang=new BookSubMang(m_connection);
  bookMang.ShowDialog();
}

//读者管理系统
private void btnReaderSubMang_Click(object sender,EventArgs e)
{
  ReaderSubMang readerMang=new ReaderSubMang(m_connection);
  readerMang.ShowDialog();
}

//借阅管理系统
private void btnBorSubMang_Click(object sender,EventArgs e)
{
  BorSubMang borMang=new BorSubMang(m_connection);
  borMang.ShowDialog();
}
 //=============退出
 private void btnExit_Click(object sender,EventArgs e)
 {
   if(m_connection.State==ConnectionState.Open)
     m_connection.Close();
   Application.Exit();
 }
 private void LibMainMang_Closed(object sender,FormClosedEventArgs e)
 {
   Application.Exit();
 }
```

3）BookSubMang 类

BookSubMang 类是图书信息管理子系统，用于进行图书信息增、删、改、查的统筹管理。图书信息的相关操作在对应按钮的消息响应函数中实现。在该类中添加了四个用于增、删、改、查的消息响应函数，其中添加和修改分别调用相应的窗体。具体实现代码如下：

```
//查询图书信息
private void btnBookCheck_Click(object sender,EventArgs e)
{
  SqlCommand command=new SqlCommand("SELECT* FROM BookInf;",
  m_connection);
  //构造 table
  DataTable table=new DataTable();
  //在 DataTable 中添加列
  table.Columns.Add("编号");
  table.Columns.Add("书名");
  table.Columns.Add("作者");
  table.Columns.Add("出版社");
  table.Columns.Add("售价");
  table.Columns.Add("入库时间");
  table.Columns.Add("状态");
  //从数据库取数据
  SqlDataReader reader=command.ExecuteReader();
  int index=0;
  while(reader.Read())
  {//构造行数据
    DataRow row=table.NewRow();
    index++;
    row["编号"]=reader["Bno"].ToString();
    row["书名"]=reader["Bname"].ToString();
    row["作者"]=reader["Bauthor"].ToString();
    row["出版社"]=reader["Bpublish"].ToString();
    row["售价"]=reader["Bprice"].ToString();
    row["入库时间"]=reader["Bdatein"].ToString();
    row["状态"]=reader["Bstate"].ToString();
    table.Rows.Add(row);
  }
  //释放对象
  reader.Close();
  m_dataGridView.DataSource=table;
}

  //添加图书信息
  private void btnBookAdd_Click(object sender,EventArgs e)
  {
```

```
    BookAdd bookAdd=new BookAdd(m_connection);
    bookAdd.ShowDialog();
  }

  //修改图书信息
  private void btnBookChange_Click(object sender,EventArgs e)
  {
    BookChang bookChang=new BookChang(m_connection);
    bookChang.ShowDialog();
  }

//删除图书信息
private void btnBookDel_Click(object sender,EventArgs e)
  {
    string strBookID=m_dataGridView.CurrentRow.Cells[0].Value.ToString();
    string strSql="DELETE FROM BookInf WHERE Bno=@Bno";
    SqlCommand command=new SqlCommand(strSql, m_connection);
    command.Parameters.Add("@Bno",strBookID);
    command.ExecuteNonQuery();
    MessageBox.Show("删除成功!");
  }
```

4）BookAdd 类

BookAdd 类用于添加图书信息。在该类中,添加录入按钮的消息相应函数进行图书信息的录入。对于 sql 语句中出现有变量的情况使用参数绑定,调用 SqlCommand 对象的 Parameters.Add()方法来进行参数绑定。实现代码如下:

```
private void btnOK_Click(object sender,EventArgs e)
{
  //添加图书
  string strSql="INSERT INTO BookInf(Bno, Bname, Bauthor, Bpublish, Bprice)
  VALUES(@Bno,@Bname,@Bauthor,@Bpublish,@Bprice)";
  SqlCommand command=new SqlCommand(strSql,m_connection);
  //参数绑定
  command.Parameters.Add("@Bno",m_txtBookID.Text);
  command.Parameters.Add("@Bname",m_txtBookName.Text);
  command.Parameters.Add("@Bauthor",m_txtAuthor.Text);
  command.Parameters.Add("@Bpublish",m_txtPublish.Text);
  command.Parameters.Add("@Bprice",m_txtPrice.Text);
  command.ExecuteNonQuery();
  MessageBox.Show("添加成功!");
  this.Close();
}
```

5）BookChang 类

BookChang 类用于图书信息的修改。在该类中，添加查询图书信息的消息响应函数 btnCheck_Click()，根据用户输入的图书编号查询填写其他信息以供用户修改；添加确认修改按钮的消息响应函数 btnOK_Click()，根据用户输入的信息进行相关数据的修改。主要实现代码如下：

```
private void btnCheck_Click(object sender,EventArgs e)
{
  //根据图书编号查询信息
  if(m_txtBookID.Text=="")
  {
    MessageBox.Show("请输入图书编号");
    return;
  }

  SqlCommand command=new SqlCommand("SELECT* FROM BookInf WHERE Bno=
  @Bno;",m_connection);
  command.Parameters.Add("@Bno",m_txtBookID.Text);
  SqlDataReader reader=command.ExecuteReader();
  while(reader.Read())
  {
    m_txtBookName.Text=reader["Bname"].ToString();
    m_txtAuthor.Text=reader["Bauthor"].ToString();
    m_txtPublish.Text=reader["Bpublish"].ToString();
    m_txtPrice.Text=reader["Bprice"].ToString();
    m_txtState.Text=reader["Bstate"].ToString();
  }
    reader.Close();
}

private void btnOK_Click(object sender,EventArgs e)
{
  string strSql="UPDATE BookInf set Bname=@Bname,Bauthor=@Bauthor,
  Bpublish=@Bpublish,Bprice=@Bprice WHERE Bno=@Bno;";
  SqlCommand command=new SqlCommand(strSql,m_connection);
  command.Parameters.Add("@Bname",m_txtBookName.Text);
  command.Parameters.Add("@Bauthor",m_txtAuthor.Text);
  command.Parameters.Add("@Bpublish",m_txtPublish.Text);
  command.Parameters.Add("@Bprice",m_txtPrice.Text);
  command.Parameters.Add("@Bno",m_txtBookID.Text);
  command.ExecuteNonQuery();
  MessageBox.Show("修改成功!");
```

```
this.Close();
}
```

6）ReaderSubMang 类

ReaderSubMang 类是读者信息管理子系统，用于读者信息增、删、改、查的统筹管理。读者信息的相关操作在对应按钮的消息响应函数中实现。在该类中，添加了四个用于增、删、改、查的消息响应函数，其中添加和修改分别调用相应的窗体。具体实现代码如下：

```
//查询读者信息
private void btnReadCheck_Click(object sender,EventArgs e)
{
  SqlCommand command=new SqlCommand("SELECT* FROM ReaderInf;",
  m_connection);
  //构造 table
  DataTable table=new DataTable();
  table.Columns.Add("编号");
  table.Columns.Add("姓名");
  table.Columns.Add("性别");
  table.Columns.Add("出生日期");
  table.Columns.Add("单位");
  table.Columns.Add("电话");
  table.Columns.Add("借阅图书");
  //从数据库取数据
  SqlDataReader reader=command.ExecuteReader();
  int index=0;
  while(reader.Read())
  {
    //构造行数据
    DataRow row=table.NewRow();
    index++;
    row["编号"]=reader["Rno"].ToString();
    row["姓名"]=reader["Rname"].ToString();
    row["性别"]=reader["Rsex"].ToString();
    row["出生日期"]=reader["Rbirth"].ToString();
    row["单位"]=reader["Runit"].ToString();
    row["电话"]=reader["Rtelphone"].ToString();
    row["借阅图书"]=reader["Rbtotal"].ToString();
    table.Rows.Add(row);
  }
  //释放对象
  reader.Close();
  m_dataGridView.DataSource=table;
}
```

```
//添加读者信息
private void btnReadAdd_Click(object sender,EventArgs e)
{
  ReaderAdd readerAdd=new ReaderAdd(m_connection);
  readerAdd.ShowDialog();
}

//修改读者信息
private void btnReadChang_Click(object sender,EventArgs e)
{
  ReaderChang readChang=new ReaderChang(m_connection);
  readChang.ShowDialog();
}

//删除读者信息
private void btnReadDel_Click(object sender,EventArgs e)
{
  string strBookID=m_dataGridView.CurrentRow.Cells[0]. Value.ToString();
  string strSql="DELETE FROM ReaderInf WHERE Rno=@Rno";
  SqlCommand command=new SqlCommand(strSql,m_connection);
  command.Parameters.Add("@Rno",strBookID);
  command.ExecuteNonQuery();
  MessageBox.Show("删除成功!");
}
```

7）ReaderAdd 类

ReaderAdd 类用于读者信息的添加。在该类中，添加录入读者信息按钮的消息响应函数 btnOK_Click，将用户在对话框中输入的信息录入数据库。具体代码如下所示：

```
private void btnOK_Click(object sender,EventArgs e)
  {
    string strSex,strBirth;
    if(m_rbtnMan.Checked==true)
    {
      strSex="男";
    }
    else
      strSex="女";
    strBirth=m_birthDate.Value.ToString("yyyy-MM-dd");
    //添加新读者
    string strSql="INSERT INTO ReaderInf(Rno,Rname,Rsex,Rbirth,Runit,
    Rtelphone)VALUES(@Rno,@Rname,@Rsex,@Rbirth,@Runit,@Rtelphone)";
    SqlCommand command=new SqlCommand(strSql,m_connection);
```

```
        //参数绑定
        command.Parameters.Add("@Rno",m_txtReaderID.Text);
        command.Parameters.Add("@Rname",m_txtReaderName.Text);
        command.Parameters.Add("@Rsex",strSex);
        command.Parameters.Add("@Rbirth",strBirth);
        command.Parameters.Add("@Runit",m_txtReaderUnit.Text);
        command.Parameters.Add("@Rtelphone",m_txtReaderTel.Text);
        command.ExecuteNonQuery();
        MessageBox.Show("添加成功!");
        this.Close();
    }
```

8) ReaderChang 类

ReaderChang 类用于读者信息的修改。在该类中，添加修改图书信息的消息响应函数 btnReaderCheck_Click，根据用户输入的读者编号查询填写其他信息以供用户修改；添加确认修改按钮的消息响应函数 btnOK_Click，根据用户输入的信息进行相关数据的修改。主要实现代码如下：

```
private void btnReaderCheck_Click(object sender,EventArgs e)
  {
    string strSex="",strBirth="";
    //根据读者编号查询信息
    if(m_txtReaderID.Text=="")
    {
      MessageBox.Show("请输入读者编号");
      return;
    }

    SqlCommand command=new SqlCommand("SELECT* FROM ReaderInf WHERE
    Rno=@Rno;",m_connection);
    command.Parameters.Add("@Rno",m_txtReaderID.Text);
    SqlDataReader reader=command.ExecuteReader();
    while(reader.Read())
    {
      m_txtReaderName.Text=reader["Rname"].ToString();
      strSex=reader["Rsex"].ToString();
      strBirth=reader["Rbirth"].ToString();
      m_txtReaderUnit.Text=reader["Runit"].ToString();
      m_txtReaderTel.Text=reader["Rtelphone"].ToString();
    }

    if(strSex.IndexOf("男")>=0)
      m_rbtnMan.Checked=true;
```

```
    else
      m_rbtnWoman.Checked=true;
    m_birthDate.Text=strBirth;
    reader.Close();
  }

  private void btnOK_Click(object sender,EventArgs e)
  {
    string strSex,strBirth;
    if(m_rbtnMan.Checked==true)
    {
      strSex="男";
    }
    else
      strSex="女";
    strBirth=m_birthDate.Value.ToString("yyyy-MM-dd");
    string strSql="UPDATE ReaderInf SET Rname=@Rname,Rsex=@Rsex,
    Rbirth=@Rbirth,Runit=@Runit,Rtelphone=@Rtelphone WHERE Rno=@Rno;";
    SqlCommand command=new SqlCommand(strSql,m_connection);
    command.Parameters.Add("@Rname",m_txtReaderName.Text);
    command.Parameters.Add("@Rsex",strSex);
    command.Parameters.Add("@Rbirth",strBirth);
    command.Parameters.Add("@Runit",m_txtReaderUnit.Text);
    command.Parameters.Add("@Rtelphone",m_txtReaderTel.Text);
    command.Parameters.Add("@Rno",m_txtReaderID.Text);
    command.ExecuteNonQuery();
    MessageBox.Show("修改成功!");
    this.Close();
  }
```

9）BorSubMang 类

BorSubMang 类是借阅信息管理子系统,用于读者信息增、删、改、查的统筹管理。借阅信息的相关操作在对应按钮的消息响应函数中实现。在该类中,添加了三个用于增、改、查的消息响应函数,其中添加借阅信息和还书分别调用相应的窗体。具体实现代码如下:

```
//查询借阅信息
private void btnBorCheck_Click(object sender,EventArgs e)
{
  SqlCommand command=new SqlCommand("SELECT* FROM BorrowInf;",
  m_connection);

  //构造 table
```

```
    DataTable table=new DataTable();
    table.Columns.Add("书编号");
    table.Columns.Add("读者编号");
    table.Columns.Add("借书日期");
    table.Columns.Add("还书日期");
    table.Columns.Add("状态");
    //从数据库取数据
    SqlDataReader reader=command.ExecuteReader();
    int index=0;
    while(reader.Read())
    {
      //构造行数据
      DataRow row=table.NewRow();
      index++;
      row["书编号"]=reader["Bno"].ToString();
      row["读者编号"]=reader["Rno"].ToString();
      row["借书日期"]=reader["BorrowDate"].ToString();
      row["还书日期"]=reader["ReturnDate"].ToString();
      row["状态"]=reader["Nowstate"].ToString();
      table.Rows.Add(row);
    }
    //释放对象
    reader.Close();
    m_dataGridView.DataSource=table;
  }

  //添加借阅信息
  private void btnBorAdd_Click(object sender,EventArgs e)
  {
    BorAdd borAdd=new BorAdd(m_connection);
    borAdd.ShowDialog();
  }

  //还书
  private void btnRtnBook_Click(object sender,EventArgs e)
  {
    BorChang borChang=new BorChang(m_connection);
    borChang.ShowDialog();
  }
```

10）BorAdd类

BorAdd类用于借阅信息的添加。在该类中，添加录入借阅信息的消息响应函数

btnOK_Click，进行借阅信息的录入，同时检查该借阅的图书编号与读者借阅总量是否合法。如果检查无误则进行信息的录入，并修改相应的状态。具体实现代码如下：

```
private void btnOK_Click(object sender,EventArgs e)
{
    string strBorDate;
    strBorDate=m_BorDate.Value.ToString("yyyy-MM-dd");
    //添加新读者
    string strSql="INSERT INTO BorrowInf(Bno,Rno,BorrowDate,
    ReturnDate)VALUES(@Bno,@Rno,@BorrowDate,@ReturnDate)";
    SqlCommand command1=new SqlCommand(strSql,m_connection);
    //参数绑定
    command1.Parameters.Add("@Bno",m_txtBookID.Text);
    command1.Parameters.Add("@Rno",m_txtReaderID.Text);
    command1.Parameters.Add("@BorrowDate",strBorDate);
    command1.Parameters.Add("@ReturnDate",m_txtRtnDate.Text);
    command1.ExecuteNonQuery();
    //更新表 BookInf,书的状态改为"已借"
    strSql="UPDATE BookInf set Bstate='已借' WHERE Bno=@Bno AND Bstate='可借';";
    SqlCommand command2=new SqlCommand(strSql,m_connection);
    command2.Parameters.Add("@Bno",m_txtBookID.Text);
    command2.ExecuteNonQuery();
    //更新表 ReaderInf,读者在借书加一
    strSql="UPDATE ReaderInf SET Rbtotal=Rbtotal+1 WHERE Rno=@Rno AND
    Rbtotal<=5;";
    SqlCommand command3=new SqlCommand(strSql,m_connection);
    command3.Parameters.Add("@Rno",m_txtReaderID.Text);
    command3.ExecuteNonQuery();
    MessageBox.Show("添加成功!");
    this.Close();
}
```

11）BorChang 类

BorChang 类用于进行还书处理。在该类中，添加根据书编号和读者编号查询借阅信息按钮的消息响应函数 btnCheck_Click，再添加确认还书的消息响应函数 btnOK_Click。在还书前进行图书超期检查，如果超期需要缴纳罚款才能继续后续的还书操作，然后检查归还图书状态和借阅记录，检查通过后会进行相应信息的修改。具体实现代码如下：

```
private void btnCheck_Click(object sender, EventArgs e)
{
    string strSex="", strBirth="";
    //根据书编号和读者编号查询信息
    if(m_txtBookID.Text=="" || m_txtReaderID.Text=="")
    {
```

```
        MessageBox.Show("请输入书编号和读者编号");
        return;
      }

      SqlCommand command=new SqlCommand("SELECT* FROM BorrowInf WHERE
      Bno=@Bno AND Rno=@Rno;",m_connection);
      command.Parameters.Add("@Bno",m_txtBookID.Text);
      command.Parameters.Add("@Rno",m_txtReaderID.Text);

      SqlDataReader reader=command.ExecuteReader();
      while(reader.Read())
      {
        m_txtBorDate.Text=reader["BorrowDate"].ToString();
        m_txtRtnDate.Text=reader["ReturnDate"].ToString();
        m_txtState.Text=reader["Nowstate"].ToString();
      }
      reader.Close();
    }

  private void btnOK_Click(object sender,EventArgs e)
    {
      //检查是否超期归还
      string strSql="SELECT getdate()AS date;";
      string strDate=DateTime.Now.ToString();
      SqlCommand command1=new SqlCommand(strSql, m_connection);
      SqlDataReader reader=command1.ExecuteReader();
      while(reader.Read())
        strDate=reader["date"].ToString();
      reader.Close();

      DateTime nowDate=DateTime.Parse(strDate);//数据库当前时间
      DateTime rtnDate=DateTime.Parse(m_txtRtnDate.Text);//应归还时间
      TimeSpan span=nowDate-rtnDate;
      int days=span.Days;//差距日期
      if(days>0)
      {
      float nMoney=days*0.1F;//罚款金额
      string str="逾期"+days.ToString()+"天,应罚金额"+nMoney.ToString()+"元!";
      MessageBox.Show(str);
    }
    //更改表 RorrowInf
    strSql="UPDATE BorrowInf SET Nowstate='已还'WHERE Bno=@Bno AND Rno=@Rno;";
```

```
    SqlCommand command2=new SqlCommand(strSql,m_connection);
    command2.Parameters.Add("@Bno",m_txtBookID.Text);
    command2.Parameters.Add("@Rno",m_txtReaderID.Text);
    command2.ExecuteNonQuery();
    //更新表 BookInf,书的状态改为"可借"
    strSql="UPDATE BookInf set Bstate='可借' WHERE Bno=@Bno AND Bstate='已借';";
    SqlCommand command3=new SqlCommand(strSql,m_connection);
    command3.Parameters.Add("@ Bno",m_txtBookID.Text);
    command3.ExecuteNonQuery();
    //更新表 ReaderInf,读者在借书减一
    strSql="UPDATE ReaderInf SET Rbtotal=Rbtotal- 1 WHERE Rno=@Rno AND Rbtotal<=5;";
    SqlCommand command4=new SqlCommand(strSql,m_connection);
    command4.Parameters.Add("@ Rno",m_txtReaderID.Text);
    command4.ExecuteNonQuery();
    MessageBox.Show("修改成功!");
    this.Close();
}
```

4. 使用存储过程修改数据

这里仍旧以图书信息管理的操作为例,说明在客户端如何通过存储过程来进行数据库的相关操作。

1）查询图书信息

查询图书信息的存储过程为无参存储过程,不需要设置传入或传出参数。在SqlCommand对象创建的时候传入查询图书信息的存储过程名 Prc_BookCheck,设置SqlCommand对象的属性 CommandType 的指定命令类型为存储过程,然后调用ExecuteReader()函数执行查询后并返回结果集。实现代码如下:

```
private void btnBookCheck_Click(object sender,EventArgs e)
{
    SqlCommand command=new SqlCommand("Prc_BookCheck",m_connection);
    command.CommandType=CommandType.StoredProcedure;
    //构造 table
    DataTable table=new DataTable();
    //在 DataTable 中添加列
    table.Columns.Add("编号");
    table.Columns.Add("书名");
    table.Columns.Add("作者");
    table.Columns.Add("出版社");
    table.Columns.Add("售价");
    table.Columns.Add("入库时间");
    table.Columns.Add("状态");
    //从数据库取数据
    SqlDataReader reader=command.ExecuteReader();
```

```
    int index=0;
    while(reader.Read())
    {
      //构造行数据
      DataRow row=table.NewRow();
      index++;
      row["编号"]=reader["Bno"].ToString();
      row["书名"]=reader["Bname"].ToString();
      row["作者"]=reader["Bauthor"].ToString();
      row["出版社"]=reader["Bpublish"].ToString();
      row["售价"]=reader["Bprice"].ToString();
      row["入库时间"]=reader["Bdatein"].ToString();
      row["状态"]=reader["Bstate"].ToString();
      table.Rows.Add(row);
    }
    //释放对象
    reader.Close();
    m_dataGridView.DataSource=table;
}
```

2）图书信息的录入

图书信息录入的存储过程需要传入参数。在 SqlCommand 对象创建的时候传入添加图书信息的存储过程名 Prc_BookInsert 和设置 SqlCommand 对象的命令的类型，并对存储过程中的传入参数进行赋值，最后调用 ExecuteNonQuery()函数执行查询。其中参数的赋值可以调用 SqlCommand 对象的 Parameters.AddWithValue()方法，可以使用 SqlParameter 类对象来设置参数，通过 SqlCommand 对象的 Parameters.Add()方法来添加参数。具体实现代码如下：

```
private void btnOK_Click(object sender,EventArgs e)
{
  SqlCommand command=new SqlCommand("Prc_BookInsert",m_connection);
  //参数绑定
  command.Parameters.AddWithValue("@Bno",m_txtBookID.Text);
  command.Parameters.AddWithValue("@Bname",m_txtBookName.Text);
  command.Parameters.AddWithValue("@Bauthor",m_txtAuthor.Text);
  command.Parameters.AddWithValue("@Bpublish",m_txtPublish.Text);
  command.Parameters.AddWithValue("@Bprice ",m_txtPrice.Text);
  command.ExecuteNonQuery();
  MessageBox.Show("添加成功!");
  this.Close();
}
```

3）修改图书信息

图书信息修改的存储过程的使用方法与录入图书信息存储过程 Prc_BookInsert 的

使用方法相类似。向存储过程 Prc_BookUpdate 中传入参数然后执行命令。实现代码如下：

```
private void btnOK_Click(object sender,EventArgs e)
{
  SqlCommand command=new SqlCommand("Prc_BookUpdate",m_connection);
  //参数绑定
  command.Parameters.AddWithValue("@Bno",m_txtBookID.Text);
  command.Parameters.AddWithValue("@Bname",m_txtBookName.Text);
  command.Parameters.AddWithValue("@Bauthor",m_txtAuthor.Text);
  command.Parameters.AddWithValue("@Bpublish",m_txtPublish.Text);
  command.Parameters.AddWithValue("@ Bprice", m_txtPrice.Text);
  command.ExecuteNonQuery();
  MessageBox.Show("修改成功!");
  this.Close();
}
```

4）删除图书信息

类似的，删除图书信息通过向删除存储过程 Prc_LibDelete 中传入参数然后执行命令。实现代码如下：

```
private void btnBookDel_Click(object sender,EventArgs e)
{
  string strBookID=m_dataGridView.CurrentRow.Cells[0].Value.ToString();

  SqlCommand command=new SqlCommand("Prc_BookDelete",m_connection);
  command.Parameters.AddWithValue("@Bno",strBookID);
  command.ExecuteNonQuery();
  MessageBox.Show("删除成功!");
}
```

13.1.7　JDBC 访问数据库

1. 创建项目

本示例的实验平台为数据库 SQL Server 2008 R2 和 eclipse。在 eclipse 中创建一个 Java 应用程序 LibraryMangSystems。在该项目中需要导入一些 JDBC 访问必要的 jar 库，读者可以自行下载或联系作者获取。

2. 结构设计

根据功能应用模块的细分将该项目划分成了七个部分，分别归属于如下七个包。

(1) com.lib.dal：该包主要包含主程序的入口 main()函数。

(2) com.lib.port：该包主要包含处理图书信息函数的接口 IBookInf、处理读者信息函数的接口 IReaderInf 和处理借阅信息函数的接口 IBorrowInf。

(3) com.lib.dao：该包主要是项目中涉及的数据库操作和数据处理的具体实现。其中，BookInfDao 类、BorrowInfDao 类和 ReaderInfDao 类继承于包 com.lib.port 中相应的接口。DBConnection 类用于处理与数据库的连接和语句的执行。DataBean 类用于处理结果集数据的读取。

(4) com.lib.entity:该包内主要包含三个类 BookInf、ReaderInf、BorrowInf,分别用于存储图书信息、读者信息和借阅信息,提供 set()与 get()函数进行数据的设置与读取。

(5) com.lib.exception:该包主要包含三种异常类 DBLinkException 类、DataNotFoundException 类和 ValidateException 类,分别用于处理数据库连接异常、数据没有被找到的异常和无效数据异常。

(6) com.lib.framework:该包主要包含窗体或对话框弹出的必要文字定义、鼠标操作相应的响应等内容。

(7) com.lib.view:该包包含数据库连接登录对话框、主对话框、图书信息管理、图书信息编辑、读者信息管理、读者信息编辑、借阅信息管理、借阅信息编辑窗体(对话框)的设计结构、窗体信息的获取与按钮响应函数。

3. 项目实现

com.lib.dao 包中包含数据库的操作和图书管理系统中各项功能的核心实现。由于篇幅的限制,这里主要介绍 com.lib.dao 包中主要类的核心代码,其主要实现如下。

1) DBConnection 类

DBconnection 类主要提供连接数据库、断开数据库和 SQL 语句的执行功能。这里主要介绍执行 SQL 语句的两个函数。

(1) 执行 SQL 语句:INSERT、UPDATE、DELETE,不返回结果集。具体实现代码如下:

```
public int executeSQL(String sql, List<Object>listValue)
                                          throws SQLException {
  if(this.cnn==null)
    throw new SQLException("The Connection Has Been Close or Not Create!");
  try {
  if(state!=null){
    state.close();
  }

  int changeRow=0;
  this.cnn.setAutoCommit(true);
  System.out.println("The SQL Is:"+sql);
  //创建用于执行 SQL 语句的语句执行器
  state=cnn.prepareStatement(sql);
  //将 SQL 参数加入 SQL 语句的语句执行器
  if(listValue!=null){
  for(int i=0;i<listValue.size();i++){
  state.setObject(i+1,listValue.get(i));
  }
  }
```

```
    //返回该 SQL 语句执行后所影响的行数
    changeRow=state.executeUpdate();
    state.close();
    return changeRow;
    } catch(SQLException e){
    throw e;
    }
  }
```

(2) 执行查询 SQL 语句,返回用于处理结果集的 DataBean 对象。具体实现代码如下:

```
  public DataBean executeQuery(String sql,List<Object>listValue)
                                              throws SQLException {
    if(this.cnn==null)
      throw new SQLException("The Connection Has Been Close or Not Create!");

    try {
      if(state!=null){
        state.close();
    }
    System.out.println("The SQL Is:"+sql);
    //创建用于执行 SQL 语句的语句执行器
    state=cnn.prepareStatement(sql,
    ResultSet.TYPE_SCROLL_INSENSITIVE,
    ResultSet.CONCUR_READ_ONLY);
    //将 SQL 参数加入 SQL 语句的语句执行器
    if(listValue!=null){
      for(int i=0;i<listValue.size();i++){
        state.setObject(i+1,listValue.get(i));
    }
    }
    //执行 SQL 语句返回结果
    ResultSet rs=state.executeQuery();
    DataBean ret=DataBean.copyToBean(rs);
    state.close();
    return ret;
    } catch(SQLException e){
      throw e;
    }
  }
```

2) BookInfDao 类

BookInfDao 类实现了接口 IBookInf 中定义的图书信息的查询函数 findByPage()、

保存录入函数 save()、修改函数 update()和删除函数 delete()等。其具体实现如下。

(1) 查询图书信息。通过输入的查询信息承载体 BookInf 对象来查找符合条件的记录。若条件为空则认为是全部查询,并以列表的形式返回。具体实现代码如下:

```
public List<BookInf>findByPage(BookInf sqlWhere){
  String sql="select Bno,Bname,Bauthor,Bpublish,Bprice,Bdatein,
  Bstate from BookInf Where 1=1";
  String sqlwhere="";
  List<Object>list=new ArrayList<Object>();
  if(sqlWhere.getBno()!=null &&!sqlWhere.getBno().equals(""))
  {
    sqlwhere+="and Bno like?";
    list.add("%"+sqlWhere.getBno()+"%");
  }
  if(sqlWhere.getBname()!=null&&!sqlWhere.getBname().equals(""))
  {
    sqlwhere+="and Bname like?";
    list.add("%"+sqlWhere.getBname()+"%");
  }
  sql+=sqlwhere;
  try{
    DataBean rltset=DBConnection.getInstance().executeQuery(sql,list);
    List<BookInf>Books=new ArrayList<BookInf>();
    int count=rltset.getRowCount();
    for(int i=0;i<count;i++)
      Books.add(createBook(rltset,i));
    return Books;
  }catch(SQLException e){
    e.printStackTrace();
  }
  return null;
}
```

(2) 保存录入的图书信息。通过用户在对话框中输入的图书信息 BookInf 对象向表 BookInf 中添加新的记录。具体实现代码如下:

```
public int save(BookInf entity)throws DBLinkException {
  if(entity==null){
    return -1;
  }
  String sql="insert into BookInf(Bno,Bname,Bauthor,Bpublish,
  Bprice,Bdatein)values(?,?,?,?,?,?)";
  List<Object>list=new ArrayList<Object>();
  list.add(entity.getBno());
```

```
    list.add(entity.getBname());
    list.add(entity.getBauthor());
    list.add(entity.getBpublish());
    list.add(entity.getBprice());
    list.add(entity.getBdatein());
    try {
      DBConnection.getInstance().executeSQL(sql,list);
      return 1;
    } catch(SQLException e){
      e.printStackTrace();
    }
    return 0;
  }
```

(3) 更改图书信息。根据用户在查询列表中选中的记录在对话框中显示,将用户可以自行更改的数据放在 BookInf 对象中。函数根据该对象相应地修改数据库。具体实现代码如下:

```
public int update(BookInf entity) throws DBLinkException {
  if(entity==null){
    return -1;
  }
  if(entity.getBno()==null){
    return -2;
  }

  List<Object>list=new ArrayList<Object>();
  StringBuilder val=new StringBuilder();
  if(entity.getBname()!=null){
    val.append("Bname=?,");
    list.add(entity.getBname());
  }
  if(entity.getBauthor()!=null){
    val.append("Bauthor=?,");
    list.add(entity.getBauthor());
  }
  if(entity.getBpublish()!=null){
    val.append("Bpublish=?,");
    list.add(entity.getBpublish());
  }
  if(entity.getBprice()!=null){
    val.append("Bprice=?,");
    list.add(entity.getBprice());
```

```
    }
    if(entity.getBdatein()!=null){
      val.append("Bdatein=?,");
      list.add(entity.getBdatein());
    }
    if(entity.getBstate()!=null){
      val.append("Bstate=?,");
      list.add(entity.getBstate());
    }
    val.delete(val.lastIndexOf(","),val.length());
    if(val.toString()==""){
      return -3;
    }
    String sql="update BookInf set "+val+" where Bno=?";
    list.add(entity.getBno());
    try {
      DBConnection.getInstance().executeSQL(sql,list);
      return 1;
    } catch(SQLException e){
      e.printStackTrace();
    }
    return 0;
  }
```

（4）删除图书记录。根据用户在查询列表中选中的记录进行删除。具体实现代码如下：

```
  public int delete(String id) throws DBLinkException {
    int rlt=0;
    if(id==null || id==""){
      return -1;
    }
    String sql="delete from BookInf where bno=?";
    List<Object> list=new ArrayList<Object>();
    list.add(id);
    try {
      rlt=DBConnection.getInstance().executeSQL(sql,list);
    } catch(SQLException e){
      e.printStackTrace();
      return -2;
    }
    return rlt;
  }
```

3）ReaderInfDao 类

ReaderInfDao 类实现了接口 IReaderInf 中定义的图书信息的查询函数 findByPage()、保存录入函数 save()、修改函数 update()和删除函数 delete()等。其具体实现如下。

(1) 查询读者信息。通过 ReaderInf 对象获取查询条件来进行读者信息查询。若条件为空则认为是全部查询，将结果集以列表的形式返回。具体实现代码如下：

```
public List<ReaderInf>findByPage(ReaderInf sqlWhere){
  String sql="select* from ReaderInf Where 1=1";
  String sqlwhere="";
  List<Object>list=new ArrayList<Object>();
  if(sqlWhere.getRno()!=null &&! sqlWhere.getRno().equals(""))
  {
    sqlwhere +=" and Rno like?";
    list.add("%"+sqlWhere.getRno()+"%");
  }
  if(sqlWhere.getRname()!=null&&! sqlWhere.getRname().equals(""))
  {
    sqlwhere +=" and Rname like? ";
    list.add("%"+sqlWhere.getRname()+"%");
  }
  sql+=sqlwhere;
  try{
    DataBean rltset=DBConnection.getInstance().executeQuery(sql, list);
    List<ReaderInf>Readers=new ArrayList<ReaderInf>();
    int count=rltset.getRowCount();
    for(int i=0;i<count;i++)
      Readers.add(createReader(rltset,i));
    return Readers;
  } catch(SQLException e){
    e.printStackTrace();
  }
  return null;
}
```

(2) 保存录入读者信息。根据 ReaderInf 对象中的数据向表 ReaderInf 中添加一条新的读者信息记录。具体实现代码如下：

```
public int save(ReaderInf entity)throws DBLinkException {
  if(entity==null){
    return -1;
  }
  String sql="insert into ReaderInf(Rno,Rname,Rsex,Rbirth,Runit,
  Rtelphone,Rbtotal)values(?,?,?,?,?,?,0)";
  List<Object>list=new ArrayList<Object>();
```

```
        list.add(entity.getRno());
        list.add(entity.getRname());
        list.add(entity.getRsex());
        list.add(entity.getRbirth());
        list.add(entity.getRunit());
        list.add(entity.getRtelphone());
        try {
          DBConnection.getInstance().executeSQL(sql, list);
          return 1;
        } catch(SQLException e) {
          e.printStackTrace();
        }
        return 0;
      }
```

(3) 修改读者信息。根据用户在读者查询框中选中的记录进行更新,将更新信息存储在 ReaderInf 对象中,通过获取该对象的属性值来更新表 ReaderInf 中的读者信息记录。具体实现代码如下:

```
      public int update(ReaderInf entity) throws DBLinkException {
        if(entity==null) {
          return -1;
        }
        if(entity.getRno()==null) {
          return -2;
        }

        List<Object> list=new ArrayList<Object>();
        StringBuilder val=new StringBuilder();
        if(entity.getRname()!=null) {
          val.append("Rname=?,");
          list.add(entity.getRname());
        }
        if(entity.getRsex()!=null) {
          val.append("Rsex=?,");
          list.add(entity.getRsex());
        }
        if(entity.getRbirth()!=null) {
          val.append("Rbirth=?,");
          list.add(entity.getRbirth());
        }
        if(entity.getRunit()!=null) {
          val.append("Runit=?,");
```

```
    list.add(entity.getRunit());
  }
  if(entity.getRtelphone()!=null){
    val.append("Rtelphone=?,");
    list.add(entity.getRtelphone());
  }
  val.delete(val.lastIndexOf(","),val.length());
  if(val.toString()==""){
    return -3;
  }
  String sql="update ReaderInf set "+val+" where Rno=?";
  list.add(entity.getRno());
  try {
    DBConnection.getInstance().executeSQL(sql,list);
    return 1;
  } catch(SQLException e){
    e.printStackTrace();
  }
  return 0;
}
```

(4) 删除读者信息。根据在查询框中选中的记录 ID 进行删除。具体实现代码如下：

```
public int delete(String id) throws DBLinkException {
  int rlt=0;
  if(id==null || id==""){
    return -1;
  }
  String sql="delete from ReaderInf where Rno=?";
  List<Object> list=new ArrayList<Object>();
  list.add(id);
  try {
    rlt=DBConnection.getInstance().executeSQL(sql,list);
  } catch(SQLException e){
    e.printStackTrace();
    return -2;
  }
  return rlt;
}
```

4) BorrowInfDao 类

BorrowInfDao 类实现了接口 IBorrowInf 中定义的图书信息的查询函数 findByPage()、保存录入函数 save()、修改函数 update()和删除函数 delete()等。其具体实现如下。

(1) 查询借阅信息。通过获取 BorrowInf 对象中的查询条件来进行查询。当查询条

件为空时认为进行全局查询,并将结果集以列表的形式返回。具体实现代码如下:

```
public List<BorrowInf>findByPage(BorrowInf sqlWhere){
  String sql="select* from BorrowInf Where 1=1";
  String sqlwhere="";
  List<Object>list=new ArrayList<Object>();
  if(sqlWhere.getBno()!=null&&!sqlWhere.getBno().equals(""))
  {
    sqlwhere +=" and Bno like? ";
    list.add("%"+sqlWhere.getBno()+"%");
  }
  if(sqlWhere.getRno()!=null&&!sqlWhere.getRno().equals(""))
  {
    sqlwhere +=" and Rno like? ";
    list.add("%"+sqlWhere.getRno()+"%");
  }
  sql+=sqlwhere;
  try {
    DataBean rltset=DBConnection.getInstance().executeQuery(sql,list);
    List<BorrowInf>Borrows=new ArrayList<BorrowInf>();
    int count=rltset.getRowCount();
    for(int i=0;i<count;i++)
      Borrows.add(createBorrow(rltset,i));
    return Borrows;
  } catch(SQLException e){
    e.printStackTrace();
  }
  return null;
}
```

(2) 保存录入借阅信息。借阅信息的添加与前面图书信息和读者信息的添加不同,在添加之前还需要对已有的数据进行检验,确保添加的数据与已有的数据不冲突,在添加之后需要对图书记录和读者记录进行相应的更改。具体实现代码如下:

```
public int save(BorrowInf entity)throws DBLinkException {
  if (entity==null){
    return -1;
  }
  String sql="insert into BorrowInf(Bno,Rno,BorrowDate,ReturnDate) values
(?,?,?,?)";
  List<Object>list=new ArrayList<Object>();
  list.add(entity.getBno());
  list.add(entity.getRno());
  list.add(entity.getBorrowDate());
```

```
    list.add(entity.getReturnDate());
    try {
      DBConnection.getInstance().executeSQL(sql,list);
      //图书信息状态更改为"已借"
      sql="UPDATE BookInf set Bstate='已借'WHERE Bno=? AND Bstate='可借';";
      list.clear();
      list.add(entity.getBno());
      DBConnection.getInstance().executeSQL(sql,list);
      //更新表 ReaderInf,读者在借书加一
      sql="UPDATE ReaderInf SET Rbtotal=Rbtotal+1 WHERE Rno=? AND Rbtotal<=5;";
      list.clear();
      list.add(entity.getRno());
      DBConnection.getInstance().executeSQL(sql,list);
      return 1;
    } catch(SQLException e){
    e.printStackTrace();
    }
    return 0;
  }
```

(3) 修改借阅信息。修改借阅信息之前,同样需要对修改的数据进行合法性检验,只有通过检验的数据才能进行修改更新。具体实现代码如下:

```
  public int update(BorrowInf entity)throws DBLinkException{
    if(entity==null){
      return -1;
    }
    if(entity.getBno()==null || entity.getRno()==null){
      return - 2;
    }

    List<Object>list=new ArrayList<Object>();
    StringBuilder val=new StringBuilder();
    if(entity.getBorrowDate()!=null){
      val.append("BorrowDate=?,");
      list.add(entity.getBorrowDate());
    }
    if(entity.getReturnDate()!=null){
      val.append("ReturnDate=?,");
      list.add(entity.getReturnDate());
    }
    if(entity.getNowstate()!=null){
      val.append("Nowstate=?,");
```

```
    list.add(entity.getNowstate());
  }
  val.delete(val.lastIndexOf(","),val.length());
  if(val.toString()==""){
    return -3;
  }
  String sql="update BorrowInf set "+val+" where Bno=? AND Rno=? ";
  list.add(entity.getBno());
  list.add(entity.getRno());
  try{
    DBConnection.getInstance().executeSQL(sql,list);
    if(entity.getNowstate()!=null && entity.getNowstate().matches("已还")){
    //更新表 BookInf,书的状态改为"可借"
      sql="UPDATE BookInf set Bstate='可借' WHERE Bno=? AND Bstate='已借';";
      list.clear();
      list.add(entity.getBno());
      DBConnection.getInstance().executeSQL(sql,list);
      //更新表 ReaderInf,读者在借书减 1
      sql="UPDATE ReaderInf SET Rbtotal=Rbtotal-1 WHERE Rno=? AND Rbtotal<=5;";
      list.clear();
      list.add(entity.getRno());
      DBConnection.getInstance().executeSQL(sql,list);
    }
    return 1;
  } catch(SQLException e){
    e.printStackTrace();
  }
  return 0;
}
```

（4）删除借阅信息，根据选择借阅信息记录 ID 进行删除。具体实现代码如下：

```
public int delete(String bno,String rno)throws DBLinkException {
  int rlt=0;
  if(bno==null || bno==""){
    return -1;
  }
  if(rno==null || rno==""){
    return -1;
  }

  String sql="delete from BorrowInf where bno=? AND rno=? ";
  List<Object>list=new ArrayList<Object>();
  list.add(bno);
```

```
    list.add(rno);
    try {
      rlt=DBConnection.getInstance().executeSQL(sql, list);
    } catch(SQLException e){
      e.printStackTrace();
      return -2;
    }
    return rlt;
  }
```

4. 使用存储过程修改数据

在JDBC中，使用存储过程执行SQL语句必须使用call SQL转义序列，call SQL转义序列的完整语法如下：

{[? =] call 架构名.存储过程名 [([参数1][.参数2][.参数3]…)]}

其中，若为无参存储过程则不需要使用参数，若为带输入参数的存储过程则需要在参数所在位置用“?”来充当要传递给该存储过程参数的占位符，用“,”隔开多个参数。

执行存储过程的SQL语句可以采用如下两种方法。

(1) 使用PreparedStatement对象执行存储过程。通过Connection对象的prepareStaement方法来获得PreparesStatement对象，通过该对象的一系列set()方法设置输入参数，然后调用executeQuery()方法执行存储过程。

(2) 使用CallableStatement对象来执行存储过程。CallableStatement对象是专门用于执行存储过程的SQL接口，通过Connection对象的prepareCall()方法获得该存储过程的CallableStatement对象，调用CallableStatement对象一系列的set()函数来设置传入参数值和registerOutParameter()函数来注册输出参数类型，通过一系列get()函数来获得输出参数值。

由于本项目框架中使用PreparedStatement对象执行SQL语句，所以这里主要介绍使用PreparedStatement对象来执行存储过程，以图书信息的查询和添加为例。

(1) 图书信息的查询。执行无参存储过程Prc_BookCheck，由于执行过程封装在DBConnection类中，这里只需要修改执行的SQL语句变量sql即可。具体实现代码如下：

```
public List<BookInf> findByPage(BookInf sqlWhere){
  String sql="{call dbo.Prc_BookCheck}"; //使用存储过程 Prc_BookCheck
  String sqlwhere="";
  List<Object> list=new ArrayList<Object>();
  if(sqlWhere.getBno()!=null &&!sqlWhere.getBno().equals(""))
  {
    sqlwhere +=" and Bno like?";
    list.add("%"+sqlWhere.getBno()+"%");
  }
  if(sqlWhere.getBname()!=null&&!sqlWhere.getBname().equals(""))
  {
```

```
        sqlwhere +=" and Bname like?";
        list.add("%"+sqlWhere.getBname()+"%");
      }
      sql+=sqlwhere;
      try {
        DataBean rltset=DBConnection.getInstance().executeQuery(sql,list);
        List<BookInf>Books=new ArrayList<BookInf>();
        int count=rltset.getRowCount();
        for(int i=0;i<count;i++)
          Books.add(createBook(rltset,i));
        return Books;
      } catch(SQLException e){
        e.printStackTrace();
      }
      return null;
    }
```

(2) 图书信息的添加。执行带输入参数的存储过程 Prc_BookInsert，由于需要根据不同的参数情况采用不同的 set()函数，所以在各功能的实现部分通过 DBConnection 的 GetConnection()函数获得数据库连接来执行存储过程。具体实现代码如下：

```
public int save(BookInf entity)throws DBLinkException {
  if(entity==null){
    return -1;
  }

  try {
    String sql="{call dbo.Prc_BookInsert(?,?,?,?,?,?)}";
    Connection con=DBConnection.getInstance().GetConnection();
    PreparedStatement pstmt=con.prepareStatement(sql);
    pstmt.setString(1,entity.getBno());
    pstmt.setString(2,entity.getBname());
    pstmt.setString(3,entity.getBauthor());
    pstmt.setString(4,entity.getBpublish());
    pstmt.setString(5,entity.getBprice());
    pstmt.setString(6,entity.getBdatein());
    intchangeRow=pstmt.executeUpdate();//返回受影响行数
      return 1;
  } catch(SQLException e){
    e.printStackTrace();
  }
  return 0;
}
```

13.2　管理系统实战

通过上述图书管理系统例子的介绍，读者已经了解到ADO编程、ADO.NET编程、JDBC编程三种方法访问数据库进行一些数据操作。实践是检验学习效果的炼金石。这里另外给出了机场停车场管理系统和病房管理系统的功能需求。读者可以根据难易程度来编码实现锻炼自己的能力。此外，如果感兴趣也可以到互联网上查找一些管理系统的功能需求来进行实践练习。

实战一　机场停车场管理系统

停车场管理系统中涉及车辆的信息包括车牌号、车主名、联系方式、到达时间、离开时间和停车位置。停车场的信息包括停车位标识、停放车辆牌号、收费标准。当车辆进入停车场调度台时，要查找停车场是否有空位，若没有则令其排队等待；若有则根据空余停车位标识指示车停放的位置。当车主取车时，能根据车牌号或者车主名查找车所停放的位置。当车辆离开停车场时，根据其在停车场内停放的时间和停放位置收费标准计算应收费的金额。

实战二　小型超市管理系统

超市商品管理主要包括进货、仓库存货、销售三个部分。涉及员工的信息有编号、姓名、性别、部门、职务、身份证、电话和地址。商品信息包括编号、名称、供货商、供货商编号、规格、单价和备注。供货商信息包括编号、名称、联系方式、地址和备注。供货商结算信息包括编号、名称、经手人、应付款、已付款、期限和订单编号。入库信息包括商品编号、商品名称、入库编号、入库数量、总金额、经手人、规格、单价和备注。销售信息包括商品编号、商品名称、单价、数量、折扣、消费金额和日期。

超市管理功能包括以下几部分。

1. 系统管理

这部分主要管理操作员，包括添加操作员、删除操作员和更改操作员登录密码。其中只有管理员具有添加操作员和删除操作员的权限，普通的操作员只能更改自己的登录密码。

2. 单据录入

这部分可分为五部分：入库验收、采购订货、采购退货、货商结算和商品调价。入库验收是记录采购商品的入库情况表单，对商品入库日期、入库负责人和入库数量进行了详细的记录，以便日后查阅，具有查询、添加、更新、删除的功能。采购订货是根据库存情况和销售情况向供货商订货。采购退货是有特殊情况如商品质量问题等，需要说明退货原因。货商结算是对每个供货商进行结算。商品调价是根据实际情况对商品的价钱进行调整。

3. 信息管理

这部分包括商品信息、供货商信息、员工信息和销售信息的管理。

商品信息管理包括新增商品信息的添加，已有商品属性信息的修改，对于没有保存价值的商品记录的删除，根据条件或者对所有商品进行查询等功能。

供货商信息管理包括新增供货商信息的添加，已有供货商属性信息的更新，删除没有保存价值的供应商记录，根据条件或所有供货商进行查询等功能。

员工信息管理包括新增员工信息的添加，对于已有员工信息发生变更的修改，删除已离职的员工信息，根据条件或所有员工信息的查询等功能。

销售信息的管理主要记录商品销售情况和收银员编号，便于为查账核对出现问题时提供依据。考虑到数据量的问题，可以只记录近期内的销售情况，对于时间较久的记录在查账核对无误后可以予以删除。